高等院校机械类专业精品教材

U0182723

Manufacturing Process and Engineering

制造过程与工程

汪延成　主编

ZHEJIANG UNIVERSITY PRESS
浙江大学出版社

图书在版编目(CIP)数据

制造过程与工程 / 汪延成主编. —杭州:浙江大
学出版社,2020.10
ISBN 978-7-308-20637-2

Ⅰ.①制⋯ Ⅱ.①汪⋯ Ⅲ.①过程控制－高等学校－
－教材 Ⅳ.①TP273

中国版本图书馆 CIP 数据核字(2020)第 189936 号

制造过程与工程

汪延成　主编

责任编辑	王　波
责任校对	吴昌雷
封面设计	续设计
出版发行	浙江大学出版社
	(杭州市天目山路 148 号　邮政编码 310007)
	(网址:http://www.zjupress.com)
排　版	浙江时代出版服务有限公司
印　刷	杭州良诸印刷有限公司
开　本	787mm×1092mm　1/16
印　张	15.25
字　数	352 千
版 印 次	2020 年 10 月第 1 版　2020 年 10 月第 1 次印刷
书　号	ISBN 978-7-308-20637-2
定　价	42.00 元

前　言

制造业是国民经济的重要支柱性产业，制造是用物理或化学的方法改变原材料的几何形状、性质和外观，制成零件以及将零件装配成产品的操作过程，可将原材料转变为具有使用价值和经济价值的产品。

高等工科院校机械工程专业为培养能适应现代制造工业发展的高层次工程技术人才和科学研究人才，进行制造类课程体系和教学内容的改革是十分必要的。2019 年，浙江大学为适应培养具有宽广的数理信基础和扎实的机械工程专业知识、良好创新意识与开阔国际视野、较强工程实践能力的机械工程人才的需要，将原机械工程、机械电子工程、工业工程三个本科专业合并为机械工程专业，并随之开展了培养方案与课程体系的修订。

为适应课程体系改革和课程教学的需要，本教材以制造工艺及方法为主线，将所涉及的等材制造、增材制造、减材制造、特种加工等基础知识进行系统整合而编写。教材主要内容有：金属的铸造成形原理、砂型铸造与特种铸造、铸件的结构工艺性与常用的铸造合金；金属塑性成形原理、体积成形与板料冲压成形；金属焊接的工艺原理、各种焊接加工方法；光固化成形、熔融沉积制造、选择性烧结成形等增材制造方法；切削加工的基础知识；车铣钻磨等切削加工方法及工艺特点；电火花加工、电化学加工、高能束加工等特种加工方法。机械类专业的学生通过学习本教材，可系统掌握机械制造与工艺方面所必需的专业基础知识和基本理论，从而使"制造过程与工程"课程成为机械大类本科教学体系中起承前启后作用的重要专业技术基础课程。

本书可用作高等工科院校机械工程、机械设计制造及其自动化等相关专业的基础理论课程教材，也适合作为制造工程技术人员的参考资料。

本书在编写过程中得到了许多专家、学者的大力支持，也参考和借鉴了国内外大量教材和文献，在此谨向所列参考文献的作者致以最诚挚的谢意，也向所有对本书提出建议和给予帮助的同行和同事致谢。

由于编者水平所限，本书难免存在疏漏和欠妥之处，敬请各位专家和读者批评指正！

编　者
2020 年 5 月

目　录

第 1 章　金属铸造成形 ……………………………………………………… 1

1.1　金属铸造成形工艺基础 …………………………………………… 1

1.2　砂型铸造 …………………………………………………………… 13

1.3　铸件的结构工艺性 ………………………………………………… 25

1.4　特种铸造方法 ……………………………………………………… 29

1.5　常用合金的铸造及其特点 ………………………………………… 37

第 2 章　金属塑性成形 ……………………………………………………… 44

2.1　塑性成形原理 ……………………………………………………… 45

2.2　锻造 ………………………………………………………………… 51

2.3　轧制 ………………………………………………………………… 65

2.4　板料冲压成形 ……………………………………………………… 69

第 3 章　金属焊接 …………………………………………………………… 81

3.1　焊接的物理本质与分类 …………………………………………… 81

3.2　电弧焊 ……………………………………………………………… 84

3.3　其他焊接方法 ……………………………………………………… 95

3.4　焊接缺陷与质量检验 ……………………………………………… 102

3.5　常用金属材料的焊接 ……………………………………………… 110

第 4 章　增材制造 …………………………………………………………… 115

4.1　增材制造概述 ……………………………………………………… 115

4.2　光固化成形打印 …………………………………………………… 118

4.3　熔融沉积制造 ……………………………………………………… 127

4.4　激光选区烧结打印 ………………………………………………… 137

第 5 章　切削加工基础 ……………………………………………………… 143

5.1　切削运动及切削用量 ……………………………………………… 143

5.2 切削刀具 ……………………………………………………… 145

5.3 常用的刀具材料 ………………………………………………… 153

5.4 金属切削的基本原理 …………………………………………… 158

5.5 切削力与切削温度 ……………………………………………… 161

5.6 刀具的磨损与破损 ……………………………………………… 165

第6章 常用的切削加工方法 ……………………………………………… 169

6.1 单点切削加工 …………………………………………………… 169

6.2 多点切削加工 …………………………………………………… 180

6.3 磨削 ……………………………………………………………… 191

第7章 特种加工 …………………………………………………………… 198

7.1 电火花加工 ……………………………………………………… 199

7.2 电化学加工 ……………………………………………………… 212

7.3 高能束加工 ……………………………………………………… 223

参考文献 …………………………………………………………………… 235

第1章　金属铸造成形

　　铸造是将加热熔融的液态金属在重力或外力作用下浇注到与零件形状、尺寸相适应的铸型模腔中,待其冷却凝固后获得具有一定尺寸、形状与性能的毛坯或零件的金属成形工艺。铸造是金属材料液态成形的一种重要方法,涉及加热、浇注、冷却凝固三个阶段。我国铸造技术的历史悠久,可追溯到5000多年前,人类采用铸造技术制备青铜器铸件。如我国商朝的司母戊方鼎、四羊方尊,明朝的永乐大钟等,都是我国古代铸造技术的代表性作品。

　　铸造工艺具有很多优点:1)适合铸造形状复杂、尤其是具有复杂内腔的铸件。如复杂箱体、机架、阀体、泵体、缸体、叶轮、螺旋桨等。2)适用面广,工艺灵活。凡能熔化成液态的金属均可铸造成形,如工业上常用的铸铁、碳素钢、合金钢、非铁合金等金属材料。对于塑性很差的材料,铸造几乎是其唯一成形方法,如铸铁等。此外,铸件的大小几乎不受限制,小到几克的钟表零件,大到数百吨的轧钢机机架等重型机械,壁厚从1mm到1000mm均可铸造成形。3)成本较低。铸造用原料大多来源广泛,价格较低;铸件与最终零件的形状相似,尺寸接近,可节省材料和加工工时。

1.1　金属铸造成形工艺基础

　　在金属铸造成形过程中,液态金属的充型和收缩凝固是获得形状完整、轮廓清晰的合格铸件的保证。许多工艺参数及工艺方案(如熔炼和浇注温度、浇注系统、冒口位置及尺寸等)、铸造缺陷(如冷隔、浇不足、缩孔、缩松、应力、裂纹等)都和液态金属的充型和收缩凝固有关。

1.1.1　液态金属的流动性

1. 液态金属的流动性

　　利用各种不同的加热炉将金属加热到熔融温度,使金属呈熔融液体状态,经由浇注系统将液态金属引入铸型模腔,液态金属在开始凝固之前必须充满铸型型腔的所有区域。其中,液态金属通过浇注系统以及进入型腔后的流动,是铸造成功与否的关键。

　　液态金属流动充填铸型型腔的能力称为流动性。流动性好,则熔融金属充填铸型的能力强,易于获得尺寸准确、外形完整和轮廓清晰的铸件;流动性不好,则充型能力差,铸件容易产生浇不足、冷隔、气孔和夹杂等缺陷。对于薄壁和形状复杂的铸件,液态金属的流动性往往是影响铸件质量的决定因素。液态金属的流动性通常采用如图 1-1 所示的螺旋型试验来测定,以在螺旋形通道中凝固的金属螺旋试样的长度来衡量其流动性。在相同的浇注条件下,浇注金属试样越长,则液态金属的流动性越好。在常用的铸造合金中,灰铸铁、硅黄铜的流动性较好,铸钢的流动性较差,铝合金的流动性居中。

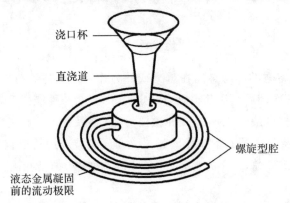

图 1-1　测定液态金属流动性的标准螺旋型试验

　　影响液态金属流动性的主要因素包括金属的化学成分、金属的物理性质、浇注温度和浇注速率等。

　　(1) 金属的化学成分:成分不同的合金具有不同的结晶特性,对金属流动性的影响最为显著。在恒定温度下凝固的金属(如纯金属和共晶合金),结晶时从表层逐渐向中心凝固,凝固层和未凝固层之间界面分明、光滑,对未凝固区域的液态金属的流动阻力小,故流动性好。当凝固发生在一个温度范围内(大多数合金)时,其结晶过程是在铸件截面上一定宽度内进行的,在结晶区域既有形状复杂的初生树枝状晶体,又有未结晶的液体,即呈固液两相共存的糊状区。固液界面粗糙,初生的树枝晶会阻碍液体部分的流动,因而金属的流动性差。

　　图 1-2 所示为 Fe-C 合金的流动性与碳质量分数之间的关系。在相同过热度的条件下,铁碳合金的流动性与碳的质量分数有关。如纯铁的流动性好,随着碳的质量分数的增加,合金的凝固温度范围增大,流动性随之下降。在亚共晶铸铁中,越靠近共晶成分,合金的凝固温度范围越小,其流动性越好;共晶成分铸铁在恒定温度下凝固,流动性最好。因此,在铸造生产中,应尽量选择共晶成分、近共晶成分或凝固温度范围小的合金作为铸造合金。

　　(2) 金属的物理性质:与金属流动性有关的物理性质有比热容、密度、导热系数、结晶潜热和黏度等。液态金属的比热容和密度越大、导热系数越小,凝固时结晶潜热释放得越多,都能使金属在越长时间内保持液态,因而流动性越好;液态金属的黏度越小,流动时内摩擦力也就越小,流动性也越好。

　　(3) 浇注温度:浇注温度对液态金属流动性和充型能力的影响非常显著。浇注温度

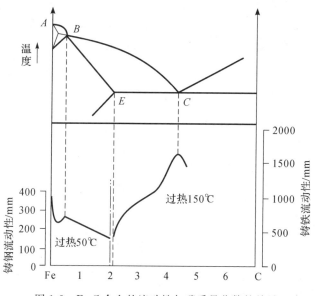

图 1-2 Fe-C 合金的流动性与碳质量分数的关系

和凝固开始温度(对于纯金属,是其熔点温度,对于合金则为其液相线温度)之间的温度差称为过热度。提高浇注温度,也即提高熔融金属的过热度,可延长金属保持液态的时间,并提高其流动性,有利于填充铸型。但浇注温度太高也会使金属的收缩量增加,吸气增多,氧化严重,反而使铸件容易产生缩孔、缩松、粘砂、夹杂等缺陷。因此,必须综合各种因素,在保证流动性足够的条件下,尽量采用较低的浇注温度。不同合金的浇注温度不同,一般铸钢为 1520~1620℃,铸铁为 1230~1450℃,铝合金为 680~780℃。

(4)浇注速率:将熔融金属浇注进入铸型型腔时,单位时间内进入铸型的液态金属体积称为浇注速率,这也是影响液态金属流动与充填型腔的一个重要因素。如果浇注速率太低,液态金属受铸型的激冷作用,甚至在充满型腔之前就已发生凝固;如果浇注速率太高,则液态金属就会呈现紊流状态,其流动速度和方向均呈无规则变化,内部出现严重扰动。紊流会加剧铸型表面的冲蚀,型腔表面不仅受到液态金属的冲击,同时还因熔融金属具有较高的化学活性,液态金属与铸型表面之间会产生化学作用而导致铸型表面破坏,从而使铸件的表面质量受到严重影响。因此,浇注过程应尽量避免紊流,力求液态金属以平稳的层流方式充填铸型型腔。

2. 浇注过程分析

液态金属通过浇注系统及进入铸型型腔的流动遵守能量守恒定律,即伯努利(Bernoulli)方程。对于流动液体的任意 1 和 2 两个位置,有如下关系:

$$h_1 + \frac{p_1}{\rho g} + \frac{v_1^2}{2g} = h_2 + \frac{p_2}{\rho g} + \frac{v_2^2}{2g} + H_{12} \qquad (1\text{-}1)$$

式中:h 为位头,cm;p 为液体的压力,10^{-5} N/cm²;ρ 为液体的密度,g/cm³;v 为流动速度,cm/s;g 为重力加速度,$g = 981$cm/s²;H_{12} 为液体从点 1 到点 2 因摩擦作用引起的位头损失,cm。

忽略液体流动的摩擦损失,并假定浇注系统保持大气压力,则伯努利方程可简化为

$$h_1 + \frac{v_1^2}{2g} = h_2 + \frac{v_2^2}{2g} \tag{1-2}$$

根据式(1-2)，可根据浇注速度来计算直浇道底部液态金属的流动速度。

如图 1-1 所示，定义点 1 位于直浇道的顶端，点 2 位于直浇道的底部，以点 2 为参考平面，则点 2 的位头 h_2 为 0，而 h_1 就等于直浇道的高度，设为 h，则

$$v_2 = \sqrt{2gh + v_1^2} > v_1 \tag{1-3}$$

浇注过程中液体的流动还应符合连续性法则：流道中各处的液体流量保持为常量，即

$$Q = v_1 A_1 = v_2 A_2 \tag{1-4}$$

式中：Q 为体积流量，cm^3/s；A_1、A_2 为液体流动的横截面面积，cm^2。因此，流体流过的流道截面面积增加将导致流速降低。

由式(1-3)和式(1-4)可知，当液态金属自直浇道上端入口进入后加速下降时，直浇道的通道横截面面积必须相应减小，可将直浇道设计成图 1-1 所示的锥形，从而使直浇道顶部与底部具有相同的液体体积流量 vA。否则，当液态金属加速冲向直浇道底部时，空气可能被吸入液态金属并进入型腔。

假设连接直浇道底部与型腔的横浇道为水平(其中的液体具有与直浇道底部相同的位头)，通过内浇口进入型腔的液体体积流量与直浇道底部的液体体积流量保持相等。因此，液态金属充满体积为 V 的型腔所需的时间可计算为

$$MFT = \frac{V}{Q} \tag{1-5}$$

式中：MFT 为型腔充填时间，s；V 为型腔体积，cm^3。

1.1.2 金属的凝固与收缩

1. 金属的凝固

液态金属浇注进入铸型后，开始冷却和凝固，由液态转变为固态。对于纯金属和合金，其凝固过程有所不同。

(1) 纯金属

纯金属是在恒定的温度(即其凝固温度)下发生凝固的，该凝固温度也等于这种金属的熔点。图 1-3 所示为纯金属的冷却曲线。液态金属冷却到凝固温度开始凝固，由于结晶潜热的放出，补偿了金属向周围铸型散失的热量，所以冷却曲线上出现水平的直线，该直线的延续时间就是金属凝固过程所用的时间。经过恒温凝固过程，金属的熔化潜热释放到其周围的铸型中，铸件完全凝固之后，按照冷却曲线的斜率所表示的速度继续冷却。

由于铸型壁的激冷作用，浇注后立刻会在铸型表面附近形成一个固体金属薄层，随着凝固过程向着型腔中心的进行，固体金属层的厚度增加并在液体金属四周形成一个外壳。凝固速率取决于热量向铸型的传递以及金属的热性质。

在这一凝固过程中，金属晶粒逐步形成与生长。凝固初期固体表层的部分金属因铸型壁的激冷作用而受到快速冷却，致使该表层内的金属晶粒细小、等轴(各向大致均匀生长)且随机取向。随着冷却继续，进一步的晶粒形成和生长沿着与散热相反的方向进行。

由于散热通过表层的固体金属和铸型壁进行,晶粒向内生长成为树枝状或脊骨状。随着这些晶粒的长大,在其垂直方向上形成横向二次分枝,而随着这些横向分枝的继续长大,又沿着一次分枝的方向形成三次分枝。这种晶粒生长方式称为树枝晶生长,它不仅发生在纯金属的凝固过程中,也发生在合金的凝固过程中。在后续的凝固过程中,随着剩余金属液体持续向树枝晶上沉积,这种树枝状的结构被逐渐填充,直至金属完全凝固。按照这种树枝晶生长方式形成的晶粒具有择优取向,趋向形成朝向铸件中心排列的粗大柱状晶粒,最终的晶粒形态如图 1-4 所示。

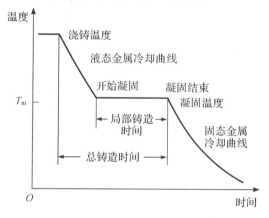

图 1-3　纯金属铸造过程中的冷却曲线

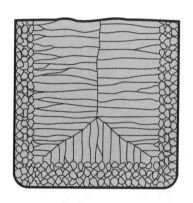

图 1-4　纯金属铸件中的典型晶粒结构

（2）非共晶合金

大多数合金的凝固过程不是发生在一个恒定的温度,而是在一个温度区间内。合金的凝固过程可以参照图 1-5(a)所示的合金相图和图 1-5(b)所示的某一给定成分合金的冷却曲线加以描述。随着温度的降低,合金在其液相线温度开始凝固,当温度达到固相线温度时凝固完成。凝固开始时的情形与纯金属类似,由于在铸型壁处存在很大的温度梯度,此处首先形成一个固体薄层,而后,凝固过程通过自铸型壁处向内扩展的枝晶不断形成而进行。然而,由于凝固金属内部存在着一个温度处于液相线与固相线之间的空间区域,枝晶生长区域在向前推进的过程中呈现出液体和固体共存的特征。其中的固相组分呈枝晶结构,而剩余的液态金属则被相互隔离分布于固相枝晶之间。随着温度进一步降低至给定成分合金的固相线温度,枝晶间的液态金属最后全部凝固。

合金凝固过程中枝晶的成分也发生复杂的变化。凝固初始,析出的枝晶部分富含高熔点金属。随着凝固过程的继续进行和枝晶的生长,已凝固金属与未凝固液态金属的成分出现差异且不断扩大,这种成分上的不均衡最终以元素偏析的形式保留在完全凝固后的铸件当中。由于液态合金在凝固过程中伴随着成分变化,所以铸锭组织中的柱状晶往往不能像纯金属那样贯穿,而是在生长到一定程度时被相对粗大(与铸锭表面处相比)的等轴晶所阻止,从而形成如图 1-6 所示的铸锭组织结构。

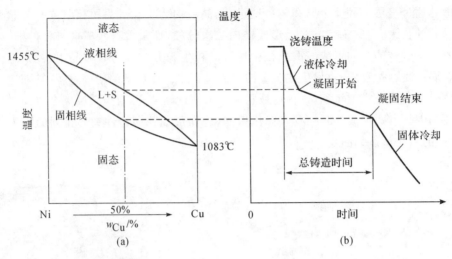

图 1-5　Ni-Cu 系合金相图及 50％Ni-50％Cu 合金铸造过程中的冷却曲线

图 1-6　合金铸件中晶粒结构特征

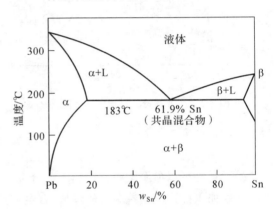

图 1-7　Pb-Sn 系合金相

（3）共晶合金

共晶合金具有特定的成分，其液相线温度与固相线温度为同一温度。因此，其凝固发生在一个恒定的温度，而不是如前所述的一个温度范围。图 1-7 所示为 Pb-Sn 系合金相图，其中，纯 Pb 和纯 Sn 的熔点分别为 327℃ 和 232℃。虽然大多数 Pb-Sn 合金都呈现出固相线-液相线温度范围，而特定成分（61.9％Sn、38.1％Pb）的合金则具有一个特定的熔点（凝固）温度（183℃）。这一成分即为 Pb-Sn 系合金的共晶成分，183℃ 则为其共晶温度。Pb-Sn 系合金通常不用作铸件，接近共晶成分的 Pb-Sn 合金被广泛用于电路焊料，其低熔点是一个重要优点。铸造生产中涉及的 Al-Si 合金（共晶成分 11.6％Si）和铸铁（共晶成分 4.3％C）都是共晶合金的例子。

2. 凝固时间

不论是纯金属还是合金铸件，其凝固都需要一定的时间。完全凝固时间就是浇注以后铸件凝固所需要的时间，这取决于铸件的金属性质、尺寸与形状，可由契夫里诺夫（Chvorinov）公式来计算：

$$TST = C_m \left(\frac{V}{A} \right)^n \tag{1-6}$$

式中:TST 为完全凝固时间,s;V 为铸件体积,cm³;A 为铸件的表面积,cm²;n 为指数,通常取 $n=2$;C_m 为铸型常数。

当 $n=2$ 时,C_m 的量纲为 s/cm²,其值取决于铸造条件,包括铸型材料(如比热和导热性)、铸造金属的热性质(如熔化潜热、比热和导热性)以及过热温度(浇注温度与凝固温度之差)。

式(1-6)表明,体积-表面积比值较高的铸件壁比体积-表面积比值较低的铸件冷却和凝固得更慢。这一法则在铸型的冒口设计中得到了很好的应用。为实现向铸件部分补充液体金属的功能,冒口中的金属必须比铸件部分的金属保持液态的时间更长。换言之,冒口部分的 TST 必须大于铸件部分的 TST。由于冒口和铸件具有相同的铸型条件,其铸型常数相等,若将冒口设计为具有较大的体积-表面积比,即可确保铸件部分先于冒口凝固,金属收缩的不利影响将减小。

3. 铸件的收缩

金属在浇注、凝固直至冷却到室温的过程中,其体积或尺寸缩小的现象称为收缩。收缩是铸造合金本身固有的物理特性,是铸件产生缩孔、缩松、热应力、变形与裂纹等铸造缺陷的根本原因。

金属从浇注温度冷却到室温的收缩过程有三个阶段。1)液态收缩:从浇注温度($T_浇$)到凝固开始温度(即液相线温度 T_L)间的收缩。2)凝固收缩:从凝固开始温度(T_L)到凝固终止温度(即固相线温度 T_S)间的收缩。3)固态收缩:从凝固终止温度(T_S)到室温间的收缩。铸件的总收缩是上述三个阶段收缩之和。

图 1-8(a)所示为刚浇注后的液体金属。在从浇注温度到凝固温度的冷却期间发生的液体收缩导致液体的高度降低,如图 1-8(b)所示,这种液体收缩量通常大约为 0.5%。凝固收缩(图 1-8(c))有两种影响:其一,收缩引起铸件高度进一步降低;其二,可用于补充铸件顶部中心部分的液体金属量受到限制,这里通常是最后凝固区域,而液体金属的不足导致在这一部分形成一个孔洞,称为缩孔。一旦凝固完成之后,铸件还会随着冷却而经历高度和枝晶的减小,如图 1-8(d)所示。这部分收缩由固体金属的热膨胀系数决定。

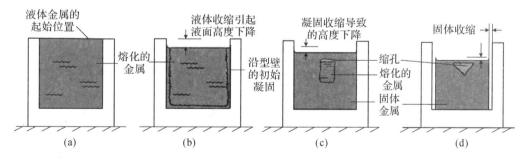

图 1-8 圆柱形铸件凝固与冷却过程中的收缩

1.1.3　铸造性能与铸造质量

图 1-9 所示为各种铸造工艺过程中共同性的缺陷形式,如浇不足、冷隔、铁豆、缩孔、缩松、热裂等。其中,浇不足是液体金属在充满型腔之前就发生凝固,主要成因包括液体金属流动性不足、浇注温度过低、浇注速度太慢和铸件壁厚太小。冷隔是当两股或更多金属液流相遇时因其过早冷凝而难以熔合,其成因与浇不足类似。铁豆是在浇注时金属液流发生飞溅,形成许多球状金属颗粒被包裹在铸件中。合理设计浇注系统及浇注工艺,可以有效避免这类缺陷。

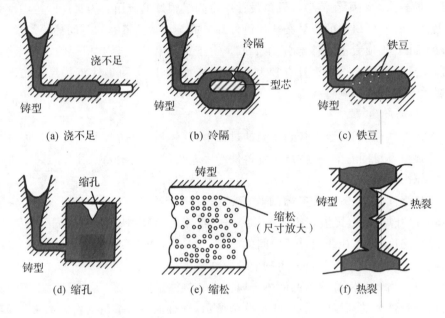

图 1-9　铸造过程的某些共同缺陷

1. 缩孔和缩松

在铸件的凝固过程中,合金的液态收缩和凝固收缩使铸件的最后凝固部位出现孔洞,容积较大而集中的孔洞称为缩孔,细小而分散的孔洞称为缩松。铸件中不论存在何种形式的孔洞,都会减少铸件的有效受力面积,产生应力集中,使其承载能力和气密性等使用性能下降。因此,缩孔和缩松是铸件的主要缺陷,必须设法防止。

(1) 缩孔

缩孔是由于凝固收缩,在铸件最后凝固部位得不到足够的液体金属补充而引起的铸件表面下沉或内部空洞,通常发生在铸件顶部。通过合理设计冒口可以有效防止这种缺陷。

铸件缩孔的形成过程如图 1-10 所示。假定合金在恒温下凝固或凝固温度范围很窄,合金由表及里逐层凝固。液态金属充满铸型后(图 1-10(a)),由于铸型的吸热及不断向外散热,使靠近型腔表面的金属温度很快就降低到凝固温度,凝固成一层外壳(图 1-10(b))。温度继续下降,外壳不断加厚。同时,内部的剩余液体由于本身的液态收缩和补充凝固层

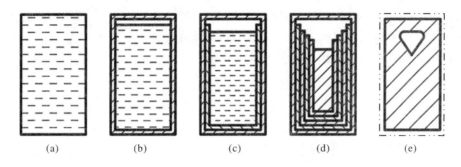

图 1-10　铸件缩孔的形成过程

的凝固收缩,其体积减小。液态收缩和凝固收缩造成的体积缩减逐渐积累,在重力的作用下液面与顶面脱离(图 1-10(c))。如此进行下去,外壳不断加厚,液面不断下降。待合金完全凝固,就在铸件中形成了缩孔(图 1-10(d))。已经产生缩孔的铸件自凝固终了温度冷却至室温,因固态收缩使外形尺寸略有缩小(图 1-10(e))。由此可知,铸件中的缩孔是由于合金的液态收缩和凝固收缩而产生的。

(2) 缩松

在铸件凝固的最后阶段,残留的液体金属被先生成的树枝晶分隔,凝固时无法得到液体金属的补充而形成许多微小的分散缩孔。这种缺陷与合金种类有关,具有较宽结晶温度区间的非共晶合金通常容易产生这种缺陷。缩松多分布于铸件的轴线区域、内浇道附近甚至厚大铸件的整个断面,它分布面广,难以控制,对铸件的力学性能影响很大,是铸件最危险的缺陷之一。

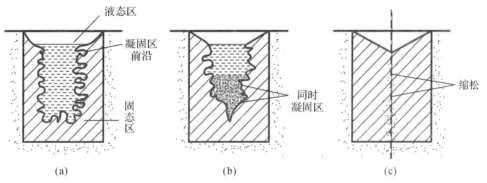

图 1-11　缩松的形成过程

缩松的形成过程如图 1-11 所示。具有较宽凝固温度范围的合金在铸件的截面上温度梯度又较小的条件下凝固时,液态金属最后在心部较宽的区域内同时凝固(图 1-11(a)),初生的树枝晶把液体分隔成许多小的封闭区(图 1-11(b))。这些小封闭区液态金属的收缩得不到外界金属液的补充,便形成细小、分散的孔洞(图 1-11(c))即缩松。

(3) 防止铸件产生缩孔和缩松的方法

在实际生产中,通常采用顺序凝固原则,并设法使分散的缩松转化为集中的缩孔,再使集中的缩孔转移到冒口中(图 1-12),最后将冒口去除,即可获得完好的铸件。即通过设置冒口和冷铁,使铸件从远离冒口的地方开始凝固并逐渐向冒口推进,冒口最后凝固。

为了实现铸件的顺序凝固,应合理地选择内浇道在铸件上的引入位置,开设冒口并放置冷铁(图 1-13)。生产上为提高液态金属的补缩效果,常采用发热保温冒口。

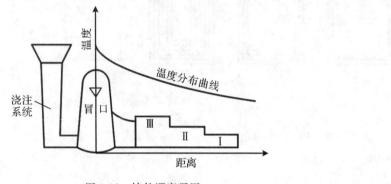

图 1-12   铸件顺序凝固   图 1-13   冒口补缩

2. 铸造内应力

铸件在凝固之后继续冷却的过程中,若固态收缩受到阻碍,将会在铸件内产生内应力,称为铸造内应力。铸造内应力有热应力和机械应力两类,它们是铸件产生变形和裂纹的基本原因。

(1)热应力

热应力是由于铸件壁厚不均,各部分冷却速度不同,以致在同一时期铸件各部分收缩不一致而相互约束引起的内应力。金属在冷却过程中,从凝固终了温度到再结晶温度阶段,处于塑性阶段。在较小的外力下,就会产生塑性变形,变形后应力可自行消除。低于再结晶温度的金属处于弹性状态,受力时产生弹性变形,变形后应力继续存在。

图 1-14 所示的铸件,Ⅰ杆比Ⅱ杆的直径大,与上下横梁整铸成一体,形成框形铸件。其中粗、细杆的冷却曲线分别为图 1-14 的曲线Ⅰ和曲线Ⅱ。因粗杆Ⅰ和细杆Ⅱ的截面尺寸不同,冷却速度不一,使两杆收缩不一致而产生了内应力,其具体形成过程如下:

1)第一阶段($t_0 \sim t_1$):粗、细杆温度均高于弹塑临界温度,处于塑性状态。尽管两杆冷却速度不同,收缩不一致,但产生的应力可通过塑性变形自行消失。

2)第二阶段($t_1 \sim t_2$):细杆Ⅱ的温度已冷至弹塑临界温度以下,进入弹性状态,而粗杆Ⅰ温度仍在弹塑临界温度以上,呈塑性状态。虽然细杆Ⅱ的冷却速度和收缩大于粗杆Ⅰ(图 1-14(b)),但产生的内应力仍可通过压缩粗杆Ⅰ的塑性变形而自行消失(图 1-14(c))。

3)第三阶段($t_2 \sim t_3$):粗杆Ⅰ冷至弹塑临界温度以下,进入弹性状态。但此时粗杆Ⅰ的温度较高,还需进行较大的收缩,而细杆Ⅱ的温度较低,收缩已停止,而框架结构铸件又是一个刚性的整体,因此粗杆Ⅰ的收缩必然受到细杆Ⅱ的强烈阻碍,从而使粗杆Ⅰ受弹性拉伸,细杆Ⅱ受弹性压缩,直到室温,形成了残余应力,粗杆Ⅰ受拉应力,细杆Ⅱ受压应力,如图1-14(d)所示。

由以上分析可知,不均匀冷却使铸件的缓冷处(厚壁或芯部)受拉应力,快冷处(薄壁

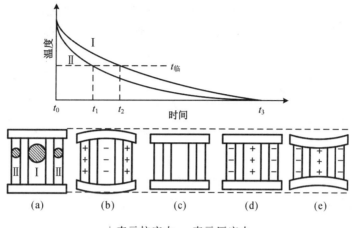

＋表示拉应力；－表示压应力

图 1-14　框形铸件热应力的形成

或表层)受压应力。铸件冷却时各处的温差越大,定向凝固越明显,合金的固态收缩率越大,材料的弹性模量越大,则热应力也越大。

(2)机械应力

机械应力是合金的线收缩受到铸型或型芯等的机械阻碍而形成的内应力。如图 1-15 所示,套类铸件在冷却收缩时,轴向受砂型阻碍,径向受型芯阻碍,从而在铸件内部产生机械应力。显然,机械应力主要是拉伸或剪切应力,其大小取决于铸型与型芯的退让性,当铸件落砂后,这种内应力便可自行消除。但是在落砂前,如果机械应力在铸型中与热应力共同起作用,则将增大某些部位的拉应力,从而增大铸件产生裂纹的倾向。

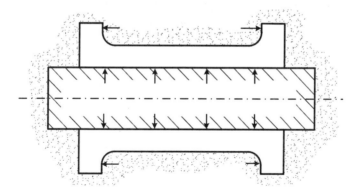

图 1-15　机械应力的形成

(3)减小、消除应力的措施

由于机械应力在铸件落砂后便可自行消除,而热应力仍残留在铸件中,因此减小应力的措施主要着眼于减小热应力,但要避免过大的机械应力与热应力共同作用。

1)采用同时凝固措施,尽量减小铸件各部位之间的温度差异,使铸件各部分同时冷却凝固,从而减小因冷却不一、收缩不同引起的热应力。为实现铸件的同时凝固,可在铸件的厚壁处加冷铁,并将内浇口设在薄壁处。但同时凝固容易在铸件中心区域产生缩松,组织不致密,所以同时凝固原则主要用于凝固收缩小的合金(如灰铸铁),以及壁厚均匀、合金结晶温度范围宽(如铸造锡青铜)但对致密性要求不高的铸件等。

2)改善铸型和型芯的退让性,浇注后及时打箱落砂,可以有效减小机械应力及其与热应力的共同作用。

3)实施去应力退火,将落砂清理后的铸件加热到 550~650℃保温,可基本消除铸件中的残余内应力。

3. 铸造的变形

(1)铸件变形

残余内应力使铸件处于一种不稳定状态,会自发产生变形以缓解内应力。如图 1-14(d)所示的框形铸件,粗杆Ⅰ受拉应力,细杆Ⅱ受压应力,但两杆都有恢复自由状态的趋势,即粗杆Ⅰ总是力图缩短,细杆Ⅱ总是力图伸长,如果连接两杆的横梁刚度不够,便会出现翘曲变形,如图 1-14(e)所示。变形会使铸件应力重新分布,残余内应力会减小一些,但不可能完全消除。

铸件变形以厚薄不均、截面不对称的细长杆类(如梁、床身等)、薄大板类(如平板等)铸件的弯曲或翘曲变形最为明显。如图 1-16(a)所示的 T 形梁铸钢件,梁的Ⅰ部厚、梁的Ⅱ部薄,凝固后,厚的梁Ⅰ部受拉应力、薄的梁Ⅱ部受压应力。各自都有恢复原状的趋势,即厚的梁Ⅰ部力图缩短,薄的梁Ⅱ部力图伸长,若 T 形梁的刚度不够,将发生向厚的梁Ⅰ部方向的弯曲变形。反之,如图 1-16(b)所示,梁Ⅰ部薄、梁Ⅱ部厚,则将发生向厚的梁Ⅱ部方向的弯曲变形。

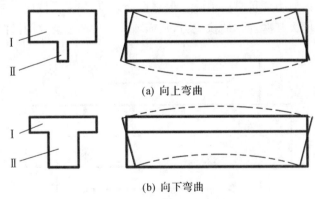

(a) 向上弯曲

(b) 向下弯曲

图 1-16　T 形梁铸钢件的变形

(2)铸件变形的防止措施

1)减小铸造内应力或形成平衡内应力。凡是减小铸造内应力的措施均有利于防止铸件变形,设计对称结构铸件可使对称两侧的内应力互相平衡而不易变形。

2)反变形法。在铸造生产中防止铸件变形的最有效方法是采用"反变形法"。在制造模样时,按照铸件可能产生变形的反方向做出反变形模样,使铸件变形后的结构正好与反变形量抵消,得到符合设计要求的铸件。这种在模样上做出的预变形量称为反变形量。

3)设防变形肋板。对于某些铸件可设防变形的肋板(有时可用浇道取代),经消除应力退火后再将肋板去掉。为保证肋板的防变形作用,肋板厚度应略小于铸件壁厚,以便肋板先于铸件凝固。

4)去应力退火。存在内应力的铸件经切削加工后,由于内应力的充型分布,铸件还会发生微量变形,导致其精度显著下降,甚至报废。为此,对于要求装配精度稳定性高的重要铸件,如机床导轨、箱体、刀架等,必须在切削加工前进行去应力退火。

4. 铸件的裂纹

当铸造内应力超过金属材料的抗拉强度时,铸件便产生裂纹,裂纹是严重的铸造缺陷,必须设法防止。根据产生温度的不同,裂纹可分为热裂纹和冷裂纹两种。

(1) 热裂纹

铸件在凝固末期、接近固相线的高温下形成热裂纹。此时,结晶出来的固态金属已形成完整的骨架,线收缩开始,但晶粒间还存有少量液体,故金属的高温强度很低。如果高温下铸件的线收缩受铸型或型芯的阻碍,机械应力超过其高温强度,铸件便产生热裂纹。热裂纹的尺寸较短、缝隙较宽、形状曲折、缝内呈严重的氧化色。

合金的结晶温度范围越宽,凝固收缩量越大,热裂倾向也越大。因此热裂纹常见于铸钢和铸造铝合金,灰铸铁和球墨铸铁的热裂倾向较小。为防止热裂纹的产生,铸件材料应尽量选用结晶温度范围小、热裂倾向小的合金,对于铸钢和铸铁,必须严格控制硫的质量分数,以防止热脆产生。另外,还应通过改善铸件结构,提高型砂和芯砂的退让性,来减小收缩阻碍。

(2) 冷裂纹

铸件冷却至较低温度,铸造内应力超过合金的抗拉强度时会形成冷裂纹。冷裂纹细小、呈连续直线状,内表面光滑,具有金属光泽或呈微氧化色。冷裂纹多出现在铸件受拉应力的部位,特别是应力集中部位,如尖角、缩孔、气孔以及非金属夹杂物等附近。

铸件壁厚差别越大,形状越复杂,特别是形状复杂的大型薄壁铸件,越易产生冷裂纹。脆性大、塑性差的合金,如灰铸铁、白口铸铁、高锰钢等较易产生冷裂纹,铸钢中含磷量越高,冷脆性越大,冷裂倾向也越大。塑性好的合金(如铸造铝、铜合金)因内应力可通过塑性变形自行缓解,冷裂倾向较小。因此,凡能减小铸造内应力和降低合金脆性的因素均能防止冷裂纹产生。

此外,设置防裂薄肋板可有效防止铸件裂纹的产生。

1.2　砂型铸造

1.2.1　砂型铸造工艺方法

砂型铸造是将熔融金属浇入砂质铸型中,待冷却凝固后,取出铸件的铸造方法。砂型铸造是目前应用最广泛的铸造方法,其制造过程为:首先,根据零件图设计出铸件图及模样图,制出模样及其他工装设备,并用模样、砂箱等和配置好的型砂制成相应的砂型;然后,把熔炼好的金属液浇入型腔;待金属液在型腔内凝固冷却后,把砂型破坏,取出铸件;最后,清除铸件上附着的型砂及浇冒口系统,经过检验,便可获得所需要的铸件。

砂型铸造的主要工序为配制造型材料、制备模样、制造型芯和砂型、烘干、合箱、金属熔化和浇注、铸件的清理与检查等。图 1-17 为两箱分模造型的砂型铸造工艺示意图。

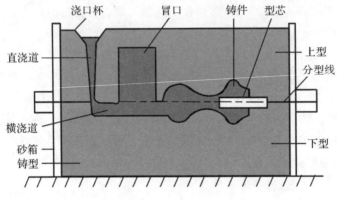

图 1-17   砂型铸造

1. 配制造型材料

制造砂型的造型材料包括型砂、芯砂及涂料等。型砂和芯砂主要由原砂(包括石英砂、锆砂、铬铁矿砂、铬镁石砂等)、各种无机或有机黏结剂(黏土、膨润土、植物油、树脂及其他有机合成物等)及水混合而成,必要时还加入煤粉或木屑等辅助材料,以利于改善砂型的透气性、受液体金属压力作用时的容让性及在高温浇注时形成还原气氛。型砂和芯砂应具备的主要性能有如下几个方面:

(1)强度。铸型在液体金属冲击和压力作用下不致变形和毁坏。型砂强度不足时会造成塌箱、冲砂及在铸件中形成砂眼等缺陷。

(2)透气性。当液态金属浇入铸型后,在高温作用下,型腔中原有的气体膨胀,砂型和型芯中的有机物等挥发也会产生大量气体,液态金属内部还会析出气体。因此,砂型必须具备良好的排气能力,否则浇注过程中有可能发生呛火,使铸件产生气孔、浇不足等缺陷。

(3)耐火性。在高温液体金属作用下,保证型砂不软化、不熔融以及不黏附在铸件表面。

(4)容让性。随着铸件冷却时的收缩,保证砂型和型芯具有一定的退让性,以防止因铸件冷却时的收缩而导致铸件产生内应力,甚至产生变形和裂纹等缺陷。

用来制备型砂和芯砂的基本材料主要由 4 部分组成:原砂、黏结剂、水、辅助材料。铸造用原砂多为天然砂,高质量的铸造用原砂,要求石英含量较高、杂质较少、颗粒均匀而且呈圆形。我国已形成了许多品质优良的铸造硅砂矿产资源,专业供应铸造用砂。铸造用黏结剂主要是黏土,其颗粒细小,粒度一般在 0.02mm 以下,加水后黏土质点间产生表面黏结膜使砂粒相互黏结,这是砂型具有强度的基本原因。常用铸造黏土有普通黏土和膨润土,普通黏土耐火性好、成本低、应用广,其加入量为 8%～20%;膨润土质点比普通黏土细小得多,故黏结性比普通黏土好。为了防止液体金属与砂型表面相互作用产生黏砂缺陷,常在型腔表面涂覆涂料。涂料的种类繁多,需要根据铸件材质来选用。如铸铁件多采用石墨水、铸钢件多用石英粉。辅助材料有煤粉、木屑、沥青等,可以增加透气性和容让性,煤粉不适于铸钢件。

2. 制备模样

在图 1-17 所示铸型的造型过程中,使用模样来形成铸型的型腔。模样可用木材、金属、塑料或其他材料制造出具有铸件相应部分的形状。造型时在模样周围填充型砂并振捣紧实,然后取出模样便可得到所需形状的空腔(型腔)。

3. 制造型芯和砂型

铸件的内部空腔几何形状是通过在铸型中安放型芯来形成的,型芯一般由芯砂制备。由于型芯多置于铸型型腔的内部,浇注后被高温液体金属包围,因此对芯砂的性能要求比型砂高。对于形状复杂或较重要的型芯需用桐油、亚麻仁油等植物油作黏结剂。此外,为了提高型芯的强度和刚度,还可在型芯中加入芯骨,大的芯骨多用铸铁制成、小的芯骨多用铁丝制成。

由于铸件金属的线收缩,铸件冷却后的尺寸将比型腔的尺寸小,为了保证铸件的应有尺寸,模样和芯盒的制造尺寸应根据铸件金属的线收缩率适当放大,放大部分的尺寸称为缩尺。缩尺的大小取决于铸造合金的种类及铸件的结构、尺寸等因素。通常灰铸铁为 $0.7\% \sim 1.0\%$、铸造碳钢为 $1.3\% \sim 2.0\%$、铝硅合金为 $0.8\% \sim 1.2\%$、锡青铜为 $1.2\% \sim 1.4\%$。

如图 1-17 所示,铸型由上型和下型组成,分别在两个砂箱内应用模样完成造型,然后从分型面处将砂型分开,取出模样并安放型芯,再将两砂箱对位合箱锁紧,即形成了铸型型腔的造型。

4. 金属熔化和浇注

在铸造过程中,金属首先被加热到足够高的温度以完全转变为液体,使用适当方法调整其成分并除去其中的气体及杂质,然后被浇注进入铸型型腔。铸型中的浇注系统是液态金属借以注入型腔的通道。典型的浇注系统是由浇口杯、直浇道、横浇道以及由横浇道进入型腔的内浇道组成。浇口杯可以减小液态金属进入直浇道时的飞溅和涡流。

除了浇注系统以外,任何一个具有显著收缩的铸件都需要设置与型腔相连的冒口。在铸件凝固过程中,冒口储存的液态金属起补偿金属收缩的作用。为了实现这一功能,冒口设计必须保证使其在铸件中最后凝固。

当液态金属流入铸型时,原先占据型腔的空气以及熔融金属与铸型材料反应形成的气体必须逸出型腔,以使液态金属能够完全填充型腔。在砂型铸造中,铸型中的自然空隙一般可使空气或其他气体得以通过型壁顺利逸出型腔,有时也在铸型上扎出细小的通气孔以保证气体的排出。

液态金属一旦进入铸型,即在铸型的作用下开始冷却,当温度降低至一定程度(如纯金属的熔点温度以下)时开始凝固。凝固涉及金属的相变,相变的完成需要时间,而在此过程中将释放出大量的热。通过凝固过程,金属按照铸型型腔形成一定的形状,铸件的很多性能也在这一过程中形成。

5. 铸件的清理与检查

铸件在铸型中经过充分冷却后被取出。根据铸造方法及所用的金属不同,需要对铸件进行进一步的处理,包括从铸件上去除浇口、冒口等多余的金属,表面清理,检测及热处理等。

1.2.2　铸造工艺设计

1. 铸造工艺方案

铸造生产的首要步骤是根据实际生产条件和生产批量对零件的结构特征、材质及技术要求等因素进行工艺分析,确定铸造工艺方案。具体内容包括:1)选择铸件的浇注位置及分型面;2)确定型芯的数量、定位方式、下芯顺序、芯头形状及尺寸;3)确定工艺参数(如加工余量、起模斜度、铸造圆角及收缩量等)以及浇冒口、冷铁形状、尺寸及在砂型中的布置等。将确定后的工艺方案用文字和铸造工艺符号在零件图上表示出来,就构成了铸造工艺图。

铸造工艺图是制造模样和铸型、进行生产准备和铸件检验的依据,是铸造生产的基本工艺文件。图 1-18 所示为圆锥齿轮的零件图、铸造工艺图。

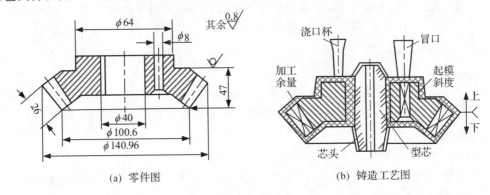

(a) 零件图　　　　　　　　　　(b) 铸造工艺图

图 1-18　圆锥齿轮

2. 铸件结构设计的工艺性

铸件结构及技术条件审查是从铸造生产的观点研究零件结构和技术条件在技术经济方面是否合理,一般应考虑如下问题。

(1) 铸件的适宜壁厚和合理结构

为了保证铸件的强度和避免出现冷隔及浇不足等缺陷,铸件应有适当的壁厚。其最小允许厚度与合金成分及其流动性密切相关,也与浇注温度、铸件尺寸和铸型的冷却能力及其他热物理性能有关。一般来说,铸件外形尺寸愈大,铸件结构愈复杂,铸造合金的流动性愈差,则铸件的最小允许壁厚就愈大。表 1-1 为砂型铸造条件下几种常用铸造合金铸件的最小允许壁厚经验值。

根据砂型铸件的凝固特点,铸件壁厚不是越大越好,在有必要或可能时还应当采用加强筋的薄断面结构。这样不仅可以减少铸件的重量或体积,还有利于防止出现收缩类缺陷,如图 1-19(a)所示。

表 1-1　砂型铸造最小允许壁厚　　　　　　　　　　　　（单位：mm）

铸件尺寸	灰铸铁	可锻铸铁	球墨铸铁	铸钢	青铜	铝合金	镁合金	铜合金
<200×200	3～5	2.5～4	4～6	4～5	2～3	3	—	3～5
200×200～500×500	5～10	5～8	6～12	10～12	5～7	4	3	6～8
>500×500	10～15		12～20	15～20	10～12	5～7	—	—

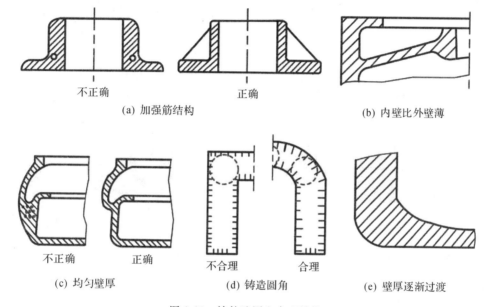

(a) 加强筋结构　　　　　　　　　(b) 内壁比外壁薄

(c) 均匀壁厚　　　(d) 铸造圆角　　　(e) 壁厚逐渐过渡

图 1-19　铸件壁厚和合理结构

　　同一个铸件中，热量散出困难的部位，例如铸件内的间壁，冷却缓慢。为了使铸件各部分冷却均匀，避免因温差而产生内应力和裂纹，这些部位的壁厚在保证金属能充满的前提下可以比外壁的壁厚小些，如图 1-19(b)所示。

　　壁的相互连接处往往形成热节，容易出现收缩类缺陷。因此，应使铸件壁厚尽可能地接近一致以实现较均匀的冷却，如图 1-19(c)所示。直角转弯结构交角处的内接圆较大（金属堆积较多）、容易导致应力集中，为防止这些缺陷以及柱状晶直交缺陷，铸件上相邻两壁之间的交角应做出铸造圆角，如图 1-19(d)所示。当由于各种原因要求铸件各部分的壁厚有一定差异时，壁的相互连接处一定要采用渐变过渡的方式，以防止出现变形、裂纹等缺陷，如图 1-19(e)所示。

　　(2) 避免水平设置较大的平面

　　浇注时，型腔内出现较大的平面，尤其是在顶面时（图 1-20(a)），铸件容易产生冷隔（气隔）、气孔、夹杂以及砂眼等缺陷。因此最好将大平面设计成倾斜的，浇注时倾斜平面朝下（图 1-20(b)）。或者在浇注时将铸型倾斜放置（图 1-20(c)），以便于杂质和气体随金属液升至铸件高处，由冒口收集排除。

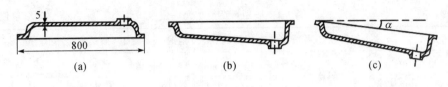

(a)　　　　　　　　(b)　　　　　　　　(c)

图 1-20　薄壳底罩铸件

（3）防止铸件变形和裂纹的结构设计

铸件往往由于冷却收缩产生内应力而发生变形或产生裂纹。如图 1-21 所示为大而薄的平板件,在冷却收缩时易发生翘曲(图 1-21(a)),采用筋板结构设计(图 1-21(b)),可以提高铸件刚度,避免变形。

如图 1-22 所示轮形铸件,如采用直的轮辐(图 1-22(a)),由于冷却收缩时产生内应力,有可能使轮辐拉裂;若采用弯曲的轮辐(图 1-22(b)),则可以松弛应力,防止变形。

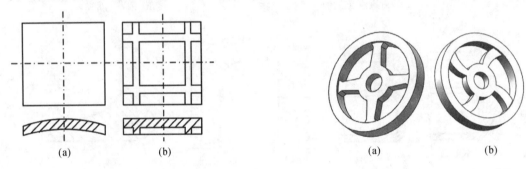

(a)　　　　　　　　(b)

图 1-21　利用加强筋防止铸件变形

(a)　　　　　　　　(b)

图 1-22　防止收缩受阻而发生裂纹

（4）简化造型、制模工艺,便于起模

零件上的凸台、凹面常常影响起模。虽然手工造型时,模样上的相应部分可做成局部活块,批量生产时,可局部采用砂型,但都在不同程度上增加了造型、制模工时,提高了生产成本。如果在零件结构设计上稍加改进就可以避免这一问题,如图 1-23 和图 1-24 所示。此外,在可能的情况下,在铸件的非加工面设计结构斜度,以利于起模,铸件结构斜度通常在 1°～3°范围内。

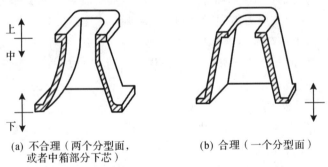

(a) 不合理（两个分型面,
　　或者中箱部分下芯）

(b) 合理（一个分型面）

图 1-23　外壁内凹的框形铸件

（5）尽量不用或少用砂芯

铸造生产中,应该尽可能地简化铸件内腔结构及其中筋条、凸块的布置,尽量少用或

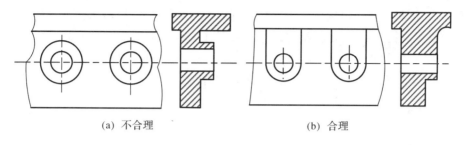

(a) 不合理　　　　　　　(b) 合理

图 1-24　带凸台的铸件不易起模的例子

不用砂型,如图 1-25 所示。用砂型制出铸件内腔时,要考虑在合型时砂芯是否便于定位,尤其是在浇注时砂芯是否稳定、排气是否通畅,否则容易出现偏芯、气孔等缺陷。在图1-26中,图(a)的结构需用两个型芯,其中大的型芯呈悬臂状态,必须用型芯撑作辅助支撑;按图(b)改进设计后,采用一个整体型芯,型芯的稳固性大大提高,安装简单,也利于排气。

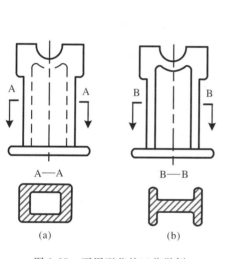

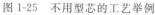

图 1-25　不用型芯的工艺举例

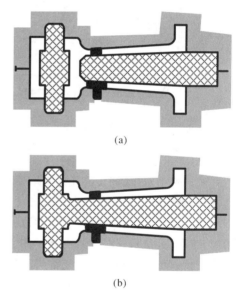

图 1-26　轴承架铸件

3. 浇注位置的确定和分型面的选择

浇注时铸件在砂型中所处的空间位置称为铸件的浇注位置,它反映了浇注时铸件的哪个表面朝上,哪个表面朝下,哪些表面侧立或倾斜。造好型后要将铸型分开来才能去除模样,得到能使金属液充填成形为铸件的型腔。这种将铸型分开的面称为分型面。铸件的造型位置(即造型时模样在砂型中所处的空间位置)由分型面确定。两箱造型的砂型由两个"半型"组成,有一个分型面;由三箱组成的砂型具有两个分型面。

确定浇注位置时,应将铸件的重要面、大平面及薄壁部位朝下或位于侧面,厚壁部位应朝上。铸件上部易产生砂眼、气孔、夹渣等缺陷,且因凝固速度慢,晶粒也较粗大;而铸件的下部晶粒细小,组织致密,缺陷少,质量优于上部。车床床身的导轨面及平板的大平

面属重要面,应将其浇注位置朝下,如图 1-27(a)及(b)中方案(1)所示。油盘铸件的底部
为面积大而薄壁的平面,为了使浇注时金属液易于充满型腔,防止产生浇不足或冷隔,应
将其盘底朝下,如图 1-27(c)中方案(1)所示。卷扬筒铸件的法兰大端与筒体交界处(图
1-27(d)),其热节圆直径 D 比下部壁厚大,确定浇注位置时,应将该处朝上,以利于设置冒
口,对该处进行补缩。

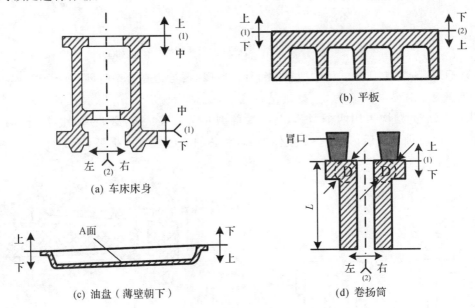

图 1-27　铸件浇注位置和分型方案的选择示例

　　必须指出,上述确定浇注位置的原则在不同情况下存在一定的灵活性。例如,图 1-27
(a)所示车床床身铸件在中小批量生产条件下,采用导轨面朝下的第(1)方案(立浇)是较
理想的。但在成批、大量生产、机器造型时,难以采用三箱造型,因而适宜采用两箱造型的
第(2)方案(卧浇),这时导轨面处于侧立位置,上箱顶面附近的部分导轨质量必须通过改
进浇冒口系统,加强撇渣、排气等措施加以保证。又如图 1-27(c)所示油盘铸件,其底盘的
上表面 A 要用于承接切削时落下的切屑及切削液,应为重要面。显然,如遵循重要面朝
下的原则,应采用第(2)方案,但却不符合薄壁朝下的原则。如果产生类似矛盾,应以解决
主要矛盾为主来确定浇注位置。该铸件的主要矛盾显然是能否浇满成形,故应优先采用
第(1)方案。此外,对于某些轴向长度 L 较大的轴或套类铸件(如图 1-27(d)),当其外圆
或内孔为必须保证质量的重要面时,若采用竖直造型(如图 1-27(d)中方案(1)),会因砂型
太高而使造型操作困难;若采用水平造型,则铸件圆周上总有少部分母线处于型腔顶面,
难以保证质量。这时可以采用平做立浇的方案,如图 1-27(d)中的方案(2)所示,即采用沿
轴向平分模样、上下箱水平造型、下芯、合箱后,夹紧上、下砂箱并旋转 90°浇注。当 L 过
大,砂箱难以完全竖直时,亦可用"平做斜浇"的方案(砂箱旋转小于 90°)。

　　4. 砂芯设计

　　砂型用于形成铸件内腔或外形中妨碍起模的部位,砂型中局部要求特殊性能的部分,
有时也用砂芯形成。对砂芯的基本要求是:砂芯的形状、尺寸和在砂型中的位置应与铸件

的要求相适应,有足够的强度和刚度;在浇注后铸件凝固过程中所产生的气体能及时排出型外;铸件收缩时砂芯不给予大的阻力;清砂容易。砂芯设计的主要内容包括:确定砂芯的形状和个数(砂芯分块)、下芯顺序、芯头结构设计和芯头大小核算等,其中还要考虑到砂芯的通气和强度问题。为了保证砂芯在铸型中准确定位、固定及通气,在砂芯及模样上均需做出芯头,模样上的芯头(或称芯座)用于造型时在砂型中的相应部位形成凹坑,以便使砂芯的芯头坐落而定位。如图 1-28 所示车轮铸件的独立内腔为 7 个,即中心轴孔及 6 个三角形孔腔,故由 7 个砂芯形成铸件的内腔形状。

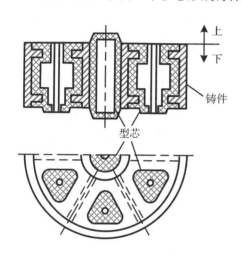

图 1-28　车轮铸件的砂芯

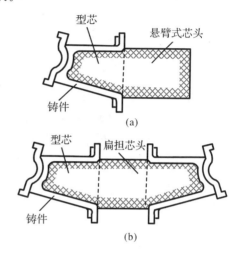

图 1-29　悬臂砂芯及共用砂芯

对于图 1-29 所示的一类铸件,为了改善悬臂式砂芯(图 1-29(a))的稳定性,常采用两个或多个铸件共用一个砂芯(图 1-29(b)),既可减少芯头长度,提高模板与砂箱利用率,砂芯安放也更加稳定。

5. 确定工艺参数

在浇注位置和分型面等确定之后,还须确定铸件的机械加工余量、起模斜度、收缩率、型芯头尺寸等具体参数。

(1) 机械加工余量和最小铸出孔

在铸件上为切削加工而增大的尺寸称为机械加工余量。在零件图上标有加工符号的加工表面,均需留有加工余量。加工余量过大,会增加切削加工工时且浪费金属材料;加工余量过小,因铸件表层过硬会加速刀具的磨损,甚至刀具会因残留黑皮而报废。

机械加工余量的具体数值取决于铸件生产批量、合金种类、铸件大小、加工面与基准面之间的距离及加工面在浇注时的位置等。采用机器造型,铸件精度高,余量可减小;采用手工造型,误差大,故余量应加大。灰铸铁件表面较光滑、平整,精度较高,加工余量较小;铸钢件因表面粗糙,变形较大,余量应加大;非铁合金铸件价格昂贵,且表面光洁,余量可小些。铸件的尺寸越大或加工面与基准面之间的距离越大,尺寸误差也越大,故余量应随之加大。

铸件上的孔、槽是否铸出,不仅取决于工艺,还必须考虑其必要性。一般来说,较大的孔、槽应当铸出，以减少切削加工工时，节约金属材料，并可减小铸件上的热节；较小的孔则不必铸出，用机加工较为经济。最小铸出孔的参考数值，见表1-2。对于零件图上不要求加工的孔、槽以及弯曲孔等，一般均应铸出。

表1-2　铸件毛坯的最小铸出孔　（单位：mm）

生产批量	最小铸出孔的直径 d	
	灰铸铁件	铸钢件
大量生产	12～15	—
成批生产	15～30	30～50
单件、小批量生产	30～50	50

（2）起模斜度

为使模样（或型芯）易于从砂型（或芯盒）中取出，凡垂直于分型面的立壁，制造模样时必须留出一定的倾斜度，称为起模斜度，如图1-30所示。

起模斜度的大小取决于立壁高度、造型方法、模样材料等因素，通常为 $15'\sim3°$。立壁越高，斜度越小（$\beta_1<\beta_2$）；外壁斜度比内壁小（$\beta<\beta_1$）；机器造型比手工造型斜度小；金属模斜度比木模小。

在铸造工艺图上，加工表面的起模斜度应结合加工余量直接表示出，而不加工表面上的斜度（称之为结构斜度）仅用文字注明即可。

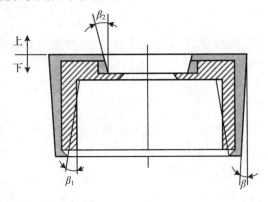

图1-30　起模斜度

（3）收缩率

铸件冷却后的尺寸比型腔尺寸略为缩小，为保证铸件的应有尺寸，模样尺寸必须比铸件图样尺寸放大一个收缩率，常用铸件线收缩率 K 表示：

$$K=\frac{L_模-L_件}{L_件}\times100\%\qquad(1-7)$$

式中：$L_模$ 为模样尺寸，mm；$L_件$ 为铸件尺寸，mm。

铸件的线收缩率与铸件尺寸大小、结构复杂程度、铸造合金种类等有关。通常灰铸铁件的收缩率为 0.7%～1.0%，碳素铸钢件的收缩率为 1.3%～2.0%，铸造锡青铜件的收

缩率为 $1.2\% \sim 1.4\%$。

6. 浇注系统设计

浇注系统是引导金属液进入铸型的一系列通道的总称,一般由浇口杯(又称外浇口)、直浇道、横浇道和内浇道等基本组元组成,如图 1-31 所示。浇口杯的作用是承接金属液,防止金属液飞溅和溢出,减小金属液对铸型的直接冲击,撇去部分上浮的熔渣、杂质,防止其通过直浇道进入型腔。直浇道的作用是提供足够的位头以保证金属液克服沿程的各种阻力,在规定的时间内以一定的速度充填型腔,一般直浇道的锥度为 1∶50 或 1∶25。由直浇道转入横浇道通常是一个急转弯,如果金属液的流速大,将出现严重的紊流和冲蚀铸型的现象,容易引起铸件缺陷。为了避免出现这种情况,常在直浇道底部设置一个凹窝,称为直浇道窝(见图 1-31),其深度约为一个横浇道的高度或相当于直浇道的直径。横浇道是连接直浇道与内浇道的中间组元,其主要作用除了使金属液以均匀而足够的流量平稳地流入内浇口外,其结构形式还要有利于渣及非金属夹杂物上浮并滞留在其顶部,而不随液流进入型腔,故有时又称为撇渣道。内浇道的作用是控制金属液充填铸型的速度和方向,调节铸型各部分的温度和铸件的凝固顺序,设计内浇道时要力求使金属液流量分布均匀,充填型腔时平稳,无喷射和飞溅现象发生。

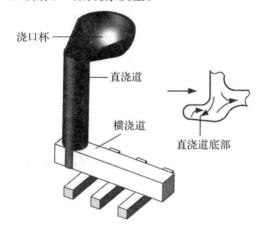

图 1-31　浇注系统的组成

浇注系统各组元的横截面面积及其相对关系对于金属液的充填铸型过程具有十分重要的影响。直浇道、横浇道、内浇道的总横截面面积分别用 $S_直$、$S_横$、$S_内$ 表示,根据不同的铸件材质及铸造工艺条件,设计浇注系统时可以采取以下不同的组元截面尺寸关系。

(1) 封闭式浇注系统:这种浇注系统各组元中总横截面积最小的是内浇道,即 $S_直 > S_横 > S_内$,各组元截面面积比例为 $S_直 : S_横 : S_内 = 1.15 : 1.1 : 1$。这种浇注系统容易为金属液充满,撇渣能力较强,有利于防止金属液卷入气体,通常用于中小型铸铁件。但封闭式浇注系统中金属液流速较大,甚至会发生喷射现象,故不适用于易氧化的有色金属铸件或压头大的铸件,也不宜用于用柱塞包浇注的铸钢件。

(2) 开放式浇注系统:这种浇注系统的最小截面为直浇道横截面,即 $S_直 < S_横 < S_内$。显然,金属液难以充满这种浇注系统的所有组元,故其撇渣能力较差,渣及气体容易随液

流进入型腔而造成废品。但内浇道流出的金属液流速较低，流动平稳，冲刷力小，金属液的氧化程度较轻。它主要适用于易氧化的有色金属铸件、球铁铸件和用柱塞包浇注的中大型铸钢件。在铝、镁合金铸件上常用的浇注系统各组元截面面积比例为 $S_{直}:S_{横}:S_{内}$ $=1:2:4$。

内浇道与铸件型腔连接位置的选择，既要使内浇道中的金属液能够畅通无阻地进入型腔，又不致正面冲击铸型壁及砂型或型腔中薄弱的突出部分。因而浇道附近易局部过热，造成晶粒粗大，并可能出现缩松。所以，内浇道尽量不开设在铸件的重要部位，以免影响铸件质量。

7. 冒口

冒口是铸型中设置的一个储存金属液的空腔。其主要作用是在铸件成形过程中提供补充铸件体积收缩所需要的金属液，以防止铸件产生缩孔、缩松等缺陷。此外，冒口还有排气及汇集浮渣和非金属夹杂物的作用。铸件制成后，冒口部分（残留在铸件上的凸块）将从铸件上切除。因此，在保证铸件质量要求的前提下，冒口应尽可能小些，以节约金属，提高铸件的成品率。

体积收缩较大的合金中容易出现缩孔和缩松之类的铸造缺陷，它们减小了铸件的有效受力面积，降低了铸件的强度。特别是隐藏在铸件内部的缩孔，对那些质量要求高、机械加工量大的铸件（如齿轮等）危害很大。有些要求耐压的铸件往往由于内部有缩松，经受不住液体的压力而发生渗漏现象，导致铸件报废。合适的冒口工艺可以有效地防止或减少铸件的收缩缺陷。

对于形状简单的铸件，可将浇口设置在厚壁处，适当扩大内浇口的截面面积，利用浇口直接进行补缩，如图 1-32(a)所示。对于形状复杂、壁厚不均匀的铸件，由于凝固方向不一致，液态金属充满型腔后，薄壁部分冷却快，先凝固，其凝固收缩有厚壁处未凝固的液态金属补充，但厚壁处的液态金属凝固收缩时得不到补充，因此在厚壁处将产生缩孔，如图 1-32(b)所示。

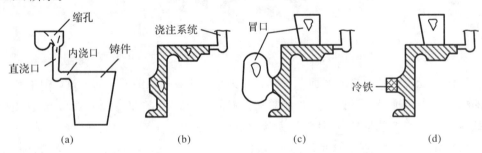

图 1-32　利用浇、冒口补缩

为消除厚壁处即铸件热节部位的缩孔，可在它的侧面（或上面）设置冒口，用冒口中的金属液补充热节处的凝固收缩，从而将缩孔移至冒口处，获得致密的铸件，如图 1-32(c)所示。对不宜设置冒口的部位，使用冷铁控制铸件的凝固顺序也可防止产生缩松，如图 1-32(d)所示。在厚壁处安放冷铁，增加它的冷却速度，造成向浇、冒口方向的顺序凝固，最后将整个体积收缩移到浇口或另一个冒口，以得到致密的铸件。

1.3 铸件的结构工艺性

铸件结构指铸件的外形、内腔、壁厚、壁间的连接形式、加强筋和凸台的安置等。铸件结构工艺性是指在进行铸件结构设计时,不仅要保证其使用性能要求,还必须考虑铸造工艺和合金铸造性能对铸件结构的要求。铸件结构是否合理对铸件质量、生产率及其成本有很大的影响。

1.3.1 铸件结构应使铸造工艺过程简化

铸件结构应尽可能使制模、造型、合箱和清理等工序简化,避免不必要的浪费,防止废品产生,并为实现机械化、自动化生产创造条件。大批量生产时,铸件的结构应便于采用机器造型;单件、小批量生产时,则应使所设计的铸件尽可能适应现有生产条件。

1. 铸件的外形应力求简单

虽然根据液态金属流动成形的特点,铸件外形可以很复杂,但仍应在满足使用要求的前提下力求简单,以方便起模、简化造型,尽可能避免三箱、挖砂、活块造型及不必要的外部型芯。

(1)尽量避免铸件外壁侧凹,减少分型面。这样可以减少砂箱或外型芯的数量,减少造型工时,也可减少因错箱、偏芯而产生的铸造缺陷。图 1-33(a)所示铸件有一侧凹,形成两个分型面,所以必须采用三箱造型或采用外型芯两箱造型。若改为图 1-33(b)所示的结构,便可采用简单的两箱造型,造型过程大大简化。

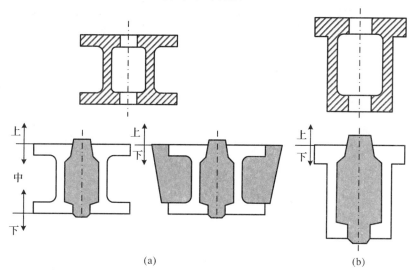

图 1-33 铸件避免外壁侧凹的结构

(2)尽可能使铸件分型面平直。要注意避免分型面上的圆角结构。图 1-34(a)所示小支架铸件的分型面上有圆角结构,需采用挖砂或假箱造型,工序复杂,生产率低,成本高,应改为图 1-34(b)所示结构。又如图 1-34(c)与图 1-34(d)所示杠杆铸件的结构,需要采用挖砂造型以实现曲面分型或采用外型芯造型,铸造工艺复杂,费工费时;若改为图 1-34(e)所示结构,分型面为一平面,便可采用简易的分模造型。

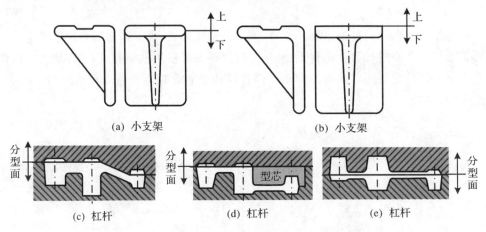

(a) 小支架　　　　　　　　　　　　(b) 小支架

(c) 杠杆　　　　　(d) 杠杆　　　　　(e) 杠杆

图 1-34　应使分型面平直

　　(3)铸件加强筋和凸台的设计应便于起模。若设计不当,加强筋、凸台等常会妨碍起模,而需要采用活块造型或增加外型芯等解决起模问题,如图 1-35(a)与图 1-35(c)所示。若改为图 1-35(b)与图 1-35(d)所示结构,将法兰上加强筋旋转 45°至分型面上,侧壁上的凸台延至分型面,均可使造型过程简化。

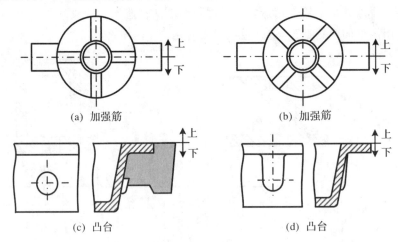

(a) 加强筋　　　　　　　　　　　　(b) 加强筋

(c) 凸台　　　　　　　　　　　　(d) 凸台

图 1-35　铸件结构加强筋和凸台的设计

　　(4) 铸件侧壁应具有结构斜度。铸件上凡垂直于分型面的非加工表面均应给出结构斜度,以便起模和提高铸件精度。此外,虽然铸件的外形轮廓应力求美化,但为了简化模样制造与造型,在满足使用要求的前提下,应尽量采用方形、圆形、圆锥形等规则几何形体堆叠组成铸件形状,尽量避免采用非标准曲线或曲面形体。

2. 铸件的内腔应力求简单适用

尽量少用或不用型芯,并且应便于型芯的固定、定位、排气和清理。型芯会增加材料消耗,且使生产工艺过程复杂,提高成本,还会因型芯组装间隙影响铸件尺寸精度,容易产生由型芯导致的铸造缺陷。图 1-36(a)所示铸件的内腔侧壁无斜度,内腔出口处直径变小,因此均需采用型芯形成内腔。若改为图 1-36(b)所示的结构(开口式内腔,且内腔直径 D 大于高度 H),则可直接在造型时采用自带型芯形成内腔。

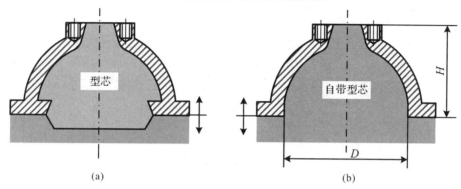

图 1-36　圆盖铸件不用型芯的内腔设计

1.3.2　铸件结构应适应合金铸造性能的要求

铸件结构设计时,若未充分考虑合金铸造性能的要求,则在铸件中容易产生缩孔、缩松、变形、裂纹、气孔、浇不足和冷隔等铸造缺陷。因此,为能保证铸件质量,必须使铸件结构与所用合金的铸造性能相适应。

1. 铸件的壁厚

铸件壁厚大,有利于液态合金充型,但随着壁厚增加,铸件晶粒会更加粗大,且容易出现缩松、缩孔等缺陷。铸件壁厚小,有利于获得细小晶粒,但不利于液态合金充型,容易产生冷隔和浇不足等缺陷。因此,在确定铸件壁厚时,应使壁厚合理、均匀。

(1)铸件的最小壁厚。铸件的最小壁厚是指在某种工艺条件下,铸造合金能充满型腔的最小厚度。由于不同铸造合金的流动性各不相同,所以在相同的铸造条件下,所能浇注出的铸件最小壁厚也不同。若所涉及的铸件壁厚小于该最小壁厚,则铸件容易产生浇不足和冷隔等缺陷。

(2)铸件壁厚不宜过厚。壁厚过厚,会引起晶粒粗大,且易产生缩孔、缩松等缺陷,使铸件承载能力不再随壁厚增加而成比例提高。为增加铸件的承载能力和刚度,不能单纯增加铸件壁厚,而应采取合理选择铸件的截面形状、在脆弱部分安置加强筋等措施。

(3)铸件壁厚应尽可能均匀。这样可以使铸件各处的冷却速度趋于一致。若铸件壁厚差别过大,不仅在厚壁处易形成热节,产生缩孔、缩松等缺陷,同时还会增大热应力,在厚、薄壁交接处易产生裂纹。

由于铸件内、外壁在铸型中的散热条件不同,因此,散热较慢的内壁的厚度应比散热较快的外壁厚度适当减小,使铸件在铸型中能同时均匀冷却,以减小热应力,避免在内、外壁交接处产生裂纹,也可避免在内壁处因热节形成缩孔、缩松,如图 1-37 所示。

(4) 利于实现定向凝固的壁厚设计。当铸件不可避免地存在厚壁部位时,为防止厚壁部位产生缩孔和缩松,需事先定向凝固,这时应使铸件结构便于在厚壁部位安放冒口补缩。如使铸件壁厚下薄上厚,上部便于安放冒口,从而实现由下而上的定向凝固。

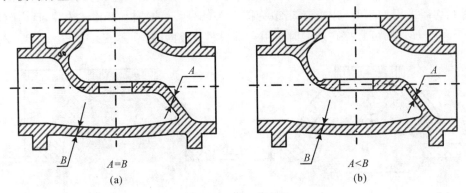

图 1-37　阀体铸件的内外壁厚设计

2. 铸件壁间的连接

壁间连接时要考虑减小热节,防止应力集中等。

(1) 铸件壁的转弯处应为圆角。直角连接处,受力时会使内侧应力增大,造成应力集中而产生裂纹;因形成热节容易出现缩孔或缩松;且因结晶的方向性易形成结合脆弱面。采用圆角连接,就可有效避免上述铸造缺陷的产生。铸件内圆角半径的大小应与壁厚相适应,还应根据合金种类确定。

(2) 不同壁厚间要逐渐过渡。当铸件壁厚难以均匀一致时,为减小应力集中,防止不同壁厚连接处产生裂纹,应采用逐步过渡的连接形式,避免壁厚突变。

(3) 壁间连接应避免交叉和锐角。图 1-38(a)和(b)所示的十字形交叉连接与锐角连接,易形成热节和应力集中,铸件容易产生缩孔、缩松和裂纹等缺陷。若改为图 1-38(c)、(d)、(e)所示的交错连接、环状连接、垂直或钝角连接,则可有效避免上述缺陷。

3. 尽可能避免铸件上出现过大水平面

大的水平面(按浇注位置)不利于金属液的充填,易产生浇不足、冷隔等缺陷,同时还易产生夹杂,不利于气体和非金属夹杂物的排除,应尽可能避免。例如,应将图 1-39(a)所示顶盖铸铁件的大水平面改为图 1-39(b)所示的大斜面。当然也可在浇注时将铸型倾斜一个角度,使大平面处于倾斜位置,但这会给铸造工艺过程带来不便。

4. 采用对称或加强筋结构

为防止细长、薄的大铸件产生翘曲变形,常采用对称或加强筋结构。设计合理的加强筋,可有效防止铸件的变形和开裂,但加强筋的厚度应比壁厚小,使其先于内、外壁凝固,才能真正起到加强作用。

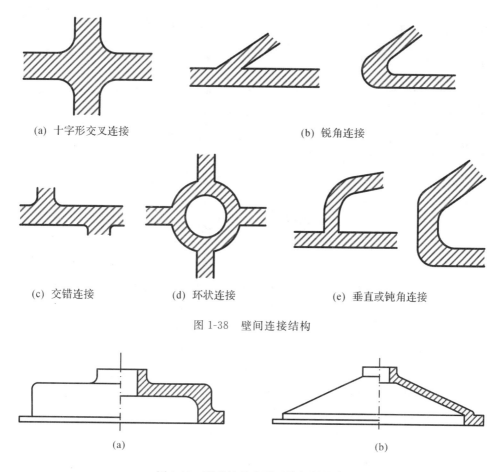

(a) 十字形交叉连接　　　　　　　　　　(b) 锐角连接

(c) 交错连接　　　　(d) 环状连接　　　　(e) 垂直或钝角连接

图 1-38　壁间连接结构

(a)　　　　　　　　　　　　　　(b)

图 1-39　顶盖铸件大平面的倾斜设计

1.4　特种铸造方法

铸造工艺过程可以概括为 3 个要素:1)具有一定成分和充型能力的液态金属;2)符合特定零件形状及铸件成形要求的铸型(包括形成零件的模型、模样);3)实现液态金属充填铸型的系统和条件。铸造生产中应用最多的是砂型铸造,全世界采用砂型铸造生产的铸件占铸件总产量的 80% 以上,这是因为它生产率高、成本低、灵活性大、适应面广,而且技术也比较成熟。但是砂型铸造也存在着许多不足:铸件的内部质量、尺寸精度及表面质量都较差;生产过程较复杂,不易实现机械化、自动化;在生产一些特殊零件(如管类、薄壁件等)时,技术经济指标较低。为了克服这些问题,在砂型铸造的基础上,通过对铸型材料、浇注方式及铸件凝固条件等铸造工艺要素进行适当改进,形成了多种有别于砂型铸造的其他铸造方法,统称为特种铸造工艺。常见的特种铸造工艺有熔模铸造、金属型铸造、低压铸造、压力铸造(压铸)、离心铸造、陶瓷型铸造、连续铸造、真空铸造、挤压铸造和液体金属冲压、磁型铸造及消失模铸造、半固态铸造等。以下列举金属型铸造、熔模铸造、压力铸造、离心铸造这四种特种铸造方法,来说明其基本的工艺原理。

1.4.1　金属型铸造

以金属材料代替型砂制造铸型,将液态金属在重力作用下注入金属型中成形的方法称为金属型铸造,因金属型可以多次重复使用,故又称永久型铸造。与砂型相比,金属型对液态金属的冷却作用强烈,且没有像砂型那样的退让性和透气性。因此,金属型铸件形成过程中具有特殊的规律,需要根据这些特点合理设计金属型结构,制定铸造工艺,以充分发挥金属型的优势,避免容易出现的问题,生产合格铸件。

1. 金属型的材料与结构

制造金属型的材料应根据铸件材料选用,一般用作金属型的合金熔点应高于液态金属的浇注温度。铸造锡、锌、镁等低熔点合金可用灰铸铁做铸型;铸造铝、铜等合金,应用合金铸铁或钢做金属型。

金属型的结构首先必须保证铸件(连同浇注系统)能从其中顺利取出。为适应各种铸件的形状,金属型按分型面形式可分为整体式、水平分型式、垂直分型式和复合分型式等,如图 1-40 所示。其中,整体式金属型(图 1-40(a))多用于形成铸件外形轮廓,其内腔则多用砂芯形成。型腔上设有出气冒口,采用滤网式浇口杯挡渣。待液态金属凝固后,翻转金属型,由顶杆机构顶出铸件。图 1-40(b)所示为用于一箱多件简单形状铸件的水平分型式金属型。垂直分型式金属型(图 1-40(c))开、合型方便,开设浇、冒口和取出铸件均较为便利,易于实现机械化,应用较多。图 1-40(d)所示的复合分型式金属型具有 2 个水平和 1个垂直分型面,用于形状复杂的铸件。

金属型铸造多采用底注式或侧注式浇注方式。多采用斜弯式或蛇形直浇道,以降低液态金属流速,保证流动平稳,避免飞溅,减少金属液对铸型壁的冲刷。为了撇渣,常在直浇道下部设置集渣包。

2. 金属型铸造的工艺特点

金属型导热速度快,没有退让性和透气性,为了保证铸件质量和提高金属型的使用寿命,金属型铸造的主要工艺要点如下:

(1)金属型预热及温度控制。金属型导热性好,对液态金属具有强烈的激冷作用,因此,在开始工作前应该进行预热,以免因液态金属流动性剧烈下降导致铸件出现冷隔、浇不足等缺陷。同时,也防止金属型受到剧烈的热冲击而产生破坏。在连续工作过程中,为了防止金属型温度过高,还要对其进行冷却。通常控制金属型的稳定工作温度在 120～350℃ 范围内。

(2)加强金属型的排气。除在金属型型腔上部设置排气孔外,通常还要在分型面上开设通气槽或在型体上设置通气塞,以加强金属型的排气。

(3)金属型涂料。在金属型铸造过程中,必须在其工作表面喷刷涂料。金属型涂料具有重要作用:调节铸件的冷却速度;保护金属型免受液体金属热冲击及冲蚀作用;借以蓄气、排气。涂料由粉状耐火材料(如氧化锌、滑石粉、锆砂粉、硅藻土粉等)、黏结剂(常用水玻璃、糖浆或纸浆废液等)、溶剂(水)及某些特殊附加物(如为防止灰铸铁出现白口而加

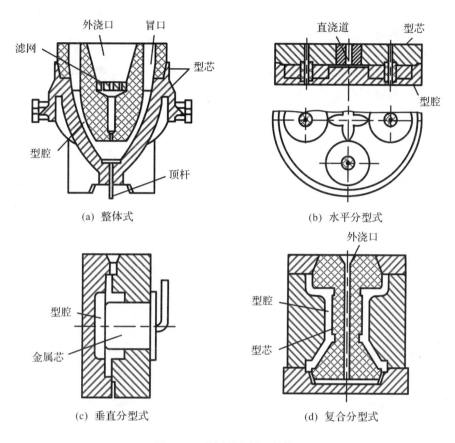

(a) 整体式　　　(b) 水平分型式

(c) 垂直分型式　　　(d) 复合分型式

图 1-40　常用的金属型结构

入硅铁粉;防止镁合金氧化而加入硼酸以及用于表面合金化的合金粉等)组成,涂料层厚度一般为 0.1~0.5mm。

（4）铸件出型及抽芯时间。由于金属型无退让性,若铸件在型内冷却时间过长,收缩受阻就容易引起较大的内应力甚至导致开裂。因此,在铸件凝固后,在保证铸件强度的前提下,应及早开型,取出铸件。合适的开型与抽芯时间一般要通过试验确定,对于一般中小铸件通常为浇注后 10~60s。

3. 金属型铸造的特点及适用范围

（1）有较高的尺寸精度(IT12~IT14)和较小的表面粗糙度(R_a6.3~12.5μm),加工余量小。

（2）金属型的导热性好,冷却速度快,因而铸件的晶粒细小,力学性能好。

（3）实现一型多铸,可提高生产率,节约造型材料,减轻环境污染,改善劳动条件。

由于金属型不透气且无退让性,铸件易产生浇不足、冷隔、裂纹、白口(铸铁件)等缺陷,因此不宜铸造形状复杂(尤其是内腔复杂)、薄壁、大型铸件;金属型制造成本高、周期长,不宜单件、小批生产;受金属型材料熔点的限制,不适宜生产高熔点合金铸件。目前,金属型铸造主要用于铝、铜、镁等非铁合金中小型铸件的大批量生产。

1.4.2　熔模铸造

熔模铸造又称失蜡铸造,已有2000多年的应用历史。采用易熔蜡料制成零件模样,在其表面涂覆数层耐火涂料及颗粒材料,待其干燥硬化后将其中的蜡模熔去,制成中空型壳,再经过高温焙烧,然后浇入液体金属,从而获得铸件。由于避免了分、合型所致的铸件尺寸误差,由粉状耐火材料制成的涂料又能够精确复制蜡模表面,形成的铸件具有较高的表面质量和尺寸精度,因此,又称精密铸造。

1. 熔模铸造的基本工艺过程

熔模铸造的基本工艺过程如图1-41所示,其主要的工艺环节如下所述。

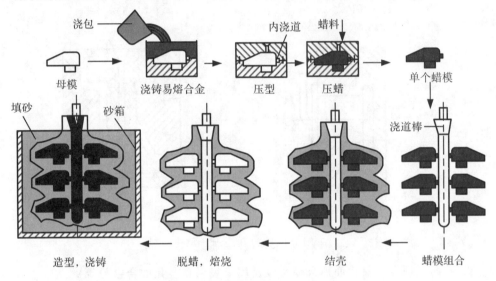

图1-41　熔模铸造的基本工艺过程

(1)熔模制造

为了获得尺寸精度和表面质量高的铸件,首先必须具备高质量的熔模。制造熔模的模料常用石蜡、硬脂酸或松香等配置而成,如50%石蜡和50%硬脂酸混合配制成的模料,熔点为50～60℃。

用于制造熔模的专用模具称为压型,压型的型腔设计必须考虑模料和铸造合金的双重收缩量,尺寸精确,表面光洁。用于大批量生产的压型采用钢和铝合金等材料经机械加工而成;用于中小批量生产的压型一般采用易熔合金(如锡铋合金)直接浇入母模制成;而对于单件小批量生产,一般采用石膏压型、塑料(环氧树脂)和硅橡胶压型制造熔模。

制造熔模时,将熔为糊状的模样在0.2～0.4MPa的压力下注入压型,待其凝固后取出,经过清理后制得单个熔模。因熔模铸件一般较小,为提高生产率,减少直浇道损耗,降低成本,通常将多个熔模组焊在一个涂有模料的直浇道棒上,构成熔模组,以便一次浇注出多个铸件。

(2)制造型壳

在熔模组上涂挂耐火材料,以制成坚固的耐火材料型壳。制壳一般要经过数次浸挂涂料、撒砂、干燥及硬化等工序。

1）浸挂涂料：将熔模组浸入由粉状耐火材料（一般为石英粉，重要件用刚玉粉或锆石英粉）和黏结剂（水玻璃、硅溶胶或硅酸乙酯水解液）配制成的涂料（粉液比约为 1∶1）中，使熔模表面均匀覆盖涂料。

2）撒砂：在浸挂涂料的熔模组表面均匀撒上干砂。

3）干燥硬化：将浸挂涂料并粘有干砂的熔模组浸入硬化剂（如 20%～25%NH_4Cl 水溶液）中停留数分钟，使硬化剂与黏结剂产生化学作用，分解出硅酸溶胶，将砂粒黏结牢固，使型壳硬化，在熔模组表面形成 1～2mm 厚的薄壳。硬化后的型壳在空气中风干适当时间，再重复上述涂料、撒砂及干燥硬化工序，一般需要重复 4～6 次，制成 5～10mm 厚的型壳。

在多层制壳时，面层（第 1、2 层）用细砂，保证型腔表面光洁；之后用粗砂，以迅速增加型壳厚度。

（3）脱蜡

将涂挂完毕粘有型壳的熔模组浸泡在 85～90℃ 的热水中，使模料熔化、脱出。因模料密度较小而悬浮于水面，可以顺利回收。也可以采用蒸汽脱蜡工艺，在蒸汽室内完成脱蜡过程。

（4）型壳焙烧、浇注

将脱蜡后的型壳送入 800～950℃ 的加热炉内进行焙烧，彻底去除其中残留的模料、水分及硬化剂等，并通过制壳材料的晶型转变使型壳获得足够强度。完成焙烧的型壳出炉后应及时浇注，保证液体金属具有足够的流动性，能够充填复杂、薄壁型腔，获得表面清晰的精密铸件。

（5）脱壳和清理

用人工或机械的方法去掉型壳、切除浇冒口，清理后即可得到铸件。

2．熔模铸造的特点及适用范围

熔模铸造具有以下特点：

（1）因铸型精密而又无分型面，铸件尺寸精度高、表面光洁。其尺寸精度可达 IT11～IT14，表面粗糙度为 R_a1.6～12.5μm。例如采用熔模铸造的涡轮发动机叶片，铸件精度可达到无加工余量的要求。

（2）可以铸出形状复杂的薄壁铸件，最小壁厚可达 0.3mm，最小铸出孔径为 0.5mm。对由多个零件组合成的复杂部件，可用熔模铸造一次铸出。

（3）铸造合金种类不受限制，可用于高熔点和难切削合金铸件。

（4）生产批量基本不受限制，既可成批、大批量生产，又可单件、小批量生产。

熔模铸造的缺点是工序复杂、生产周期长；原材料价格及铸件成本较高；铸件尺寸及重量受限制。目前熔模铸造主要应用于航天、航空、汽轮机、燃气轮机叶片、泵轮、复杂刀具、汽车、拖拉机及机床零件等小型精密铸件生产。

1.4.3　压力铸造

压力铸造（简称压铸）是在高压作用下将液态或半液态金属高速压入金属型中，并使之在压力作用下凝固成形而获得铸件。压铸所用的压力一般为30～100MPa,甚至高达500MPa;液体金属的充型速度为0.5～80m/s,甚至可达120m/s;充型时间为0.02～0.2s。高压和高速充填铸型是压力铸造的重要特征。

1. 压铸机的工作原理

压铸机是完成压铸过程的主要设备,根据压室的工作条件不同可分为热室压铸机和冷室压铸机。

热室压铸机的压室浸在保温坩埚的液态金属中,压射部件装在坩埚上面,其工作过程如图1-42所示。当压射活塞上升时,液态金属通过压室进口进入压室内,合型后,在压射活塞下压时,液态金属沿着通道经喷嘴充填压铸型,冷却凝固成形,然后开型取出铸件,完成一个压铸循环。热室压铸机的优点是:生产工序简单,效率高;金属消耗少,工艺稳定;压入型腔的液态金属较干净,铸件质量好;易于实现自动化。但是,压室及压射活塞长期浸泡在液态金属中,不仅影响使用寿命,而且会增加液态金属含铁量。因此,热室压铸机多用于压铸铅、锡、锌等低熔点合金,有时也用于压铸小型镁合金铸件。

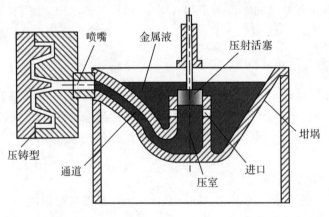

图 1-42　热室压铸机的压铸过程

冷室压铸机的压室与保温炉是分开的,压铸时,从保温炉中取出液态金属浇入压室后进行压铸。图1-43所示为应用较普遍的卧式冷室压铸机的工作原理图。压铸型由定型和动型两部分组成,定型固定在压铸机的定模板上,动型固定在压铸机的动模板上,并可做水平移动,推杆和芯棒由压铸机上的相应机构控制,可自动抽出芯棒和顶出铸件。这种压铸机的压室与液态金属接触时间很短,适用于压铸熔点较高的有色金属,如铜、铝、镁等合金,也可用于黑色金属及半固态金属的压铸。

2. 压力铸造的特点及应用

(1) 压力铸造的主要优点

1) 铸件尺寸精度和表面质量最高(IT11～IT13;R_a0.8～3.2μm),一般压铸件可不经过机械加工而直接使用,个别重要表面只需少量加工。不仅显著提高金属利用率,而且节省大量机械加工工时和相应的加工设备投资。

2) 由于液态金属在压铸型内冷却速度很高,又在压力作用下凝固结晶,所以,压铸薄壁件表层晶粒细小,组织致密,铸件强度和表面硬度都较高。一般压铸件的抗拉强度可比

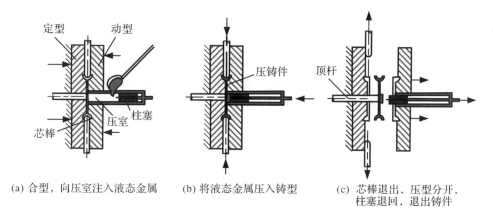

(a) 合型，向压室注入液态金属　　(b) 将液态金属压入铸型　　(c) 芯棒退出，压型分开，柱塞退回，退出铸件

图 1-43　卧式冷室压铸机的工作原理

砂型铸件提高 25%～30%，但伸长率有所降低。

3）在压力作用下，液态金属充型能力大大提高，可以压铸形状复杂的铸件，如锌合金压铸件最小壁厚可达 0.3mm，铝合金压铸件可达 0.5mm；最小铸出孔直径可至 0.7mm；可铸螺纹的最小螺距为 0.75mm。

4）在压铸件中可嵌铸其他材料（如钢、铁、铜合金及钻石等）的零件，以节省贵重材料和加工工时，并可获得形状复杂的零件和提高零件的工作性能。在很多场合，压铸时的嵌铸技术还可以代替某些部件的装配过程。

5）压铸过程全部集成于压铸机上，占地面积小，易于实现机械化、自动化。一般冷室压铸机平均每小时压铸 70～90 次，而热室压铸机平均每小时压铸 300～900 次，生产率高。

（2）压力铸造的主要缺点

1）压铸时，液态金属充型速度极高，大量空气被包裹在液流内部，液态金属在压力作用下迅速凝固，大量气体难以排除而以高度弥散的气孔形式残留在压铸件中。因此，压铸件应尽量避免切削加工，以免内部的气孔暴露于零件表面。一般的压铸件也不能进行预热处理或在高温下工作，以免铸件内气体受热膨胀而导致铸件变形或破裂。

2）对于内凹复杂的铸件，压铸较为困难，这是因为铸件上的内凹部分需要由型芯形成，如果内凹部分形状复杂，会使相应的抽芯过程复杂，甚至难以实现。

3）对于钢、铸铁等高熔点金属，压铸型工作温度较高，寿命较低。因此，高熔点金属的压铸仍然存在一定的困难。

4）压铸型制造成本高，且压铸机属高生产效率的设备，因此压铸不宜小批量生产。

1.4.4　离心铸造

将液态金属浇入高速旋转（通常为 250～1500r/min）的铸型中，使其在离心力的作用下充填铸型和凝固形成铸件的工艺称为离心铸造。

1. 离心铸造的基本类型

(1) 立式离心铸造

立式离心铸造的铸型绕垂直轴旋转,如图 1-44 所示。在离心力作用下,浇入铸型中的液态金属内表面(自由表面)呈抛物面,铸件沿高度方向壁厚不均匀(上薄、下厚)。铸件高度愈大、直径愈小、铸型转速愈低,则铸件上、下壁厚差愈大。因此,立式离心铸造主要用于高度小于直径的圆盘、环类铸件生产。将铸型安装在立式离心铸造机上,使金属液在离心力作用下充填型腔,提高了合金的流动性,有利于薄壁铸件的成形。同时,由于金属在离心力作用下逐层凝固,使得浇口可取代冒口对铸件进行补缩,提高了金属的利用率。

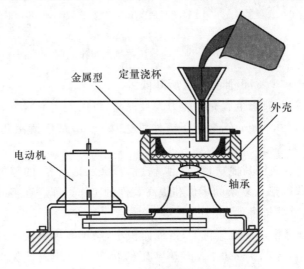

图 1-44 立式离心铸造过程

(2) 卧式离心铸造

卧式离心铸造的铸型绕水平轴旋转,如图 1-45 所示。此时,铸件各部分的冷却、成形条件基本相同,所得铸件壁厚在轴向与径向都是均匀的。因此,卧式离心铸造适用于铸造长度较大的套筒及管类铸件,如铜衬套、铸铁缸套、裂解炉管及水管等。由于铸件的内表面为自由表面,铸件厚度完全由所浇注的液态金属量控制,因此要求浇注定量准确。

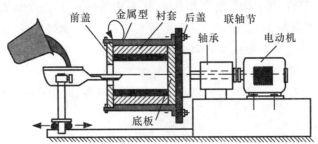

图 1-45 卧式离心铸造过程

2. 离心铸造的特点及应用范围

离心铸造的优点:大大简化了空心旋转体铸件的生产环节,可省去型芯、浇注系统及冒口；液态金属在离心力作用下形成自外向内的顺序凝固，其中密度较小的气体、夹杂等自动向自由表面迁移，补缩条件好，铸件组织致密，力学性能高；可以方便地实现双金属轴套和轴瓦类铸件生产，如在缸套内镶铸一薄层铜合金衬套。

离心铸造的缺点：铸件内表面质量差，尺寸不易控制；由于离心作用加剧了合金的比重偏析倾向，不适于比重偏析大的合金（如铅青铜等）及铝、镁等轻合金。

离心铸造主要用于大批量生产管、筒、套类铸件，如钢（铁）管、铜管、缸套、双金属钢背铜套、耐热钢辊道、无缝钢管毛坯、造纸机干燥滚筒等；也可用于生产轮盘类铸件，如泵轮、电机转子等。

1.5　常用合金的铸造及其特点

常用的铸造合金有铸铁、铸钢和铸造非铁金属。其中铸铁的应用最为广泛，铜合金和铝合金是最常用的铸造非铁金属。

1.5.1　铸铁

铸铁通常为接近共晶成分的铁碳合金，一般含 $2.5\%\sim4.0\%$C，$1.0\%\sim2.5\%$Si。铸铁具有良好的铸造性能，适宜制造形状复杂的铸件，又易于切削加工。因此，铸铁是工业生产中应用很广的工程材料，一般铸铁占机器重量的 50% 以上。根据碳在铸铁中存在的形式不同，铸铁可分为以下几种。

（1）白口铸铁：其中碳全部以渗碳体形式存在，断口呈白亮色。其特点是硬而脆，很难加工，所以一般铸件不希望出现白口，但有时也可利用白口铸铁硬度高、抗磨损等优点，制造一些要求高耐磨性的机件和工具，如轧辊、矿车车轮、破碎机压板和喷砂机导板等。

（2）灰口铸铁：其中碳大部分或全部以片状石墨形式存在，断口呈暗灰色。普通灰口铸铁的组织是在金属基体中分布着粗大的片状石墨，如图 1-46(a) 所示。在铁水中加入硅铁等孕育剂处理孕育铸铁，其组织是在金属基体中均匀分布着细小的片状石墨。

（3）可锻铸铁：其中碳大部分或全部呈团絮状石墨形式存在(图 1-46(b))，对基体割裂作用减轻，所以具有较高的韧性。

（4）球墨铸铁：其中碳大部分或全部以球状石墨形式存在，如图 1-46(c) 所示。由于石墨呈球形，应力集中大为减小，对金属基体的割裂作用也大大减轻，因此其力学性能比普通灰口铸铁高得多。

1. 灰铸铁的铸造

（1）灰铸铁的铸造特点

灰铸铁具有接近共晶的化学成分，其熔点比钢低，流动性好，而且铸铁在凝固过程中要析出比体积较大的片状石墨，其收缩率较小，故铸造性能优良。灰铸铁件的铸造工艺简单，主要采用砂型铸造，浇注温度较低，对型砂的要求也较低。灰铸铁便于制造薄而形状复杂的铸件，铸件产生缺陷的倾向小，生产中大多采用同时凝固原则，铸型一般不需要补

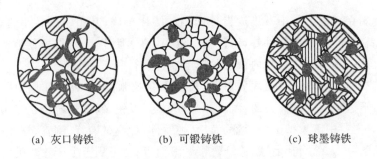

(a) 灰口铸铁　　　　(b) 可锻铸铁　　　　(c) 球墨铸铁

图 1-46　铸铁中碳的存在形态

缩冒口和冷铁,只有厚壁铸件铸造时才采用定向凝固原则。因此,灰铸铁是生产工艺最简单、成本最低、应用最广的铸铁。在铸铁总产量中,灰铸铁要占 80％以上。

(2) 灰铸铁中片状石墨的析出

铸铁的性能在很大程度上取决于其中的石墨数量、大小、形状及分布。铸铁中的碳以石墨形式析出的过程称为石墨化。为了确保碳的石墨化,一是应保证灰铸铁的化学成分,主要是具有一定的碳、硅质量分数,一般 w_c 为 $2.6\% \sim 6\%$,w_{Si} 为 $1.2\% \sim 3.0\%$;二是应具有适当缓慢的凝固冷却速度。碳、硅的质量分数过低,冷却速度过快,则石墨化程度低,容易出现白口组织;碳、硅的质量分数越高,冷却速度越慢,石墨化程度越大,析出的石墨越多、越粗大,基体组织则表现为铁素体量增多,珠光体量减少,铸铁的力学性能下降。生产中可通过控制碳、硅的质量分数与冷却速度,得到不同组织和性能的灰铸铁。

同一成分但壁厚不同的铸件、同一铸件的不同壁厚处、铸件的表层和心部,其冷却速度有差异,会导致石墨数量、大小与基体组织存在差异,从而导致性能上存在差异。冷却速度慢的部位(厚壁、心部)比冷却速度快的部位(薄壁、表层)的石墨数量多、尺寸大、基体中铁素体量多,珠光体量少,晶粒粗,力学性能低。因此,应按照铸件的壁厚来选择不同牌号的灰铸铁,还应注意灰铸铁件的壁厚不要过厚且要均匀。而且,灰铸铁件的表层与薄壁处容易出现白口组织,硬而脆,不易切削加工,可在铸后用退火来消除白口。

由于砂型较金属型导热慢,铸件冷却速度缓慢,容易获得灰口组织,因此在实际生产中,还可在同一铸件的不同部位采用不同的铸型材料,使铸件各部位呈现不同的组织和性能。如冷硬铸造轧辊、车轮等,就是采用局部金属型(其余用砂型)以激冷铸件上的耐磨表面,以产生耐磨的白口组织。

(3) 灰铸铁的孕育处理

如前所述,粗大片状石墨对灰铸铁金属基体的割裂作用导致其力学性能偏低($\sigma_b =$ $100 \sim 200$MPa),提高灰铸铁性能的有效途径是减少石墨数量及尺寸、改善石墨片状与分布以及基体组织。孕育处理是提高灰铸铁性能的有效方法,其原理是:先熔炼出相当于白口和麻口组织的低碳、硅含量[$(2.7\% \sim 3.3\%)$C,$(1.0\% \sim 2.0\%)$Si]的高温铁水(1400 ~ 1450℃),然后向铁水中冲入少量($0.25\% \sim 0.6\%$)细小颗粒状和粉末状孕育剂,孕育剂一般为含 75％Si 的硅铁(有时也用硅钙合金)。孕育剂在铁水中形成大量弥散的石墨结晶核心,使石墨化作用大大增强,从而得到细晶粒珠光体和分布均匀的细片状石墨组织。经孕育处理后的铸铁称为孕育铸铁,其强度、硬度显著提高($\sigma_b = 250 \sim 350$MPa,$170 \sim$

270HB)。孕育处理的另一作用是显著降低了铸铁组织与性能对冷却速度的依赖程度,从而使厚大断面铸件性能趋于均匀。

孕育铸铁适用于静载下强度、耐磨性或气密性要求较高的铸件,特别是厚大铸件,如重型机床床身、汽缸体、汽缸套等。

(4) 灰铸铁件的生产特点及牌号选用

灰铸铁一般在冲天炉中熔炼,成本低廉。灰铸铁成分接近共晶成分,流动性好,凝固过程中的石墨化膨胀会补偿部分收缩。因此,铸件的缩孔(松)、浇不足、热裂及气孔倾向均较弱。灰铸铁件工艺设计通常采用同时凝固原则(浇注系统等设计尽量使铸件各个部分凝固大致同步),一般不需要冒口补缩,也较少应用冷铁。

灰铸铁性能主要取决于其中石墨片的形态、大小及分布,基体组织变化对其性能影响很小。因此,一般不采用热处理改善灰铸铁性能。这是因为热处理主要针对基体组织的改善,而对石墨的影响较小。通常只对精度要求高的铸件进行时效处理,以消除内应力,防止加工后变形。另外,为了改善切削加工性能,可对灰铸铁进行软化退火,以消除白口,降低硬度。

灰铸铁的牌号用 HT 来表示,其后的数字表示其最低拉伸强度(例如 HT150 的 σ_b＝150MPa)。根据国家标准 GB 9439—1988,灰铸铁共分为 6 个牌号:HT100～HT350。其中,HT100、HT150 及 HT200 属于普通灰铸铁,广泛用于一般机器零件。HT100 为铁素体基体灰铸铁,其强度、硬度均低,仅用于薄壁件及非重要件。HT150 为珠光体—铁素体基体灰铸铁,是铸造生产中最容易获得的铸铁,且力学性能又可满足一般要求,故应用最广。HT200 为珠光体基体灰铸铁,一般用于力学性能要求较高的铸件。HT250～HT350为经过孕育处理的孕育铸铁,用于要求高的重要件。

2. 可锻铸铁的铸造

可锻铸铁又称玛钢或玛铁,是将白口铸铁在退火炉中经长时间高温石墨化退火,使白口组织中的碳化钨分解,所获得的铁素体或珠光体基体加团絮状石墨的铸铁。由于石墨呈团絮状而大大减轻了对基体的割裂作用,可锻铸铁的拉伸强度显著提高,一般 σ_b＝300～400MPa,最高可达 700MPa。更为可贵的是可锻铸铁具有较高的塑性和韧性(伸长率 δ≤12%,冲击韧性 α_k≤30J/cm^2),"可锻铸铁"由此得名,并非真正用于锻造。

(1) 可锻铸铁的铸造特点

制造可锻铸铁需要先铸出全白口的铸铁毛坯,因此,必须采用含碳、硅量很低的铁水,通常为(2.4%～2.8%)C,(0.4%～1.4%)Si,以获得完全白口组织。若铸出的坯件中出现石墨(即呈灰口或麻口),则退火后不能得到软絮状石墨(仍为片状石墨)的铸铁。除了要求含碳、硅量低的铁水外,可锻铸铁件壁厚也不能太大,否则铸件冷却速度太低,也会妨碍其形成完全白口的组织。同时,受退火炉及退火箱尺寸限制,可锻铸铁件尺寸也不宜太大。

可锻铸铁的石墨化退火工艺一般为:将清理后的白口铸铁坯件置于退火箱内,加盖并用耐火泥密封后送入退火炉中,缓慢加热至 920～980℃,保温 10～20h,以一定的速度冷却至室温(对于黑心可锻铸铁还要在 700℃以上进行第 2 阶段保温)。石墨化退火的总周期一般为 40～70h。因此,可锻铸铁生产过程复杂、周期长、能耗大,铸件成本较高。

(2) 可锻铸铁的性能、牌号及选用

根据退火工艺及基体组织不同,可锻铸铁可分为黑心可锻铸铁、珠光体可锻铸铁及白心可锻铸铁 3 类,其牌号分别用 KTH、KTZ、KTB 表示,其后的第 1 组数字代表最低抗拉强度,第 2 组数字表示最低延伸率。例如,KTZ450-06 表示珠光体可锻铸铁,$\sigma_b =$ 450MPa,$\delta = 6\%$。

黑心可锻铸铁的基体为铁素体,故其塑性、韧性好,耐腐蚀,适合制造耐冲击、形状复杂的薄壁小件和各种水管接头、农机件、汽车拖拉机轮壳、减速器壳体、转向节壳体、制动器等。珠光体可锻铸铁的强度、硬度及耐磨性优良,并可通过淬火、调质等处理来进行强化,性能近似中碳钢,多用于制造载荷较高的耐磨损零件,如曲轴、凸轮轴、连杆、齿轮、活塞环等。白心可锻铸铁我国基本上不生产,其原因是白心可锻铸铁的组织从表层到心部不均匀,韧性较差,还需要较高的热处理温度和较长时间的热处理。

3. 球墨铸铁的铸造

球墨铸铁是向铁水中加入一定量的球化剂和孕育剂使碳呈球状石墨形式存在而获得的一种铸造合金。球墨铸铁的正常组织为金属基体中分布着细小的球状石墨,球墨铸铁的金属基体通常为铁素体与珠光体的混合组织。由于石墨球化,对基体的割裂作用降至最小,因而可以通过热处理调整基体组织,有效改善球墨铸铁的使用性能。

球墨铸铁的牌号用 QT 表示,其后的第 1 组数字代表最低抗拉强度,第 2 组数字代表最低延伸率。例如,QT450-10 为球墨铸铁,$\sigma_b = 450MPa$,$\delta = 10\%$。

球墨铸铁较灰铸铁容易产生缩孔、缩松、气孔、夹渣等缺陷,因而在铸造工艺上要求较为严格。球墨铸铁碳含量高,接近共晶成分,其凝固特征决定了它析出石墨,凝固收缩率低,缩孔、缩松倾向很大。球墨铸铁在浇铸后的一定时间内,其铸件凝固的外壳强度低,而球状石墨析出时的膨胀力却很大,致使初始形成的铸件外壳向外胀大,于是造成铸件内部金属液的不足,因而在铸件最后凝固的部位产生缩孔和缩松。

为了防止球墨铸铁件产生缩孔、缩松等缺陷,应采用如下工艺措施:

(1) 增加铸型刚度,阻止铸件外壳向外膨胀,并可利用石墨化膨胀产生"自补缩"的效果,来防止或减少铸件的缩孔和缩松。如生产中常采用增加铸型紧实度、中小型铸件采用黏土干砂型、牢固夹紧砂型等措施来防止铸型型壁变形。

(2) 安放冒口、冷铁,对铸件进行补缩。

球墨铸铁件易出现气孔,是因为铁液中残留的镁或硫化镁与型砂中的水分发生反应,生成 H_2、H_2S 部分进入铁液表层,成为皮下气孔。为防止产生气孔缺陷,除降低铁液硫含量和残余镁量外,还应限制型砂水分或采用干砂型。此外,球墨铸铁件还容易产生夹渣缺陷,故浇注系统应能使铁液平稳地导入型腔,并有良好的挡渣作用。

4. 蠕墨铸铁的铸造

蠕墨铸铁是铁水经蠕化处理,石墨呈蠕虫状(形状介于片状与球状之间)的铸铁。最初,蠕虫状石墨是作为球墨铸铁生产过程中球化不充分时出现的一种缺陷而为人们所认识的,后来,随着蠕墨铸铁性能方面表现出一定的优越性,才引起人们的重视,人们将其作为一种独立的铸铁并进行了大量的研究与开发工作。

蠕墨铸铁的性能介于灰铸铁和球墨铸铁之间,强度、塑性、韧性优于灰铸铁,接近于铁素体球墨铸铁,壁厚敏感性比灰铸铁小得多,故厚大截面上的力学性能均匀,突出的优点是屈强比值在铸造钢、铁材料中最高,导热性、铸造性能、切削加工性能优于球墨铸铁、接近灰铸铁,耐磨性优于孕育铸铁及高磷耐磨铸铁。

蠕墨铸铁分为五个牌号,即 RuT420、RuT380、RuT340、RuT300 及 RuT260,其中 RuT260 为铁素体基体,其余为铁素体加珠光体混合基体或珠光体基体。牌号中后三位数字为最小抗拉强度(MPa)。如 RuT380 的最小抗拉强度 $\sigma_b=380$MPa。

蠕墨铸铁的力学性能优异,导热性和耐热性良好,因而适于制造工作温度较高和具有较高温度梯度的零件,如大型柴油机的汽缸盖、制动盘、排气管、钢锭模及金属型等。又因其端面敏感性小,铸造性能好,故可用于制造形状复杂的大型铸件,如重型机床和大型柴油机机体等。用蠕墨铸铁代替孕育铸铁既可提高强度,又能节省大量废钢。

1.5.2　铸钢

1. 铸钢的分类、性能及应用

铸钢按化学成分分为铸造碳钢和铸造合金钢两大类,其中,碳钢应用较广,约占铸钢件总产量的 70% 以上。铸钢的综合力学性能高于各类铸铁,不仅强度高,而且具有铸铁不可比的优良塑、韧性,最适合制造承受大能量冲击负荷的复杂零件,如火车车轮、锻锤机架和砧座、高压阀门、轧辊等。铸钢较球墨铸铁性能稳定,质量较易控制,尤其在大断面和薄壁铸件生产中更为明显。此外,铸钢的焊接性能较好,便于采用铸-焊联合结构制造形状复杂的大型铸件,因此,铸钢在重型机械制造中占有重要地位。

铸钢牌号用 ZG 表示。常用的铸造碳钢主要是含碳 0.25%～0.45%(ZG25～ZG45)的中碳钢。这是因为低碳钢熔点高,流动性差,易氧化和热裂,通常仅利用其软磁特性铸造电磁吸盘和电机零件;高碳钢虽熔点较低,但塑性差,易冷裂,仅用于某些耐磨件。为了提高铸造碳钢的力学性能及淬透性,可在铸造碳钢中加入少量一种或几种(总量不超过5%)合金元素,如 Mn、Si、Cr、Mo、V 等,形成铸造低合金钢,适用于需要热处理强化的合金结构钢铸件。

为了适应耐磨、耐蚀、耐热等特殊要求,在铸钢中加入一种或多种数量较多(总量超过10%)的合金元素,形成铸造高合金钢。由于含有大量合金元素,铸造高合金钢组织发生了根本变化,因而具有优异的特殊使用性能。如用于抗磨的铸造高锰钢 ZGMn13,含(0.9%～1.5%)C、(11.0%～14.0%)Mn,经热处理后具有单相奥氏体组织,韧性很好,虽硬度不高,但具有很强的加工硬化性,铸件在工作中经受强烈的冲击或挤压时,其表面层组织发生加工硬化,硬度大为提高,具有很高的抗磨性,而心部仍有很高的韧性,能承受较大的冲击,常用于制造坦克、拖拉机、推土机的履带板、铁轨道岔及大型球磨机衬板等。

2. 铸钢的铸造特点

铸钢的铸造工艺特点是熔点及浇注温度高(大于 1500℃),易吸气、氧化、流动性差,凝固收缩大(一般比铸铁大 3 倍),易产生缩孔、缩松、热裂、粘砂及变形等缺陷。为了保证

铸钢件质量,常采用以下工艺措施:

(1) 铸钢用型砂应具有高耐火性、透气性及退让性,低发气性,多采用颗粒较大且均匀的石英砂,大铸件多用人工破碎石英砂或耐火性更高的镁砂、铬铁矿砂及锆砂等。为了防止粘砂,可在型腔及型芯表面涂覆石英粉或锆砂粉涂料。为降低铸型发气性,提高铸型强度,并促进钢水的流动,大件多采用干型或水玻璃砂快干型。此外,型(芯)砂中还常常加入糖浆、糊精或锯木屑等,以提高砂型(芯)的退让性和出砂性(凝固后型砂脱离铸件的性能)。

(2) 铸件结构设计要合理。为防止浇不到、冷隔缺陷,壁厚不能太薄,一般不小于8mm,但壁过厚易产生缩孔和缩松。壁厚应力求均匀,尽量减少热节,壁的连接要平滑或做出圆角,以减少内应力,防止变形和开裂,在铸钢件不同壁厚交接处可设置防裂筋板。

(3) 浇注系统的形状和结构尽量简单并具有较大截面面积,保证钢水迅速、平稳地充填铸型。对于轮廓尺寸较大、壁厚均匀的薄壁铸件,可开设多个内浇口以较大的速度充填铸型,并使之同时凝固;对壁厚相差较大的铸件,应采用冒口和冷铁控制铸件顺序凝固,在厚壁部位设置冒口进行补缩,防止铸件产生缩孔和缩松。

由上可知,铸钢件的铸造工艺比铸铁件复杂,质量控制要求较严,并需要安放冒口。铸钢件的冒口较大,其质量通常占浇注钢液的25%~60%,有时甚至超过铸钢件本身质量,使得铸钢件成本增大。

1.5.3　铸造非铁合金

非铁合金在现代工业中的应用越来越广泛,如铝合金、镁合金在航空航天、宇航工业中至关重要;在汽车工业中,以铝镁合金为代表的轻合金正在取代部分钢铁,以减轻汽车重量,提高综合经济指标;铜合金在造船与化工工业中必不可少,有大到数吨重的船用螺旋桨,小到仅几克重的精密仪器零件。

1. 铸造铝合金

铝合金密度小,比强度(强度/密度)高(高于碳钢、球墨铸铁及铜合金等),铸造铝合金的熔炼、浇注温度较低,熔化潜热大,流动性好,特别适用于金属型铸造、压铸及低压铸造等,获得尺寸精度高、表面光洁、内在质量好的薄壁、复杂铸件。铸造铝合金分为 Al-Si、Al-Cu、Al-Mg 及 Al-Zn 系合金 4 大类。其中,Al-Si 系合金流动性好,线收缩率低,热裂倾向弱、气密性好,又有足够高的强度,因而应用最广,常用于制造形状复杂的薄壁件或气密性要求高的铸件,如内燃机缸体、活塞、化油器及仪器外壳等;Al-Cu 系合金强度高、耐热性好,但铸造性能较差,如热裂倾向强、气密性和耐蚀性较差,主要用于制造高温下工作的零件,如气缸头及发动机零件等。

2. 铸造铜合金

铸造铜合金具有较高的力学性能、耐磨性能,且具有很高的导热、导电性。铜合金电极电位很高,在大气、海水、盐酸及磷酸溶液中均有良好的抗蚀性,常用作舰船、化工机械、电工仪表中的重要零件及换热器。

铸造铜合金分为两大类:以铜和锌为主加元素的称为黄铜,有时还常含有硅、锰、铝、铅等合金元素。不以锌为主加元素的统称为青铜,依主加元素分为锡青铜、铝青铜、铅青铜、铍青铜等。

铸造铜合金大多采用电阻炉或感应电炉熔炼。铸造铜合金在液态时具有较强的氧化、吸气倾向,氧化反应产物 Cu_2O 溶解于铜合金内,降低力学性能;氢在铜合金液体中溶解度很大并随温度的升高而急剧升高,冷却时氢的溶解度又急剧下降,呈气泡形式析出,凝固后在铸件中形成氢气孔;此外,炉气中的水汽、SO_2 等也会与铜液及其中的 Al、Si、Mn、Zn 等合金元素反应形成氧化夹杂或气体。因此,铜合金熔炼过程中必须采取以下措施:严格控制合金化学成分,保证金属炉料清洁、干燥,净化合金液体;采用干燥木炭、玻璃等覆盖剂和 Na_2CO_3、CaF_2、Na_3AlF_6 等溶剂进行精炼;高温熔炼,快速熔化,低温浇注。

铜合金的铸造工艺和铸造铝合金类似,主要工艺原则是:保证平稳充型、避免飞溅,防止氧化、吸气;顺序凝固,冒口补缩;增强冷却,提高凝固速度,细化晶粒,以获得致密组织。

第 2 章　金属塑性成形

　　金属塑性成形是利用金属材料所具有的塑性,在外力作用下通过塑性变形,获得具有一定形状、尺寸、精度和力学性能的零件或毛坯的加工方法。金属塑性成形加工的典型工艺方法有轧制、锻造、冲压、拉拔等,如图 2-1 所示,可以分为两大类:体积成形和板料成形。体积成形是指利用锻压设备和工、模具,对金属坯料(块料)进行体积重新分配的塑性成形,进而得到所需形状、尺寸和性能的制件;板料成形是指利用板料、薄壁管、薄壁型材等作为原材料进行塑性加工。

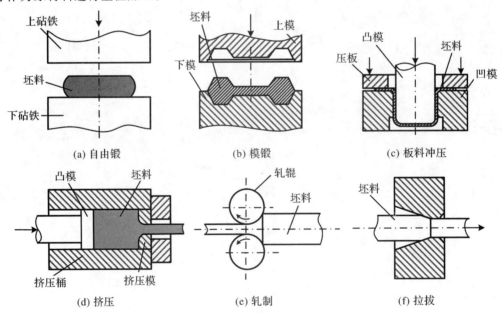

图 2-1　常用金属塑性成形加工方法

　　金属塑性成形的实质是工件在外力作用下的塑性变形过程,塑性成形与其他成形方法相比有以下特点:

　　(1) 改善组织,提高力学性能。金属材料经塑性成形后,其组织、性能都得到改善和提高。塑性加工能消除金属铸锭内部的气孔、缩孔和树枝状晶等缺陷,并且金属的塑性变形和再结晶可使粗大晶粒细化,得到致密的金属组织,从而提高金属的力学性能。在零件设计时,若正确利用零件的受力方向与纤维组织方向的关系,可以提高零件的抗冲击性能。

（2）提高材料的利用率。金属塑性成形主要靠金属在塑性变形时改变形状,使其体积重新分配,而不需要切除金属,因而材料利用率高。

（3）较高的生产率。塑性成形加工一般是利用压力机和模具进行成形加工的,生产效率高。例如,利用多工位冷镦工艺加工内六角螺钉,比用棒料切削加工的效率要提高约400 倍以上。

（4）精度较高。压力加工时坯料经过塑性变形获得较高的精度。近年来,应用先进的技术和设备,可实现少切削或无切削加工。例如,精密锻造的伞齿轮,其齿形部分可不经切削加工直接使用,复杂曲面形状的叶片经精密锻造后只需磨削便可达到所需精度。

由于各类钢和非铁金属都具有一定的塑性,它们可以在冷态或热态下进行压力加工。加工后的零件或毛坯组织致密,比同材质铸件的力学性能要好,对于承受冲击或交变应力的重要零件（如机床主轴、齿轮、连杆等）,都应采用锻件毛坯加工。所以,塑性成形在机械制造、军工、航天、轻工、家用电器等行业得到广泛应用。例如,飞机上的塑性成形加工零件的质量分数约为 85%;汽车和拖拉机上的塑性成形加工零件的质量分数为 60%～80%。

2.1　塑性成形原理

金属塑性成形主要是通过工件（坯料）的塑性变形来实现的。金属材料经塑性变形后,其内部组织会发生很大变化。塑性成形时,必须对金属材料施加外力,使之产生塑性变形,若设备吨位不足便达不到预期的变形程度,故外力是坯料转化为产品的外界条件。与此同时,还必须保证坯料产生足够的塑性变形而不破裂,即要求材料具有良好的塑性。

2.1.1　金属塑性成形的应力与应变

1. 应力与应变的关系

（1）标称应力-应变

单向静力拉伸试验是反映金属受载后的应力-应变关系的基本试验。图 2-2(a)所示是金属的标称应力-应变曲线。试件在拉伸载荷的作用下,先后发生伸长、缩颈直至断裂,通过记录试验中施加的载荷以及试件长度的变化值即可得到应力-应变关系。

在拉伸过程中,载荷 F 与试件的原始横截面面积 S_0 之比,称为标称应力 σ,试件在某一时刻的伸长量 ΔL 与试件原始长度 L_0 之比,称为工程应变 ε,分别为

$$\sigma = \frac{F}{S_0} \tag{2-1}$$

$$\varepsilon = \frac{L - L_0}{L_0} = \frac{\Delta L}{L_0} \tag{2-2}$$

式中:L 为某一时刻试件的长度。

在弹性变形区域,应力和应变是线性关系,卸载后,变形将消失。

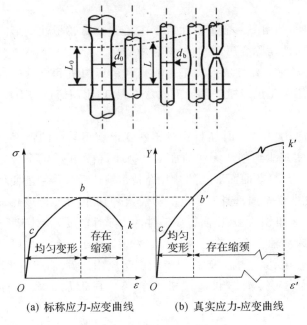

(a) 标称应力-应变曲线   (b) 真实应力-应变曲线

图 2-2　拉伸试验曲线

　　当载荷继续增大到 c 点时,材料开始屈服,c 点即为弹性变形与塑性变形的分界点,此时的应力称为屈服应力 σ_s,也就是材料的屈服强度。

　　载荷继续增加,到 b 点时,达到最大值 F_{max},其对应的标称应力称为抗拉强度,以 σ_b 表示,$\sigma_b = F_{max}/S_0$。在 b 点之后,试件上出现缩颈,变形集中发生在试件的某一局部。继续变形时,载荷下降,这种现象叫作单向拉伸时的塑性失稳,b 点称为塑性失稳点。此后,试件承载能力急剧下降。到达 k 点时,试件发生断裂,即为单向拉伸塑性变形的终止点。

　　(2) 真实应力-应变

　　标称应力是外载荷除以试件原始横截面面积的结果。但是在变形过程中,试件的横截面面积是不断减小的。因此,在解决实际塑性成形问题时,标称应力-应变曲线是不精确的,当采用实际横截面积时,计算得到的应力值将比标称应力值大。

　　外载荷除以试件瞬时横截面面积,称为真实应力,即

$$Y = \frac{F}{S} \tag{2-3}$$

式中:S 为试件的瞬时横截面面积。

　　同时,真实应变也用于精确地反映材料的应变状态。试件拉伸过程中某一瞬时的真实应变 $d\varepsilon'$ 定义为该瞬时试件的伸长量除以该瞬时的试件长度,即

$$d\varepsilon' = \frac{dL}{L} \tag{2-4}$$

　　从 L_0 拉伸到 L 的总的真实应变为

$$\varepsilon' = \int_{L_0}^{L} \frac{dL}{L} = \ln \frac{L}{L_0} \tag{2-5}$$

　　将式(2-2)代入式(2-5),可得真实应变与工程应变的关系:

$$\varepsilon' = \ln(1+\varepsilon) \tag{2-6}$$

同样,根据体积不变原理,得到真实应力与标称应力的关系为

$$Y = \sigma(1+\varepsilon) \tag{2-7}$$

重新绘制真实应力-应变曲线,如图 2-2(b) 所示。在弹性变形阶段,由于试件横截面面积变化不大,应变值很小,真实应变与工程应变基本相当,真实应力和标称应力也很接近,胡克定律仍适用。但是在塑性变形阶段,由于计算中使用的试件横截面积随着拉伸的进行逐渐减小,所以真实应力值比标称应力值大。

从图 2-2(b) 可以看出,材料在受载超过屈服强度后,开始塑性变形,继续变形时,应力增大,但增加的速率逐渐下降。这是因为材料发生硬化需要增加载荷,材料的这个特点被称为加工硬化或冷作硬化。加工硬化在一些加工工艺尤其是金属的成形中是非常重要的因素。

如果将代表塑性变形阶段的真实应力-应变曲线绘制在双对数坐标中,则得到如图 2-3 所示的线性关系,所以塑性变形阶段的真实应力-应变关系可以表示为

$$Y = B\varepsilon'^{n} \tag{2-8}$$

式中:B 被定义为强度系数,即产生单位真实应变时所需的真实应力值;n 为硬化指数,它与金属材料产生加工硬化的趋向有关。

B 与 n 不仅与材料的化学成分有关,而且与其热处理状态有关。在塑性加工中,真实应力是衡量金属塑性加工变形抗力的指标。例如,在锻造中,可以根据真实应力计算瞬时锻压力。根据锻造结束时的应变计算出来的真实应力又可以计算出最大的锻压力。

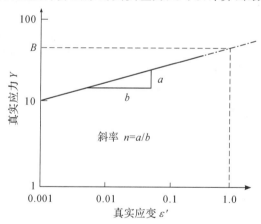

图 2-3　双对数坐标中的真实应力-应变曲线

2. 温度对塑性成形的影响

对任何一种金属来说,B 和 n 都将受到温度的影响。温度升高时,B 和 n 减小,强度和硬化程度降低,韧性增强,这些特性的变化使得金属的塑性变形可以在一定的温度下使用较低的压力和能量就能完成,塑性加工温度范围包括冷态、温态、热态。

（1）冷态成形

冷态成形是指在加工过程中,只有加工硬化作用而没有回复和再结晶现象的变形过

程,冷态成形在低于再结晶温度(金属再结晶温度一般为金属熔点温度 T_m 的 $0.3 \sim 0.4$ 倍)条件下发生。同热态成形相比,冷态成形的优点有:

1)能够获得较高的精度和表面质量;

2)加工硬化提高了零件的强度和硬度;

3)在变形中,容易控制晶粒的流动趋势,使零件获得预期的性能;

4)不需要加热设备,节约成本,同时提高了生产效率。

由于有上述优点,在大量生产中,冷态成形生产工艺被广泛采用。但是同热态成形相比,冷态成形也存在着一定的缺点和制约因素,主要包括:

1)需要较大的变形力。

2)较低的韧性和加工硬化限制了零件的变形程度,在有些工序中,金属需要经过退火才能进一步发生变形,而在另外一些场合,金属的韧性根本不足以进行冷态成形。为了克服加工硬化并且减小变形力,大量的变形工艺需要在一定的温度下进行,这里包括两个温度范围:温态和热态。

(2)热态成形

热态成形是指金属在高于再结晶温度,且再结晶的速度大于加工硬化速度的变形过程,即在热态变形过程中,由于完全再结晶的结果而全部消除加工硬化现象。热塑性成形一般需要在 $0.5T_m$ 以上的温度进行。在温度超过 $0.5T_m$ 后,金属继续软化,所以在这个温度以上进行塑性变形更加有利。但是由于变形过程自身也会产生热量,从而提高工件的局部温度,这将引起局部熔化的可能性,而且在高温下,金属表面的氧化速度提高,所以一般热塑性变形的温度被控制在 $(0.5 \sim 0.75)T_m$ 范围。

热态下真实应力-应变曲线方程中的强度系数 B 显著低于室温下的强度系数,硬化指数 n 从理论上可以被认为是 0,金属的韧性大大提高。加工后没有伴随加工硬化产生的强化现象,这对于塑性变形后还要进行冷加工的情况比较有利。热塑性变形的缺点包括高温下不容易控制零件的精度、能耗增加、工件表面氧化严重等。

(3)温态成形

若在再结晶温度左右变形时,既产生回复,也产生加工硬化,则称为温态变形。一些工件的成形,若用冷变形有困难,而用热变形表面氧化严重,达不到一定精度,则可采用温态成形的方法。采用温态成形可使金属在变形时存在回复,从而降低变形抗力,增加塑性,而又不产生严重的氧化,零件所要求的精度得以保证,能够加工较为复杂的零件,且一般不需要退火工序。

3. 应变速率对塑性成形的影响

金属的变形还有另外一个特征,即应变速率敏感性。应变速率是指单位时间内的应变。在成形工艺中,应变速率与变形速度 v 有直接联系。在很多变形工艺中,变形速度就是成形设备的打击速度。给出变形速度后,应变速率定义如下:

$$\dot{\varepsilon} = \frac{v}{h} \tag{2-9}$$

式中:$\dot{\varepsilon}$ 为应变速率,s^{-1};h 为被变形金属的瞬时高度。

如果在塑性成形中,变形速度不变,则应变速率将随着金属高度的改变而变化。前面已知金属的真实应力与温度有关。在热塑性变形时,应变速率将影响真实应力。应变速率对强度的影响被定义为应变速率敏感性,如图 2-4 所示。一般来说,随着应变速率的提高,由于没有足够的时间完成回复和再结晶,真实应力提高,塑性降低,有如下关系:

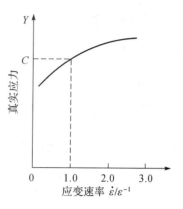

$$Y = C \dot{\varepsilon}^{m} \tag{2-10}$$

式中:C 为强度常数,与应变、温度和材料特性有关;m 为应变速率敏感性指数。

图 2-4　应变速率 - 真实应力曲线

随着应变速率的提高,材料的真实应力提高,但提高的程度与变形温度有着密切关系。在冷变形温度范围内,应变速率的增大使真实应力有所增加或基本不变;而在热变形温度范围内,随着应变速率增大,材料的变形抗力增加得较为明显。

4. 塑性成形中的摩擦和润滑

金属塑性成形中的摩擦有内、外摩擦之分。所谓内摩擦是指变形金属内晶界面上或晶内滑移面上产生的摩擦;外摩擦是指变形金属与工具之间接触面上产生的摩擦。这里研究的是外摩擦。在某些情况下,摩擦对塑性成形有益,如利用摩擦阻力来控制金属流动方向。但是大多数情况下,变形金属与工具之间接触面上产生的摩擦对塑性成形是十分有害的,主要表现在以下几个方面:

(1) 减缓金属流动,产生残余应力,有时会造成制品产生缺陷。

(2) 增加变形抗力。

(3) 加剧模具的磨损,降低模具寿命,模具磨损又会影响零件的尺寸精度。由于金属变形加工中模具价格昂贵,所以,这是主要因素。

金属塑性成形中的摩擦与机械传动中的摩擦相比,有很大不同,也复杂得多,主要表现在:

(1) 摩擦伴随有金属的塑性流动。

(2) 接触面上压强高,热塑性变形时达 500MPa,冷变形时可达 2500 ~ 3000MPa,而一般机械传动过程中,接触面上的压强仅为 20 ~ 40MPa,由于压强高,接触面间的润滑剂容易被挤出,降低了润滑效果。

(3) 常在高温下产生摩擦。

以上因素均使得金属塑性变形时的摩擦系数提高,如果摩擦系数足够大,将在两个接触表面发生黏结或焊合,当两表面产生相对运动时,黏结点被切断而产生金属在表层下的相对滑动。

润滑是减小摩擦对塑性成形过程不良影响的最有效措施。用于冷成形的润滑剂通常包括矿物油、动物油、脂肪油、水基乳化液、肥皂液等。热成形通常在干态下进行,可以使用矿物油、石墨和玻璃做润滑剂。玻璃是不锈钢合金热拔工艺中常使用的一种有效的润滑剂。溶于水或矿物油中的石墨可在各种金属的热锻中作为润滑剂。

2.1.2 金属塑性成形的基本规律

衡量金属通过塑性成形加工获得零件难易程度的工艺性能称为金属的塑性成形性能。金属的塑性成形性好,表明该金属适合压力加工。常从金属材料的塑性和变形抗力两个方面来衡量金属的塑性成形性能。金属塑性是指金属材料在外力作用下,发生永久变形而不开裂的能力。材料的塑性越好、变形抗力越小,则材料的塑性成形性能越好,越适合压力加工。

金属塑性成形时遵循的基本规律主要有最小阻力定律、加工硬化和体积不变规律等。

1. 最小阻力定律

最小阻力定律是指金属在塑性变形过程中,如果金属质点有向几个方向移动的可能时,则金属各质点将优先向阻力最小的方向移动。这是塑性成形加工中最基本的规律之一。通常,质点流动阻力的最小方向是通过该点指向金属变形部分周边的法线方向。根据这一定律,可以确定金属变形中质点的移动方向,从而控制金属坯料变形的流动方位,降低能耗,提高生产率。

最小阻力定律可以用于分析各种塑性加工工序的金属流动,并通过调整某个方向的流动阻力来改变某些方向上金属的流动量,以便合理成形,消除缺陷。例如,在模锻中增大金属流向分模面的阻力,或减小流向型腔某一部分的阻力,可以保证锻件充满模膛。

利用最小阻力定律可以推断,任何形状的坯料只要有足够的塑性,都可以在平锤头下镦粗,使断面逐渐接近于圆形。这是因为在镦粗时,金属流动距离越短,摩擦阻力便越小。如方形坯料镦粗时,沿四边垂直方向的摩擦阻力最小,而沿对角线方向阻力最大,金属在流动时主要沿垂直于四边方向流动,随着变形程度的增加,断面将趋于圆形。由于相同面积的任何形状总是圆形周边最短,因而最小阻力定律在镦粗中也称为最小周边法则。

2. 加工硬化

在常温下随着变形量的增加,金属的强度、硬度提高,塑性和韧性下降。材料的加工硬化不仅使变形抗力增加,而且使继续变形受到影响。不同材料在相同变形量下的加工硬化程度不同,表现出的变形抗力也不同,加工硬化率大,表明变形时硬化显著,对后续变形不利。例如,10 号钢和奥氏体不锈钢的塑性都很好,但是奥氏体不锈钢的加工硬化率较大,变形后再变形的抗力比 10 号钢大得多,所以其塑性成形性也比 10 号钢差。

3. 体积不变规律

金属材料在塑性变形时,由于金属材料连续而致密,其体积变化很小,与形状变化相比可以忽略不计。也就是说,变形前与变形后的体积保持不变。体积不变规律对于塑性成形有重要的指导意义。例如,在金属变形加工中,坯料和锻模模膛的尺寸等均可根据体积不变来进行计算。

2.2 锻 造

锻造是将金属坯料放在上、下砧铁(或称铁砧)或锻模之间,施加冲击力和压力,使材料在两个砧铁或模具间发生塑性流动变形,从而获得具有符合要求的形状、尺寸和组织性能的制件的加工方法。在各类机械产品中,凡承受交变、振动、重大载荷以及高速运转的重要结构件,如轴、齿轮、叶轮等大都采用锻件。锻造主要分自由锻和模锻两种。

2.2.1 自由锻

自由锻是利用冲击力或压力使金属在上、下两个砧铁之间产生变形,以获得锻件的方法。由于不需要模具,金属受力时的变形是在两砧铁间做自由流动,所以称为自由锻。

1. 自由锻基本工序

自由锻的基本工序是使金属坯料产生一定程度的塑性变形,以得到所需形状、尺寸或改善材料性能的工艺过程。实际生产中最常用的是镦粗、拔长、冲孔等工序。

(1) 镦粗

最简单的自由锻工序是镦粗,是沿工件轴向进行锻打,使工件横截面面积增加、高度减小的工序。主要用于锻造齿轮坯、凸缘、圆盘等零件,也可用于作为锻造环、套筒等空心锻件冲孔前的预备工序。锻造轴类零件时,镦粗可提高后续拔长工序的锻造比,提高横向力学性能和减小各向异性。

图 2-5 所示为坯料在平砧间镦粗的情形。由于砧面与坯料表面之间存在摩擦,因而坯料内部变形不均匀,镦粗后坯料侧面呈鼓形。镦粗后坯料上可分为 3 个变形区,如图 2-6 所示。区域 Ⅰ 由于受摩擦影响最大,变形很小,所以称为难变形区;区域 Ⅱ 由于受摩擦影响小,应力状态比较均匀,因而该区变形程度最大,称为大变形区;区域 Ⅲ 变形程度在 Ⅰ 区和 Ⅱ 区之间,称为中等变形区,该区鼓形部分存在切向拉伸力,因而坯料表面容易产生纵向裂纹。

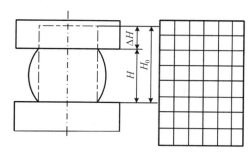

图 2-5 平砧镦粗

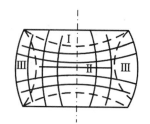

图 2-6 镦粗后子午面上的变形区域

高径比不同的坯料,镦粗时变形情况不同,如图 2-7 所示。当高径比 $H_0/D_0 > 3$ 时,镦粗坯料容易失稳,发生弯曲(图 2-7(a))。如果坯料端面不平整,自由镦粗时坯料的高径比应小于2.5。当高径比 H_0/D_0 为 $2\sim3$ 时,由于打击能量被两端面吸收,因而容易形成双鼓形(图 2-7(b))。当高径比 H_0/D_0 为 $0.5\sim2$ 时,坯料变形较均匀(图 2-7(c))。当高径比 $H_0/D_0 \leqslant 0.5$ 时,两难变形区相遇,因而变形抗力急剧上升,使锻造过程难以进行(图 2-7(d)),在锻造这类锻件时,可采用局部加压法进行镦粗。

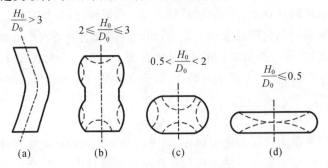

图 2-7　高径比对镦粗过程的影响

(2) 拔长

拔长是沿垂直于工件轴向的方向进行锻打,使其横截面减小、长度增加的工序。主要用于锻造轴、杆类等零件。拔长可在平砧间进行,也可在 V 形砧或弧形砧中进行,通过反复压缩、翻转和逐步送进,使坯料变细变长,如图 2-8 所示。拔长用坯料的长度应大于直径或边长。锻台阶时,被拔长部分的长度应不小于坯料直径或边长的 1/3。

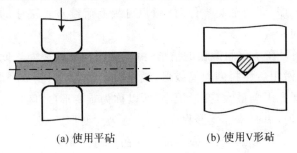

(a) 使用平砧　　　　　　　(b) 使用V形砧

图 2-8　拔长

(3) 冲孔

冲孔是利用冲头在坯料上冲出通孔或不通孔的工序。常用于锻造齿轮、套筒和圆环等空心锻件。对于直径小于 25 mm 的孔一般不锻出。

在薄坯料($H/D < 0.125$)上冲通孔时,可用冲头一次冲出。坯料较厚时,可先在坯料的一边冲到孔深的 2/3 后,拔出冲头,翻转工件,从反面冲通,以避免在孔的周围冲出飞边,如图 2-9 所示。

实心冲头双面冲孔时,冲孔坯料的直径 D 与孔径 d 之比(D/d)应大于2.5,以免冲孔时坯料产生严重畸变,且坯料高度应小于坯料直径,以防将孔冲偏。对于较大的孔,可以先冲出一个较小的孔,然后再用冲头或芯轴进行扩孔。

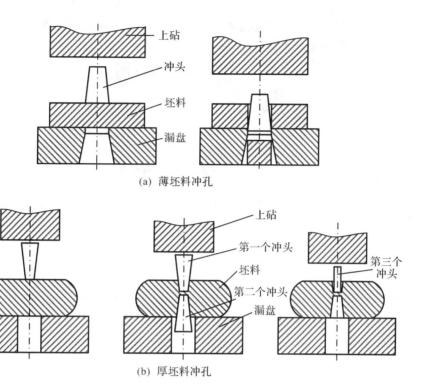

(a) 薄坯料冲孔

(b) 厚坯料冲孔

图 2-9　冲孔

2. 自由锻设备选择

自由锻常用设备为锻锤和水压机。这些设备虽然无过载损坏问题，但若设备吨位选得过小，则锻件内部锻不透，而且生产率低。若设备吨位选得过大，则不仅浪费动力，而且由于大设备工作速度低，同样也影响生产率和锻件成本，所以必须正确选择合适的设备。

锻造所需设备吨位，主要与变形面积、锻件材质、变形温度等因素有关。对于自由锻来说，变形面积视锻件大小和变形工序性质而定。镦粗时，锻件与工具的接触面积相对于其他变形工序要大。因此，当锻件需要多种变形工序，而其中又有镦粗工序时，一般按镦粗力的大小来选择设备。

3. 自由锻工艺规程的制定

自由锻工艺规程制定的内容包括：绘制自由锻件图；确定锻造工序和锻造比；计算坯料的质量和尺寸；选择锻造设备；确定锻造温度范围和加热、冷却规范；制定锻造技术要求以及编制劳动组织和工时定额，填写工艺卡片。

（1）绘制自由锻件图

自由锻件图是以零件图为基础，结合自由锻工艺特点绘制而成的，它是工艺规程的核心内容，是制定锻造工艺过程和锻件检验的依据。锻件图必须准确而全面反映锻件的特殊内容，如圆角、斜度等，以及对产品的技术要求，如性能和组织等。绘制自由锻件图时主要考虑以下几个因素。

1）敷料

为了简化锻件形状而增加的金属称为敷料，如图 2-10 所示。因为自由锻只能锻制形状简单的锻件,所以零件上的某些凹档、台阶、小孔、斜面、锥面等都要添加一部分金属以进行适当的简化,降低锻造难度,提高生产率。

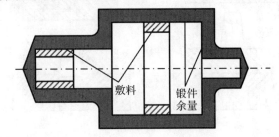

图 2-10 锻件余量及敷料

2) 锻件余量

自由锻件的尺寸精度低,表面质量差,一般需要再经切削加工才能制成成品零件。所以,零件的加工表面上应增加供后续切削加工用的金属层,该金属层称为锻件余量(图 2-10)。锻件余量的大小与零件的材料、形状、尺寸、批量大小、生产实际条件等因素有关。零件越大,形状越复杂,则余量越大。

3) 锻件公差

零件的基本尺寸加上锻件余量称为锻件的基本尺寸。锻件的实际尺寸和锻件的基本尺寸之间应允许有一定限度的偏差。锻件实际尺寸的允许变化量就是锻件的公差。锻件公差值的大小与锻件形状、尺寸有关,并受具体生产情况的影响,通常为加工余量的 $1/4 \sim 1/3$。

在锻件图上,锻件的外形用粗实线画出,如图 2-11 所示。为了使操作者了解零件的形状和尺寸,需要用双点画线在锻件图上画出零件的主要轮廓形状。对于大型锻件,还必须在同一个坯料上锻造出供性能检验用的试样,该试样的形状与尺寸也在锻件图上表示。

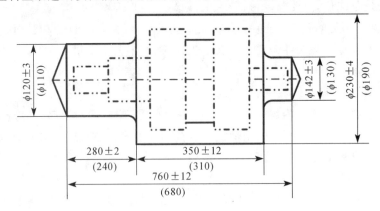

图 2-11 典型锻件

(2) 确定锻造工序

锻造工序的选取应根据工序特点和锻件形状来确定。一般而言,盘类零件通常采用镦粗(或拔长 — 镦粗)和冲孔等工序来完成锻造;轴类零件通常采用拔长、切肩和锻台阶等工序完成。锻件分类及所需锻造工序见表 2-2。

表 2-2 锻件分类及所需锻造工序

类别		图例	所需锻造工序
Ⅰ	盘类零件	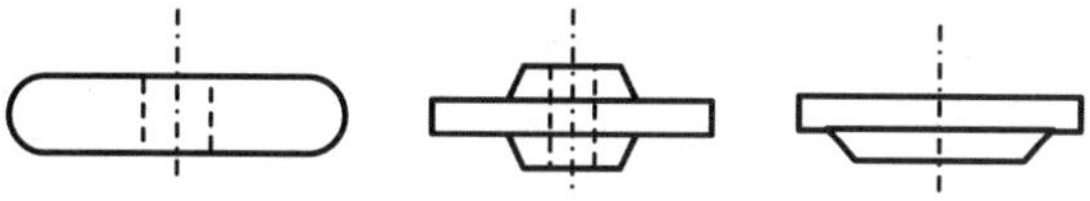	镦粗（或拔长 — 镦粗）、冲孔等
Ⅱ	轴类零件	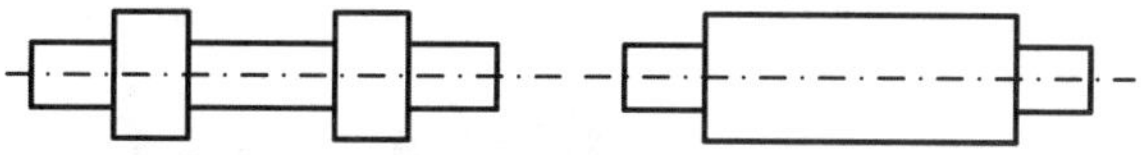	拔长（或镦粗 — 拔长）、切肩、锻台阶等
Ⅲ	筒类零件	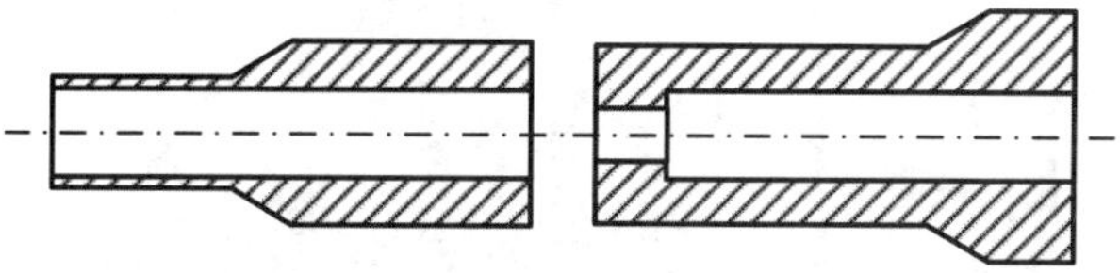	镦粗（或拔长 — 镦粗）、冲孔、在芯轴上拔长等
Ⅳ	环形零件	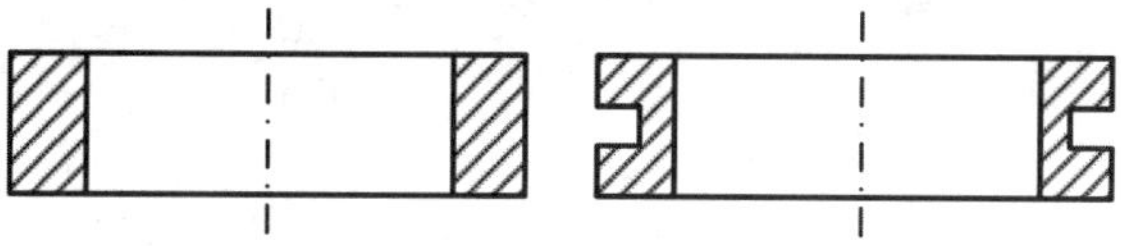	镦粗（或拔长 — 镦粗）、冲孔、在芯轴上扩孔等
Ⅴ	弯曲零件	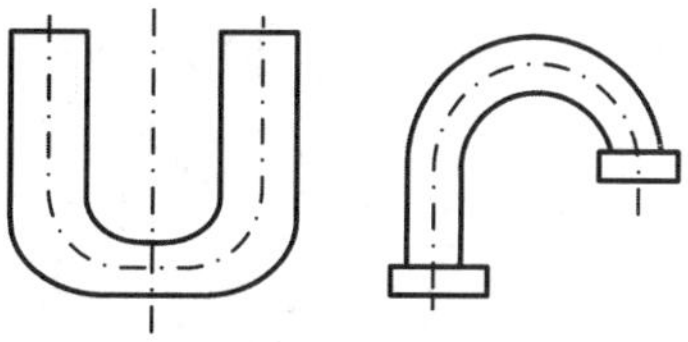	拔长、弯曲等

（3）计算坯料质量与尺寸

1）计算坯料质量

坯料的质量为锻件质量与锻造时各种金属消耗的质量之和，可计算为

$$G_{坯料} = G_{锻件} + G_{烧损} + G_{料头} \tag{2-11}$$

式中：$G_{坯料}$ 为坯料质量；$G_{锻件}$ 为锻件质量；$G_{烧损}$ 为加热时坯料因表面氧化而烧损的质量；$G_{料头}$ 为锻造过程中被冲掉或切掉的那部分金属的质量，如冲孔时坯料中部的料芯，修切时端部产生的料头等。

对于大型锻件，当采用钢锭作坯料进行锻造时，还要考虑切掉的钢锭头部和尾部的质量。

2）确定坯料尺寸

先根据坯料质量和材料的密度计算出坯料的体积，然后根据锻件最大横截面面积计算出坯料相应的横截面面积，再按体积不变原则算出坯料的直径（或边长）和下料长度。

例如，自由锻一根 φ100mm×1000mm 的圆轴，采用拔长方法生产，若锻造比取 2.5，坯料尺寸的确定可按如下步骤进行：首先根据坯料质量求出坯料体积，取为 0.008m³，然后根据锻件直径和拔长锻造比算出坯料的直径为 160mm，最后根据体积不变原则确定坯料

的长度为 400mm。

（4）选择锻造设备

根据作用在坯料上力的性质，确定自由锻设备是采用锤锻还是水压机。锤锻产生冲击力使金属坯料变形。锤锻的吨位是以落下部分的质量来表示的。生产中常使用的锻锤是空气锤和蒸汽-空气锤。空气锤是利用电动机带动活塞产生压缩空气，使锤头上下往复运动以进行锤击。它的特点是结构简单，操作方便，维护容易，但吨位较小（小于 750kg），只能用来锻造 100kg 以下的小型锻件。蒸汽-空气锤如图 2-12 所示，它是采用蒸汽和压缩空气作为动力，其吨位稍大（1 ~ 5t），可用来生产质量小于 1500kg 的锻件。

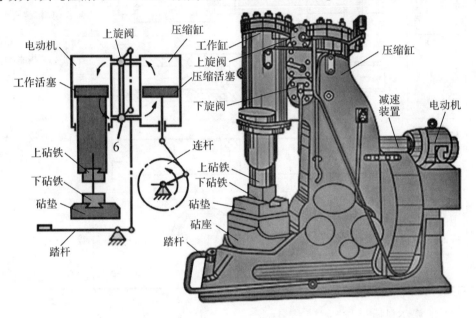

图 2-12　蒸汽-空气锤

水压机产生静压力使金属坯料变形。目前大型水压机可达万吨以上，能锻造 300t 的锻件。由于静压力作用时间长，容易达到较大的锻透深度，故水压机锻造可获得整个断面为细晶粒组织的锻件。水压机是大型锻件的唯一成形设备，大型水压机常标志着一个国家工业技术水平的发达程度。另外，水压机工作平稳，金属变形过程中无振动、噪声小、劳动条件好。但水压机设备庞大、造价高。

自由锻设备的选择应根据锻件大小、质量、形状以及锻造基本工序等因素，并结合生产实际条件来确定。例如，用铸锭或大截面毛坯作为大型锻件的坯料，可能需要多次镦、拔，在锻锤上操作比较困难，并且心部不易锻透，而在水压机上因其行程较大，下砧可前后移动，镦粗时可换用镦粗平台，所以大多数大型锻件都在水压机上生产。

（5）确定锻造温度范围

锻造温度范围是指始锻温度和终锻温度之间的温度。锻造温度范围应尽量选宽一些，以减少锻造火次，提高生产率。加热的始锻温度一般取固相线以下 100 ~ 200℃，以保证金属不发生过热和过烧。终锻温度一般高于金属再结晶温度 50 ~ 100℃，以保证锻后再结晶完全,锻件内部得到细晶粒组织。

　　碳素钢和低合金结构钢的锻造温度范围,一般以铁碳平衡相图为基础,且其终锻温度选在高于 Ar3 点,以避免锻造时相变引起裂纹。高合金钢因合金元素的影响,始锻温度下降,终锻温度提高,锻造温度范围变窄,锻造难度增加。

　　(6) 填写工艺卡片

　　半轴的自由锻工艺卡片见表 2-3。

表 2-3　半轴自由锻工艺卡

锻件名称	半轴	图例
坯料质量	25kg	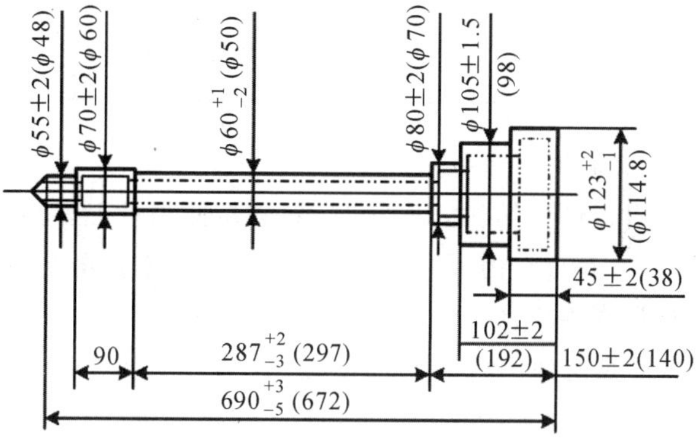
坯料尺寸	$\phi130 \times 240$	
材料	18CrMnTi	
火次	工序内容	图例
1	锻出头部	
	拔长	
	拔长及修整台阶	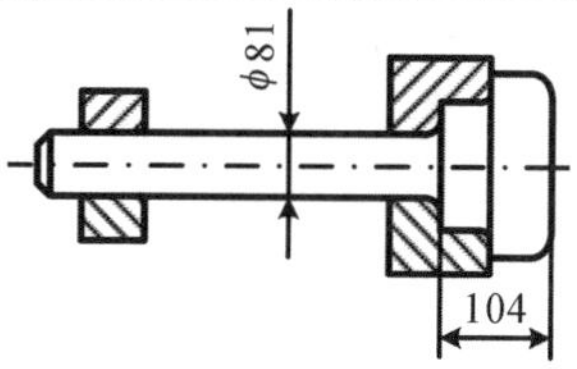

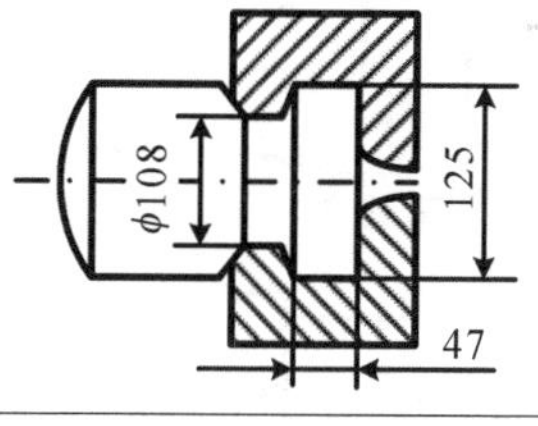

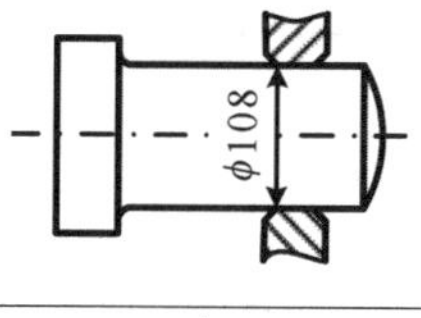

续表

火次	工序内容	图例
2	拔长并留出台阶	$\phi70$; 152
	锻出凹档及拔长端部并修整	$\phi60$; $\phi55$; 90 ; 287

4. 自由锻件的结构工艺性

设计自由锻件结构的形状时，除满足使用性能要求外，还必须考虑自由锻设备、工具和工艺特点，符合自由锻的工艺性要求，使之易于锻造，减少材料和工时的消耗，提高生产效率并保证锻件质量。

(1) 尽量避免锥体或斜面结构。锻造具有锥体或斜面结构的锻件时，需制造专用工具，锻件成形也比较困难，从而使工艺过程复杂，不便于操作，影响设备使用效率，应尽量避免，如图 2-13 所示。

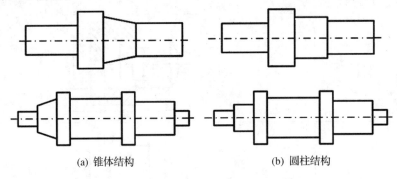

(a) 锥体结构　　　　　　　　(b) 圆柱结构

图 2-13　避免锥体的轴类锻件结构

(2) 避免几何体的交界处形成空间曲线。图 2-14(a) 所示的圆柱面与圆柱面或圆柱面与平面相交，锻件成形十分困难。改成如图 2-14(b) 所示的平面与平面相交，可消除空间曲线，使锻造成形容易。

(3) 避免加强筋、凸台，工字形、椭圆形或其他非规则截面外形。图 2-15(a) 所示的锻件结构，难以用自由锻方法获得，若采用特殊工具或特殊工艺来生产，会降低生产率，增加产品成本，应改为如图 2-15(b) 所示结构。

(4) 合理采用组合结构。锻件的横截面面积有急剧变化或形状复杂时，可设计成由几个简单件构成的组合体，如图 2-16 所示。每个简单件锻造成形后，再用焊接或机械连接的方法构成整体零件。

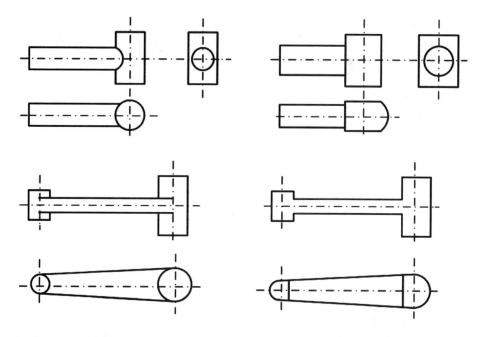

(a) 圆柱面与圆柱面或圆柱面与平面相交　　　　　(b) 平面与平面相交

图 2-14　避免空间交接曲线的杆类锻件结构

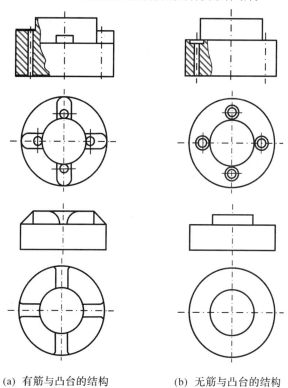

(a) 有筋与凸台的结构　　　　　(b) 无筋与凸台的结构

图 2-15　避免加强筋与凸台的盘类锻件结构

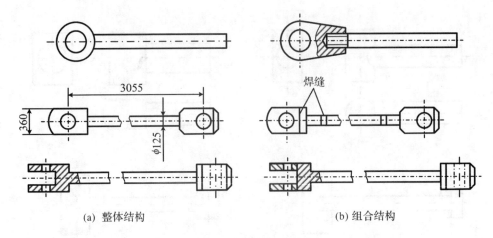

(a) 整体结构　　　　　　　　　(b) 组合结构

图 2-16　复杂件组合结构

2.2.2　模　锻

模锻是成批、大量生产锻件的主要成形技术,是使加热到锻造温度的金属坯料在锻模模腔内一次或多次承受冲击力或压力的作用而被迫流动成形,最终获得锻件的压力加工方法。在变形过程中,由于模腔对金属坯料流动的限制,因而锻造终了时能得到和模腔形状相符的锻件。锤上模锻是热模锻中最基本的生产方法,如图 2-17 所示,锤模由上模和下模两部分构成,下模部分通过燕尾和楔铁与锻锤工作台的模垫相连接,固定于工作台上,上模部分通过燕尾和楔铁与设备的锤头相连接,随锤头上下往复运动锤击金属坯料,使坯料充满模腔,最后获得与模

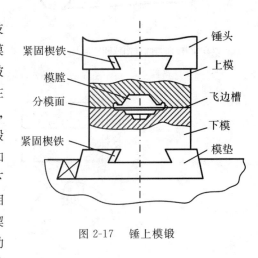

图 2-17　锤上模锻

腔形状一致的锻件。另外,模锻中还需要使用辅助设备,如用来加热工件的加热炉,装卸工件的机构,以及在有飞边模锻中用于切除飞边的切边压力机。

1. 开式模锻和闭式模锻

通常,将模锻分为开式模锻和闭式模锻,如图 2-18 所示。开式模锻时,金属的流动不完全受模腔的限制,多余的金属在垂直于作用力方向,沿锻件分模面的周围形成横向飞边。闭式模锻时不形成横向飞边,亦称无飞边模锻,模锻时坯料金属在封闭的模腔中成形。因此,闭式模锻可以得到几何形状、尺寸精度和表面质量最大限度地接近于产品零件的锻件。与开式模锻相比,它可以提高材料利用率。

(1) 开式模锻

锤上开式模的结构由型槽和毛边槽组成。模锻时金属在型槽内的充填过程如图 2-19 所示,分 4 个阶段。

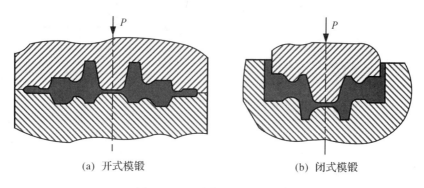

(a) 开式模锻　　　　　　(b) 闭式模锻

图 2-18　开式模锻与闭式模锻

第 1 阶段：自由镦粗至接触模壁。当坯料在型槽内受到上模打击时，产生自由镦粗，同时伴随有部分金属压入型槽深处。这阶段变形一直进行到镦粗部分和型槽侧壁接触为止，这时变形抗力较小。

第 2 阶段：金属流向型槽深处和圆角处，开始产生毛边。由于受到模壁的阻碍，坯料继续镦粗受到限制，金属主要流向型槽深处和圆角处。当金属充填型槽深处和圆角处的阻力大于流入毛边槽的阻力时，金属流向毛边槽，开始形成毛边。这时型槽深处和圆角处尚未完全充满。

第 3 阶段：毛边压薄至型槽充满。毛边形成后，随着变形的继续进行，毛边逐渐减薄，金属流入毛边槽的阻力急剧增大，形成一个阻力圈。当这个阻力大于金属充填型槽深处和圆角处的阻力时，迫使金属继续流向型槽深处和圆角处，直至整个型槽完全充满为止。这时金属处于三向压应力状态，变形抗力急剧增大。

第 4 阶段：上下模闭合，多余金属完全被挤出。通常坯料体积略大于型槽体积，因此当型槽充满后，尚需继续压缩至上下模闭合，将多余金属完全挤出，以保证锻件高度尺寸符合要求。此阶段变形抗力急剧上升。研究表明，当第 4 阶段的压下量小于 2mm 时，它消耗的能量为总能量的 $30\% \sim 50\%$。因此，应尽量缩短第 4 阶段，图 2-19 中的 ΔH_4 愈小愈好，对减少模锻变形功有着重大意义。模锻下料应大一些，料小则锻件成形不足，造成废品，料大则可让多余金属流入飞边槽中。如图 2-20 所示，飞边槽分桥部和仓部，桥部高度小，金属冷却快，形成一个阻力圈，迫使金属先充满型槽，而后多余金属外溢，形成毛边。ΔH_4 值的大小与毛边槽桥部宽度 b 对其高度 h 的比值（b/h）及坯料大小有关。b/h 值越大，则阻力越大。在开始模锻过程中，毛边起着工艺上的重要作用。

（2）闭式模锻

开式模锻中，毛边金属的损耗较大，通常毛边占锻件重量的 20% 以上，有时高达 100% 以上，为了减少毛边金属的损耗等，出现了闭式模锻。闭式模锻中，金属变形时，始终受到封闭模腔的限制，不形成垂直于作用力方向的毛边。变形一开始，金属就被封闭在型腔内不能排出，从而迫使金属充满型槽，上下模间的间隙很小，金属流入间隙的阻力很大，如果下料不准，也可能产生微量的纵向毛刺。

2. 锻模模腔

锻模是用高强度合金钢制造的成形锻件的模具。锻模上使坯料成形的型腔，称为模

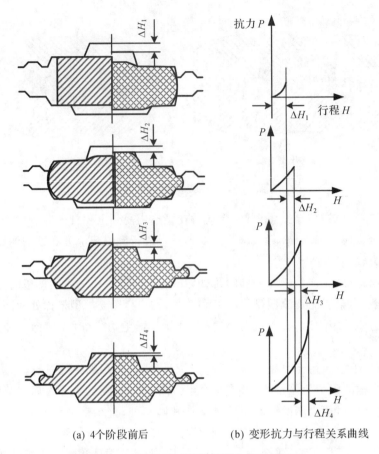

(a) 4个阶段前后 　　　　(b) 变形抗力与行程关系曲线

图 2-19　金属在开式模锻型槽内的充填过程

腔。根据模腔的作用分为模锻模腔和制坯模腔
两大类。模锻模腔又分为终锻模腔和预锻模腔
两种。

　　终锻模腔的作用是使坯料最后变形到锻
件要求的尺寸和形状。因此,它的形状和锻件
形状相同。但因为锻件冷却时要收缩,终锻模
腔的尺寸应比锻件尺寸放大一个收缩量。钢件
的收缩量通常取 1.5%。另外,模腔的周边还有
飞边,有孔的锻件还有冲孔连皮,如图 2-21 所

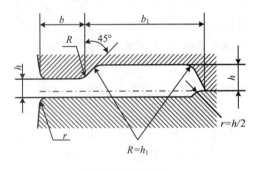

图 2-20　飞边槽

示。除去飞边和冲孔连皮后才是最终的锻件。飞边的作用是容纳多余金属并增大金属流动
阻力,使之充满模腔。冲孔连皮是锻造通孔锻件时由于不可能靠上、下模的突起部分将金
属完全挤掉而在其孔内留下的一薄层金属。

　　预锻模腔的作用是使坯料变形到接近于锻件的形状和尺寸,这样有利于终锻成形,提
高终锻模腔的寿命,改善金属在终锻模腔内的流动情况。预锻模腔和终锻模腔的主要区别
在于前者的圆角和斜度较大,一般没有飞边。对于形状简单或生产批量不大的模锻件,一

般可不设置预锻模膛。

对于形状复杂的模锻件,为了使坯料形状接近模锻件形状,使金属能合理分布和有效地充满模膛,还必须预先在制坯模膛内制坯,主要的制坯模膛有拔长模膛、滚压模膛、弯曲模膛、切边模膛等。

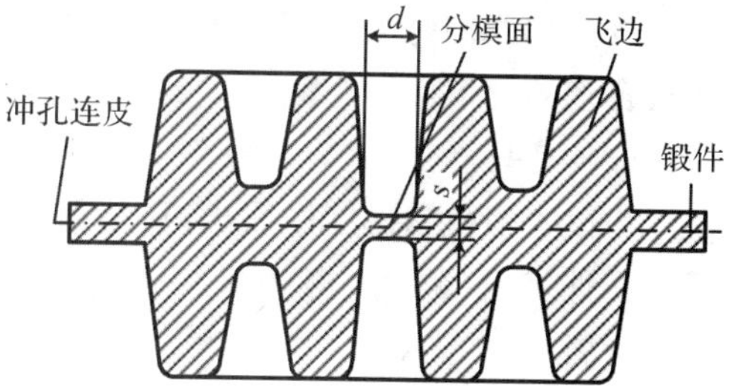

3. 模锻件设计

在模锻件设计中,重要的是分模面、锻件斜度和圆角半径的设计。

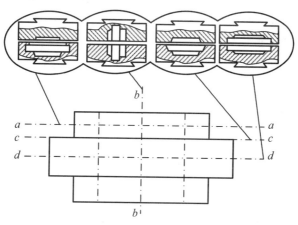

图 2-21 带有冲孔连皮及飞边的模锻件

(1) 分模面

分模面是上、下锻模在模锻件上的分界面。分模面位置的选择关系到锻件成形、出模、材料利用率等一系列问题。设计锻件图时,必须按以下原则确定分模面的位置。

1) 要保证模锻件能从模膛中顺利取出,这是确定分模面的最基本原则。通常情况下,分模面应选在模锻件最大水平投影尺寸的截面上。如图 2-22 所示,若选 a-a 面为分模面,则无法从模膛中取出锻件。

图 2-22 分模面的选择

2) 分模面应尽量选在能使模膛深度最浅的位置上,以便金属容易充满模膛,并有利于锻模制造。如图 2-22 所示的 b-b 面就不适合作为分模面。

3) 应尽量使上、下两模沿分模面的模膛轮廓一致,以便在锻模安装及锻造中容易发现错模现象,保证锻件质量。如图 2-22 所示,若选 c-c 面为分模面,出现错模就不容易发现。

4) 分模面应尽量采用平面,并使上、下锻模的模膛深度基本一致,以便均匀充型,并利于锻模制造。

5) 使模锻件上的敷料最少,锻件形状尽量与零件形状一致,以降低材料消耗,并减少切削加工工作量。如图 2-22 所示,若将 b-b 面选作分模面,零件中的孔不能锻出,只能采用敷料,既耗料又增加切削工时。

按上述原则综合分析,图 2-22 的 $d\text{-}d$ 面为最合理的分模面。

(2) 模锻斜度

为便于锻件从模腔中取出,在垂直于分模面的锻件表面(侧壁)必须有一定的斜度,称为模锻斜度,如图 2-23 所示。模锻斜度和模锻深度有关,通常当模腔深度与宽度的比值(h/b)较大时,模锻斜度取较小值。对于锤上模锻,锻件外壁(冷却收缩时离开模壁,出模容易)的斜度 α 常取 7°,特殊情况下可取 5° 或

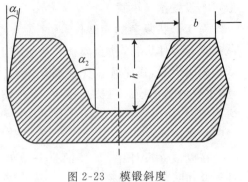

图 2-23　模锻斜度

10°。内壁(冷却收缩时夹紧模壁,出模困难)的斜度一般比外壁斜度大 2°～5°,常取 10°。

(3) 模锻圆角半径

为了便于金属在模腔内流动,避免锻模内尖角处产生裂纹,减缓锻模外尖角处的磨损,提高锻模使用寿命,模锻件上所有平面的交界处均需为圆角,如图 2-24 所示。模腔深度越深,圆角半径取值越大。一般外圆角(凸圆角)半径 r 等于单面加工余量加成品零件圆角半径。钢的模锻件外圆角半径 r 一般取 $1.5 \sim 12\text{mm}$;内圆角(凹圆角)半径根据 $R = (2 \sim 3)r$ 计算得到。

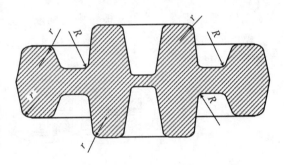

图 2-24　模锻圆角半径

具有通孔的零件,锤上模锻时不能直接锻出通孔,孔内还留有一定厚度的金属层,称为冲孔连皮,如图 2-21 所示。它可以减轻锻模的刚性接触,起到缓冲作用,避免锻模损坏。冲孔连皮需在切边时冲掉或在机械加工时切除。常用冲孔连皮的形式是平底连皮,冲孔连皮的厚度 s 与孔径 d 有关,当 d 为 $30 \sim 80\text{mm}$ 时,s 为 $4 \sim 8\text{mm}$。对于孔径小于 30mm 或孔深大于孔径 2 倍时,只在冲孔处压出凹穴。

上述各参数确定后,便可以绘制模锻件图。图 2-25 所示为齿轮坯模锻件图。图中双点画线为零件轮廓外形,分模面选在锻件高度方向的中部。由于轮廓外径与轮辐部分不加工,故无加工余量。图中内孔中部的两条直线为冲孔连皮切掉后的痕迹。

4. 模锻件修整

坯料在锻模内制成锻件后,还需经过一系列修整工序,以保证和提高锻件质量。修整工序包括以下几种。

(1) 切边和冲孔:模锻成形的零件,一般都有飞边及冲孔连皮,须在压力机上将它们切除。切边和冲孔既可在热态下进行,也可在冷态下进行,如图 2-26 所示。大中型模锻件一般在热态下进行,中小型模锻件一般在冷态下进行。

(2) 校正:在切边、冲孔和其他工序中都可能引起模锻件变形,因此对许多模锻件,特别是形状复杂的模锻件,在切边和冲孔之后都应进行校正。校正可在锻模的终锻模腔或专

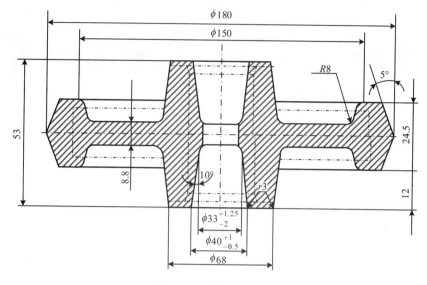

图 2-25　齿轮坯模锻件

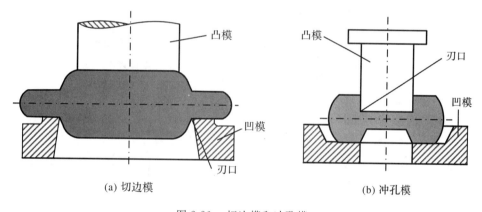

(a) 切边模　　　　　　　　　(b) 冲孔模

图 2-26　切边模和冲孔模

用校正模具上进行。

　　（3）热处理:模锻件的热处理有正火和退火。其目的是消除锻件的粗大晶粒、锻造应力和改善力学性能等。

　　（4）精压:模锻件的精压有两种,即平面精压和体积精压,如图 2-27 所示。平面精压主要是提高锻件在一个方向上的精度和表面质量;体积精压可提高锻件在 3 个方向上的精度和表面质量,多余部分金属被挤出称为锻件的飞边,再次切边后为最终锻件。

2.3　轧　　制

　　轧制成形加工时借助旋转的轧辊与金属接触摩擦,依靠摩擦力将金属咬入轧辊缝隙间,再在轧辊的压力作用下,使金属在长、宽、高 3 个方向上完成塑性变形的过程。轧制成

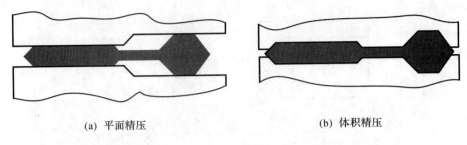

(a) 平面精压	(b) 体积精压

图 2-27　精压

形加工除了可以生产型材、板材和管材外,还可生产各种零件,它在机械制造中得到了越来越广泛的应用。根据轧辊转动方向和轧件在变形区的运动特点可把轧制分为纵轧、横轧、斜轧。

2.3.1　纵轧的工艺原理

图 2-28 所示是一种简单的纵向轧制工艺过程:两个工作轧辊直径相等,轴线平行,转速相等,转动方向相反,轧辊无轧槽,均为传动辊;轧件在两辊缝之间沿垂直于轧辊轴线的方向被轧制流出,轧件性质均匀一致;进出料靠轧辊自身完成,无外加张力或推力。以下通过简单轧制过程研究轧制基本原理。

1. 纵轧时的变形表示

纵轧时,常用相对变形表示变形程度,即用绝对变形量与轧件原始尺寸的比值来表示。

压下率:$\dfrac{H-h}{h} \times 100\%$

宽展率:$\dfrac{b-B}{B} \times 100\%$

延伸率:$\dfrac{l-L}{L} \times 100\%$

式中:h、H 分别为轧件轧后、轧前高度;b、B 分别为轧件轧后、轧前宽度;l、L 分别为轧件轧后、轧前长度。

根据塑性变形体积不变关系,轧前体积 V_H 等于轧后体积 V_h,即 $\dfrac{h}{H} \cdot \dfrac{b}{B} \cdot \dfrac{l}{L} = 1$。

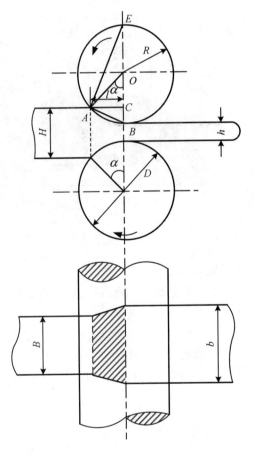

图 2-28　简单轧制过程

根据上式可知,由一个主变形方向压下的金属体积,按照不同比例分配到另外两个变形方向上去,亦即轧制时给予一定压下量后,将会得到一定的伸长量和宽展量。

2. 纵轧时轧辊咬入轧件的条件

依靠旋转方向相反的两个轧辊与轧件间的摩擦力,将轧件拖入轧辊辊缝中的现象,称为咬入。在生产实践中发现,有时轧制过程很顺利,但有时由于压下量过大或来料太厚,轧件不能被轧辊咬入。可见,轧制过程能否完成,首先取决于能否咬入。咬入分为开始轧制时的咬入及稳定轧制过程的咬入。

(1) 开始咬入轧件的咬入条件

当轧件与轧辊接触时,轧辊对轧件作用有压力 P 和摩擦力 T,如图 2-29 所示。根据几何关系和库仑摩擦定律条件可得

$$P_x = P\sin\alpha$$
$$T_x = T\cos\alpha$$
$$\mu = \tan\beta = \frac{T}{P}$$

$(2\text{-}12)$

式中:μ、β 分别为摩擦系数和摩擦角;α 为咬入角。

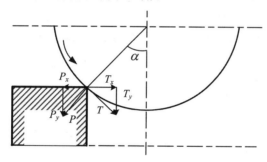

图 2-29　轧辊对轧件作用力的分解

根据受力分析可知,在无附加外力作用的条件下,若要实现自然咬入,水平咬入力 T_x 必须大于水平推出力 P_x,当 $T_x = P_x$ 时有

$$\tan\alpha = \tan\beta$$

$(2\text{-}13)$

式(2-13)是咬入的临界条件,当 $T_x > P_x$,即 $\alpha < \beta$ 时能咬入;当 $T_x < P_x$,即 $\alpha > \beta$ 时不能咬入。

(2) 稳定轧制过程的咬入条件

在咬入过程中,轧件和轧辊的接触表面一直是连续地增加。随着轧件逐渐进入轧缝,轧制压力 P 及摩擦力 T 已不作用在沿 α 角方向的接触处,而是向着变形区的出口方向移动。如图 2-30 所示,用 θ 表示轧件被轧辊咬入后,其前端与中心线所成的夹角,开始咬入后,$\theta = \alpha$,轧件完全充满辊缝后,$\theta = 0$。随着轧件逐渐进入轧缝,径向压力 P 的作用角由原来的 α 角变成 φ 角,假设轧制压力沿着接触弧均匀分布,则 φ 角大小为

$$\varphi = \frac{\alpha - \theta}{2} + \theta = \frac{\alpha + \theta}{2}$$

$(2\text{-}14)$

显然,随着 θ' 由 α 变至 0,φ 角将由 α 变至 $\alpha/2$。当 $\varphi = \alpha$ 时,为轧件开始咬入阶段;而当 $\varphi = \alpha/2$ 时,轧件充满整个辊缝,此时一般称为稳定轧制阶段。

轧件进入到辊缝中某一中间位置时,随着 φ 角减小,T_x 增加,P_x 减小,水平咬入力相比水平推出力越来越大,这说明稳定轧制阶段的咬入比开始时容易。

3. 轧制压力和传动力矩

轧件被轧制的过程中,轧件作用于轧辊上的摩擦力和正压力在垂直于轧制方向上的投影之和,即总作用力的垂直分量,称为轧制压力,如图 2-31 所示。轧制压力是验算轧机零件强度和选择电机的重要参数。

轧件与轧辊接触形成的变形区中,单位接触面积上的压力分布如图 2-32 所示,压力的平均值称为平均单位压力,以符号 $\bar{p}$ 表示。

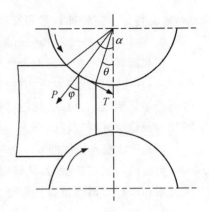

图 2-30　轧件进入变形区情况

轧制压力:$P = \bar{p}S$ （2-15）

式中:S 为接触面水平投影面积,按下式计算:

$$S = \frac{B+b}{2}l = \frac{B+b}{2}\sqrt{R\Delta h} \qquad (2\text{-}16)$$

式中:$(B+b)/2$ 为变形区平均宽度,为咬入弧的水平投影宽度;l 为变形区长度;R 为轧制半径;压下量 $\Delta h = H - h$。

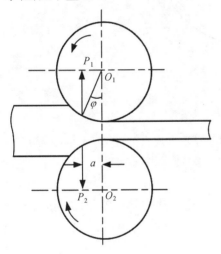

图 2-31　轧制压力

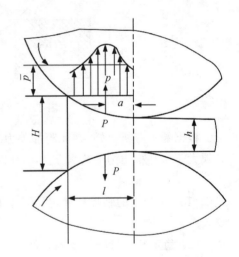

图 2-32　轧制变形区的压力分布

平均单位压力要根据轧制材料、变形温度、变形速度和变形程度,以及接触面上摩擦系数等因素,从工程手册上查相关图表确定。当轧钢温度高,轧制的压下量和摩擦系数小时,$\bar{p}$ 值低;随着轧制速度提高,$\bar{p}$ 值增加。而当轧制压力大,轧辊所受的压力超过允许值时,可能发生断辊事故,因此轧辊强度也是限制生产率的主要因素之一。为此,在提高轧机生产能力、增加每次轧制压下量的同时,必须改善轧辊材质,以提高轧辊强度,增加允许压力;另外,在轧制过程中,还要创造使平均压力 $\bar{p}$ 减小的轧制条件,如提高轧制温度等。

2.3.2　斜轧与横轧

斜轧又称螺旋斜轧,由两个带有螺旋槽的轧辊相互倾斜配置,以相同方向旋转,轧辊轴线与坯料轴线相交成一定角度,坯料在轧辊的作用下绕自身轴线反向旋转,同时还做轴向向前运动,即螺旋运动,坯料受压后产生塑性变形,最终得到所需制品。斜轧的特点是:1) 两个工作轧辊轴线在空间交叉一个小的角度(一般为 $4° \sim 14°$),转动方向相同;2) 轧件在两个工作轧辊的交叉中心线上做螺旋运动。

横轧是指轧辊轴线与轧件轴线平行(与斜轧不同之处),且轧辊与轧件做相对转动的轧制方法。轧齿轮、滚螺纹及搓丝均属于横轧。

齿轮轧制是一种少无切削加工齿形的热轧工艺。如图 2-33 所示,轧制前将毛坯外层金属加热至一定温度($950 \sim 1050℃$),然后将带齿的轧轮做径向进给,同时轧轮与毛坯对辗。在对辗过程中,两者转速比保持不变(即所谓的强迫分度),使毛坯上的一部分金属被压入齿谷,相邻部分金属在对碾过程中被轧轮"反挤"而上升形成齿顶。与切削加工方法相比,热轧齿轮生产率

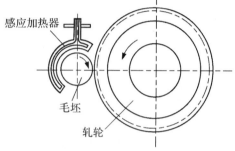

图 2-33　热轧齿轮

高,节约金属,由于齿部金属的流线与齿廓相似,金属的纤维不被切断,所以齿轮的强度要高,寿命长。但热轧齿轮的成品精度不太稳定,工具的通用性差,对加热设备要求高,耗电量也大。对于精度要求较低的齿轮(如煤钻),用轧轮轧后可直接应用,齿形部分不再加工。对于精度要求较高的齿轮,可用热轧法先成形,然后用冷精轧达到精度要求。有些工厂采取先热轧后用蜗杆砂轮磨削的工艺,可以达到更高的精度。

2.4　板料冲压成形

利用冲模在压力机上使板料分离或变形,从而获得冲压件的加工方法称为板料冲压。这种成形技术通常是在常温下进行的,所以又称为冷冲压。冲压的坯料厚度一般小于6mm,板料冲压广泛用于工业生产各部门,特别是在汽车、拖拉机、航空、家用电器、仪器仪表以及日用品等的批量生产中得到了广泛的应用。板料冲压成形具有以下特点:

1) 板料冲压生产过程依靠冲模和冲压设备完成,便于实现自动化,生产率很高,操作简便。

2) 冲压件的尺寸精确,表面光洁,质量稳定,互换性好,一般不再进行任何机械加工即可作为零件使用。

3) 金属薄板经过冲压塑性变形获得一定几何形状,并产生冷变形强化,使冲压件具有质量轻、强度高和刚性好的优点。

生产过程中的冲压工艺有很多,概括起来可以分为两大类:分离工序和成形工序。分

离工序是使坯料的一部分相对于另一部分相互分离的工序；成形工序是使坯料的一部分相对于另一部分产生位移而不破裂的工序。冲压的主要工序有冲裁、弯曲、拉深等。

2.4.1 冲 裁

1. 冲裁模

冲裁包括落料和冲孔，是使坯料按封闭轮廓分离的工序。冲裁既可直接冲制成品零件，又可为弯曲、拉深和成形等其他成形工序准备毛坯。冲裁模是从条料、带料或半成品上使材料沿规定轮廓产生分离的模具。图 2-34 所示为一落料用的简单冲模，凹模用压板固定在下模板上，下模板用螺栓固定在冲床的工作台上。凸模用压板固定在上模板上，上模板则通过对准凹模孔，以便凸模与凹模之间保持均匀间隙，通常用导柱和套筒的结构导向。条料在凹模上沿两个导板之间送进，直到碰到位于模具后面的定位销为止。凸模向下冲压，冲下的零件进入凹模孔，条料则夹在凸模上，在与凸模一起回程向上时，碰到卸料板（固定在凹模上）被推下，这样，条料继续在导板间送进，重复上述动作，冲下第 2 个零件。

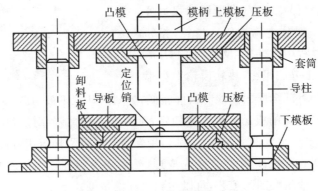

图 2-34　简单冲模

2. 冲裁时材料的受力及变形

图 2-35 是无压紧装置冲裁时板料的受力图。凸模下行与板面接触时，材料受到凸凹模端面的压力 F_1 和 F_2 作用，使作用力点间的材料产生剪切变形。由于有间隙 z 存在，F_1 与 F_2 不在同一垂直线上，故材料受有弯矩 M，其值等于凸、凹模作用的合力与稍大于间隙 z 的力臂 l 的乘积。力矩 M 使板料弯曲，材料向凸模侧面靠近，凸模端面下的材料被强迫压进凹模，故材料受模具的横向侧压力 F_1' 和 F_2' 作用，产生横向挤压变形。此外，材料在模具端面和侧面还受摩擦力的作用。这里需要指出，由于材料翘曲，凸、凹模与材料仅在刃口附近的狭小区域内保持接触。作用于板料的力 F_1 和 F_2 呈不均匀分布，随着向刃口靠近而急剧增大。侧向力 F_1' 和 F_2' 也呈不均匀分布。摩擦力的方向与间隙大小有关。间隙很小时，与模具接触的材料均向远离刃口的方向移动，此时摩擦力的方向均指向刃口。当间隙很大或刃口被磨钝后，材料被拉入凹模，摩擦力的方向均背向刃口。

由于有间隙 z 存在，剪切面发生偏转，由图可见，剪切面与 F_1 间的夹角为 θ，F_1 在剪切面上的分力为 $F_1\sin\theta$，在剪切面法向上的分力为 $F_1\cos\theta$，即剪切面上除剪切力外，还有拉力作用，z 大时，θ 大，则拉力大，剪切力小。z 小则剪切力大，拉力小。

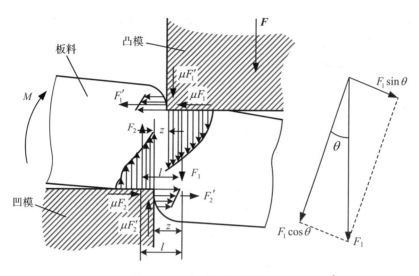

图 2-35　刃口附近板料的受力

由上面分析可知,冲裁时由于有间隙存在,材料受有垂直方向压力、剪切力、横向挤压力、弯矩和拉力的作用。变形不是纯剪切过程,除主要是剪切变形外,还要产生弯曲、拉深、挤压等附加变形。变形过程如图 2-36 所示。

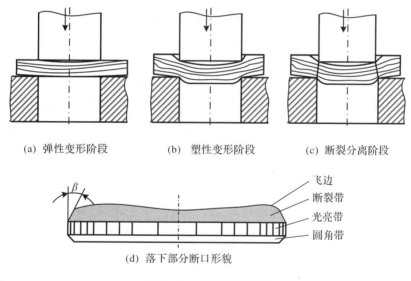

(a) 弹性变形阶段　　　(b) 塑性变形阶段　　　(c) 断裂分离阶段

(d) 落下部分断口形貌

图 2-36　冲裁变形过程

1)弹性变形阶段。冲裁开始,在凸模的压力和弯矩的作用下,材料开始产生弹性剪切、弯曲、拉深和挤压变形,随着凸凹模刃口压入材料,刃口处的材料所受的应力逐渐增大,直至达到弹性极限。

2)塑性变形阶段。凸模继续下压,刃口处由于应力集中,材料应力首先达到屈服极限。塑性变形便从刃口附近开始。随着凸、凹模切刃的挤入,变形区向板料的深度方向发展、扩大,直到在板料的整个厚度方向上产生塑性变形,变形区的一部分相对另一部分移动。随着凸模下降,塑性变形进一步产生,同时硬化加剧,冲裁力不断增大,直至刃口附近的材料出现裂纹时,冲裁力达到最大值,塑性变形阶段告终。在该阶段中,除产生大的剪切变形外,弯曲、拉伸和挤压变形也更严重。

3) 断裂分离阶段。当刃口附近材料达到极限应变与应力时,材料裂纹便产生,裂纹的起点是在刃口侧面距刃尖很近的板料处,裂纹先从凹模一侧开始,然后才在凸模刃口侧面产生。已产生的上下微小裂纹随凸模继续下压,沿最大剪应力方向不断向板料的内部扩展。当间隙合理时,上下裂纹相遇重合,板料便被剪断分离。

3. 冲裁力

冲裁力是选择和确定冲压设备、模具强度校核的重要依据,在冲裁模设计中必须进行计算。冲裁是一个剪切过程,平刃冲模的冲裁力可按下式计算:

$$F = KLt\tau_b \tag{2-17}$$

式中:F 为冲裁力;L 为零件周长;t 为材料厚度;τ_b 为材料抗剪强度,可近似取 $\tau_b = 0.8\sigma_b$;K 为系数。

在实际生产中,模具间隙值的波动及均匀性、刃口的磨损、材料的机械性能及厚度的波动、润滑情况等因素对冲裁力的值都有影响,故给出了上式中的修正系数 K,一般取 $K = 1.3$。

4. 冲裁模间隙

冲裁模具的凸、凹模间隙对冲裁件断面质量有很大的影响。间隙合适时,板料内形成的上、下裂纹重合一线,断裂带和飞边均较小;当间隙过大时,板料中拉应力增大,裂纹提前形成,板料内形成的上、下裂纹向内错开,断口断裂带和飞边均较大,如图 2-37(a) 所示;当间隙过小时,由于分离面上、下裂纹向材料中间扩展时不能互相重合,将被第二次剪切才完成分离,因此出现二次挤压而形成二次光亮带,毛刺也有所增长,但冲裁件容易清洗,断面比较垂直,如图 2-37(b) 所示。当间隙过大或过小时,均使冲裁件尺寸与模具刃口尺寸的偏差增大,影响冲裁件尺寸精度。

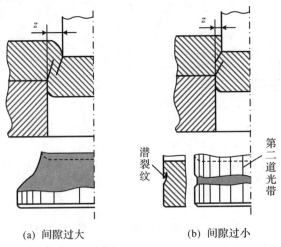

(a) 间隙过大　　　　　(b) 间隙过小

图 2-37　间隙对冲裁件断面质量的影响

因此,对于冲制出合乎质量要求的冲裁件,确定冲裁模具凸、凹模之间的合理间隙是冲裁工艺与模具设计的一个关键性问题。合理间隙值的确定方法有两种:理论确定法和经验确定法。

（1）理论确定法

合理间隙值的理论确定法是以分离面上、下裂纹重合相交于一条线上时的凸、凹模之间的间隙值为依据的。在图 2-38 中,有

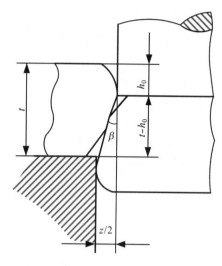

$$z = 2(t - h_0)\tan\beta = 2t\left(1 - \frac{h_0}{t}\right)\tan\beta$$

$$(2\text{-}18)$$

式中:z 为双边间隙;t 为材料厚度;h_0 为裂纹重合时,模具进入材料的深度;h_0/t 为裂纹重合时,模具进入材料的相对深度;β 为剪裂纹与垂线间的夹角。

图 2-38　冲裁模间隙

从式(2-18)可以看到,合理间隙值主要取决于 t,$(1 - h_0/t)$ 和 β 值与材料的性质有关。所以,合理间隙值的选取与材料的厚度和材料性能有关。材料厚度增大,合理间隙值也相应增大;材料塑性好,间隙值小。

（2）经验确定法

由于间隙值的影响因素、影响规律比较复杂,在实际应用中,通常采用经验确定法,包括应用简化的经验公式进行计算和将试验数据列成表格进行查取两种方式。

将式(2-18)简化为

$$z = 2t\left(1 - \frac{h_0}{t}\right)\tan\beta = mt$$

$$(2\text{-}19)$$

式中:m 为系数,与材料厚度及材料性能有关。

软钢、纯铁:m 取 $6\% \sim 9\%$;铜合金、铝合金:m 取 $6\% \sim 10\%$;硬钢:m 取 $8\% \sim 12\%$。当材料厚度大于 3mm 时,m 可以适当放大到上述选用值的 1.5 倍。

由试验方法制定的间隙值可以由工程手册查表得到。

5. 凸模与凹模刃口尺寸的确定

冲裁模的刃口尺寸取决于冲裁件尺寸和冲模间隙。

设计落料模时,以凹模为设计基准件,即按落料件尺寸确定凹模刃口尺寸,而凸模的刃口尺寸 = 凹模刃口尺寸 − 冲模间隙。

设计冲孔模时,以凸模为设计基准件,即按冲孔件尺寸确定凸模刃口尺寸,而凹模的刃口尺寸 = 凸模刃口尺寸 + 冲模间隙。

由于冲裁过程中冲模必然有磨损,落料件的尺寸会随凹模刃口的磨损而增大,冲孔件尺寸则随凸模的磨损而减小。为保证冲裁件的尺寸和模具的使用寿命,设计落料模时,应取凹模刃口尺寸靠近落料件公差范围内的最小尺寸;而设计冲孔模时,应取凸模刃口尺寸靠近冲孔件公差范围内的最大尺寸。

6. 排样设计

落料件在条料、带料或板料上的布置称为排样。落料件排样的三种方法：1) 有废料排样法，如图 2-39(a) 所示，沿冲裁件周边都有工艺余料(称为搭边)，冲裁沿冲裁件轮廓进行，冲裁件质量和模具寿命较高，但材料利用率较低。2) 少废料排样法，如图 2-39(b) 所示，沿冲裁件部分周边有工艺余料。冲裁沿工件部分轮廓进行，材料的利用率比有废料排样法要高，但冲裁件精度有所降低。3) 无废料排样法，如图 2-39(c) 所示，形状简单的冲裁件冲裁时，周边没有工艺余料，采用这种排样法，冲裁件实际是由切断条料获得，材料的利用率高，但冲裁件精度低，由于受力不均匀模具寿命不高。

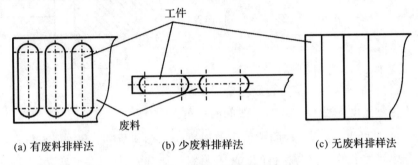

工件

废料

(a) 有废料排样法　　　(b) 少废料排样法　　　(c) 无废料排样法

图 2-39　落料件的排样方法

无论采用何种排样方法，根据冲裁件的形状还可以在条料上有不同的布置，常见的有直排、斜排、对排、混合排等，如图 2-40 所示。具体应根据冲裁件的形状和纤维方向进行选择，其目的是提高材料的利用率和冲裁件质量。

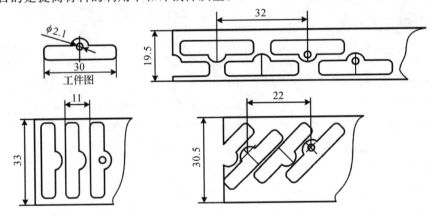

$\phi 2.1$

30

工件图

图 2-40　落料件的多种布置方式

2.4.2　弯　曲

弯曲是将金属材料弯成一定的角度、曲率和形状的工件的冲压工艺方法。弯曲所用的材料有板料、棒料、管材和型材。弯曲可以在压力机上使用弯曲模压弯，也可在弯板机、弯管机、滚弯机和拉弯机上进行。

1. 弯曲变形过程

图 2-41 所示为 V 形件的弯曲变形过程。在弯曲变形过程中,随着凸模进入凹模,支点距离和弯曲圆角半径发生变化;凸模与板料接触产生弹性弯曲变形;随着凸模的下行,板料产生程度逐渐加大的局部弯曲塑性变形,直到板料与凸模完全贴合,弯曲成与凸模形状尺寸一致的零件。

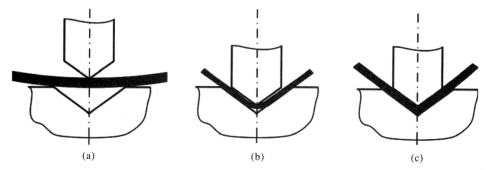

(a)   (b)   (c)

图 2-41 V 形件弯曲变形过程

2. 弯曲过程的特点

(1) 弯曲件的回弹。回弹是弯曲成形时的常见现象。它使零件形状和尺寸与模具形状和尺寸不一致。引起回弹的原因有两个:1) 板料内外缘表面金属进入塑性状态,而板料中心仍处在弹性变形状态。此时当外力去除后,板料将产生回弹。2) 金属塑性变形时总伴随有弹性变形。所以当板料弯曲时,即使板料的整个断面进入塑性状态,在外力去除后,也会出现回弹。

(2) 中性层位置的内移。当板料弯曲时,外层金属受拉,内层金属受压,总存在着既不伸长也不压缩的金属层,称为应变中性层,即板料应变中性层的长度不变。而毛坯截面上的切向应力也是内层受压、外层受拉,两者之间必存在一层金属既不受压也不受拉,即切向应力为零,称为应力中性层。当板料弹性弯曲时,应力中性层和应变中性层处于板厚的中央。当弯曲变形程度较大时,应变中性层和应力中性层都从板厚中央向内移动。但应力中性层的内移量大于应变中性层的内移量。

(3) 变形区板厚的减小。当板料弯曲时,外层金属受拉使厚度减薄,内层金属受压使厚度增厚。

(4) 板料长度增加。由于板料弯曲时中性层位置的内移,出现板厚减薄,由于板料的体积不变,板料长度增加。

(5) 板料横截面的畸变、翘曲和拉裂。

3. 弯曲变形程度和最小弯曲半径

弯曲时板料变形区中,切向应变 ε 与其在板厚上的位置有关。如图 2-42,设 ρ_0 为中性层半径,则与中性层距离为 y 的金属层的应变 ε_y 为

$$\varepsilon_y = \frac{(\rho_0 + y)\theta - \rho_0\theta}{\rho_0\theta} = \frac{y}{\rho_0} \tag{2-20}$$

当变形不大时,可认为材料不变薄,且中性层仍在板料的中间。则板料内表面和外表

面的切向应变数值相等,其值最大为

$$\varepsilon_{ymax} = \frac{t}{2\rho_0} \qquad (2\text{-}21)$$

以 $\rho_0 = r + t/2$ 代入上式得

$$\varepsilon_{ymax} = \frac{1}{2r/t + 1} \qquad (2\text{-}22)$$

式中:r 为板料弯曲内表面的弯曲半径;t 为板料厚度。

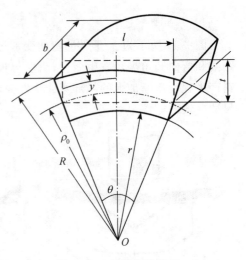

图 2-42　板料弯曲状态

由式(2-22)可见,弯曲件表面上的应变量,即断面上切向应变的最大值与相对弯曲半径 r/t 大致呈反比关系。而外表面的最大拉应变受材料性能(不拉裂)的限制,为获得良好的弯曲工件,r/t 便有一定的极值,故常用相对弯曲半径 r/t 来表示弯曲的变形量,即弯曲变形程度。当 r/t 值小时,表示弯曲变形程度大。当 r/t 小到一定值后,板料外侧纵向材料会因变形过大而产生破裂。当 r/t 过大时,材料内的弹性变形区增大,塑性变形不充分,致使弯曲后回弹大,工件的圆角半径及角度不易保证。因此,弯曲时,合理的相对弯曲半径 r/t 应取在上述两者范围内。

防止外层金属拉裂的极限弯曲半径,称为最小弯曲半径,以 r_{min}/t 来表示。设弯曲时材料不拉裂所允许的最大切应变为 ε_{ymax},根据式(2-22),不拉裂时弯曲半径的最小值为

$$\frac{r_{min}}{t} = \frac{1}{2}\left(\frac{1}{\varepsilon_{ymax}} - 1\right) \qquad (2\text{-}23)$$

4. 弯曲回弹

从弯曲变形过程分析可以看到,材料塑性变形必然伴随有弹性变形,当弯曲工件所受外力卸载后,塑性变形保留下来,弹性变形部分恢复,结果是弯曲件的弯曲角、弯曲半径与模具尺寸不一致,这种现象称为弯曲回弹(或称为弯曲弹复),如图 2-43 所示。图 2-43 中:ρ_0 和 $\rho_0{}'$ 分别为卸载前后的中性层半径;α 和 α' 分别为卸载前后的弯曲角。

弯曲件的回弹大小可以用弯曲件的曲率变化量 ΔK 和角度变化量 $\Delta\alpha$ 来表示:

$$\Delta K = \frac{1}{\rho_0} - \frac{1}{\rho_0{}'} \qquad (2\text{-}24)$$

$$\Delta\alpha = \alpha' - \alpha \qquad (2\text{-}25)$$

当 $\Delta K > 0, \Delta\alpha > 0$ 时,称为正回弹(反之,称为负回弹)。此时,弯曲件回弹后的曲率半径大于模具的曲率半径,回弹后的弯曲角度大于模具的角度。

当板料在模具中被弯曲成为 ρ_0、α 状态时,由于板料中产生的切向应变 ε_y,在断面上存在应力 σ_y,外层为拉应力,内层为压应力,应力 σ_y 形成回弹力矩 M。当板料从模具中取出时,回弹力矩 M 使 ρ_0、α 状态的弯曲板料按弹性变形产生曲率减小量 ΔK,回弹到 $\rho_0{}'$、α' 状态。

设断面切向应力 σ_y 为如图 2-44 所示的简化模型,图中 t 是板料厚度,中性层半径为

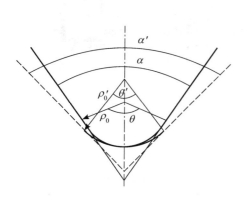

图 2-43　弯曲件卸载后的回弹

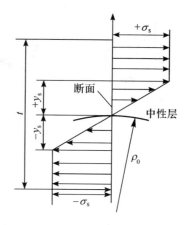

图 2-44　弯曲件断面切向应力

ρ_0,中性层以上为拉应力,中性层以下为压应力,$\pm y_s$ 以内为弹性应力应变,$\pm y_s$ 以外为无硬化的塑性应力应变。根据这个应力模型并由式(2-20)得

$$\sigma_y = \begin{cases} +\sigma_s & y_s < y \leqslant t/2 \\ E\varepsilon_y = Ey/\rho_0\,, & -y_s \leqslant y \leqslant y_s \\ -\sigma_s\,, & -t/2 \leqslant y < -y_s \end{cases} \tag{2-26}$$

由式(2-20)还可得

$$y_s = \varepsilon_{y_s}\rho_0 = \frac{\sigma_s\rho_0}{E} \tag{2-27}$$

因此,切向应力 σ_y 所形成的回弹力矩 M 为

$$M = 2b\int_0^{y_s}\sigma_y y\,\mathrm{d}y + 2b\sigma_s\int_{y_s}^{t/2}y\,\mathrm{d}y = \frac{bt^2}{4}\sigma_s - \frac{1}{3}b\sigma_s^3\,\frac{\rho_0^2}{E^2} \tag{2-28}$$

式中:b 为板料宽度;E 为材料的弹性模量。

根据材料力学中关于梁在弯曲载荷作用下产生弹性弯曲变形的分析和计算式(2-24)有

$$\Delta\left(\frac{1}{\rho}\right) = \Delta K = \frac{1}{\rho_0} - \frac{1}{\rho'_0} = \frac{M}{EJ} \tag{2-29}$$

式中:J 为板料截面的惯性矩,$J = bt^3/12$。

根据弯曲前后中性层长度不变,$\rho_0\theta = \rho_0'\theta'$,即 $\rho_0(180° - \alpha) = \rho_0'(180° - \alpha')$ 得

$$\Delta\alpha = \alpha' - \alpha = (180° - \alpha)\left(1 - \frac{\rho_0}{\rho_0'}\right) \tag{2-30}$$

研究回弹的目的是预先掌握弯曲件的回弹趋向,确定回弹量 ΔK、$\Delta\alpha$ 的大小,以减少模具在试模调整阶段的工作量,保证弯曲件的质量。

在分析计算弯曲件回弹值后,可以对弯曲模具工作部分的形状进行修正,如图 2-45 所示,对于双角和单角弯曲,可将凸模圆角半径和顶角 α 预先减小一点,用以补偿。对于 r/t 比较小的 U 形件弯曲,还可以采用施加背压的方法,通过先制造负回弹进行补偿,改变回弹量。

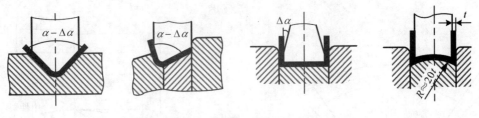

图 2-45　弯曲回弹的补偿方法

2.3.3　拉　深

拉深是利用拉深模使平板毛坯变成开口空心件的冲压工序。拉深工艺可以制成圆筒形、盒形、锥形、球形、阶梯形以及形状复杂的薄壁零件。图 2-46 所示为落料及拉深的组合冲模，当冲床滑块带着上模下模时，首先凸模进行落料；然后由下面的拉深凸模将坯料顶入拉深凹模进行拉深，压边圈在弹簧作用下提供拉深时的压边力；顶出器和卸件器在滑块回程时将成品推出模子。

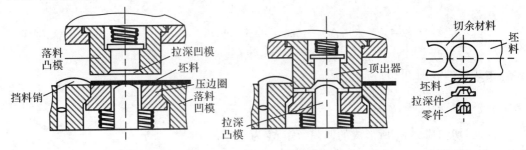

图 2-46　落料及拉深组合冲模

1. 拉深力学分析

圆筒件的拉深过程如图 2-47 所示，在凸模作用下，原始直径为 d_0 的毛坯被拉进凸、凹模之间的间隙里而形成圆筒的直壁。工件上高度为 h 的直壁部分是由毛坯的环形（外径为 d_0，内径为 d）部分转变而成的。拉深过程中，毛坯的外环部分是变形区；而底部通常是不参加变形的，称为不变形区；被拉入凸、凹模之间的直壁部分是已完成变形部分，称为传力区。

由于圆筒件拉深相对较简单，所以首先对该类零件进行分析。在凸模作用下，平板毛坯逐渐被压入凹模，并形成圆筒形。其受力状态见图 2-47。凸缘部分是主要变形区，这部分板料的直径逐渐减小，并通过凹模圆角逐步转化为侧壁。该区板料的径向受拉应力，产生拉应变，而切向（周向）受压应力，产生压应变。

处于凸模底部的板料被压入凹模形成筒底，这部分金属基本不变形，近似认为是不变形区。

侧壁部分是已变形区，是由底部以外的环形部分板料变形后形成的。该区主要受拉应力作用，厚度有所减小，尤其是直壁与底部之间的过渡圆角部位拉薄最严重。

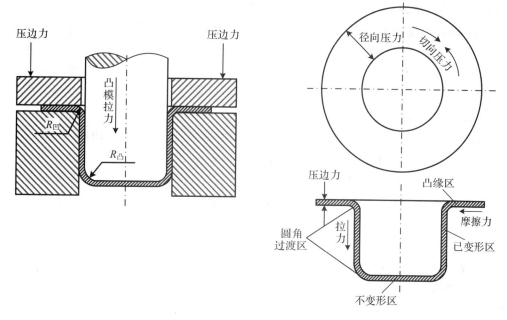

图 2-47 拉深变形过程的受力状态分析

2. 拉深缺陷及防止措施

拉深过程中的主要缺陷是起皱和拉裂,如图 2-48 所示。拉深时,法兰处受压应力作用而增厚,当拉深变形程度较大、压应力较大、板料又比较薄时,法兰部分板料会因失稳而拱起,产生起皱现象。因此,起皱易出现在凸缘部位及凸缘与侧壁交界处,生产中常采用加压边圈的方法,向毛坯变形区施加适当大小的压边力。压边力太小,起不到防皱的效果;压边力过大,又会使径向拉应力增大而产生拉裂。确定合适的压边力大小是拉深工艺设计中一项重要的内容。通常取防皱压边力 F_Q 的值稍大于防皱作用所需的最低值,可用下式计算:

$$F_Q = Sq$$

(2-31)

式中:S 为开始拉深时,压边圈与毛坯的实际接触面积;q 为单位压边力,可通过查手册获得。

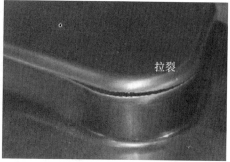

图 2-48 典型的拉深件废品

拉裂一般出现在直壁与底部的过渡圆角处,当拉应力超过材料的抗拉强度时,此处将

被拉裂。为防止拉裂,应采取如下工艺措施:

(1) 限制拉深系数。这是防止拉裂的主要工艺措施。拉深系数是衡量拉深变形程度大小的主要工艺参数,它用拉深件直径与毛坯直径的比值 m 表示,即 $m = d/D_0$,拉深系数越小,表明变形程度越大,拉深应力越大,越容易产生拉裂废品。能保证拉深正常进行的最小拉深系数,称为极限拉深系数。m 不能取得太小,一般 m 为 $0.5 \sim 0.8$,对于塑性好的金属取较小值。

如果在上述拉深系数下不能一次拉制成高度和直径合乎比例要求的成品,则可分为几次进行拉深。在多次拉深时往往需要进行中间退火,以消除前几次拉深中所产生的硬化现象,使以后的拉深能顺利进行。在多次拉深时,其拉深系数 m 应一次比一次略大。

(2) 合理设计拉深模的圆角半径。一般凹模圆角半径为 $R_{凹} = (5 \sim 10)t$,凸模圆角半径为 $R_{凸} = (0.7 \sim 1)t$。

(3) 合理设计凹凸模的间隙。间隙过小容易拉穿,间隙过大则容易起皱。一般凹凸模之间的单边间隙 $z = (1.0 \sim 1.2)t_{max}$,比板料厚度稍大。

(4) 减小拉深时的阻力。压边力要合理,不应过大;凸、凹模工作表面要有较小的表面粗糙度;在凹模表面涂润滑剂以减小摩擦。

第3章 金属焊接

在现代工业生产中,通过连接实现成形的工艺方法有很多,常见的有焊接、胶接和机械连接等。

焊接通常是指金属的焊接,是通过局部加热或加压或两者同时并用,使两个分离的物体产生原子间结合力而连接成一体的加工方法。焊接广泛应用于机器制造、造船、建筑、航空及航天工业等。焊接成形的主要优点是节省金属材料,结构质量小;能以小拼大、化大为小,制造重型、复杂的机器零部件;焊接接头具有良好的力学性能和密封性。但是,焊接结构不可拆卸,给维修带来不便。

胶接是使用黏结剂来连接各种材料,与其他连接方法相比,胶接不受材料类型的限制,能够实现各种材料之间的连接,而且具有工艺简单、应力分布均匀、密封性好等特点,也已被广泛用于现代化生产的各个领域。胶接的主要缺点是接头处的力学性能较弱,固化时间长,黏结剂易老化、耐热性差等。

机械连接有螺纹连接、销钉连接、键连接和铆钉连接等。机械连接的主要特点是采用的连接件一般为标准件,具有良好的互换性,选用方便,不足之处是增加了机械加工工序,结构重量大,密封性差,且成本较高。

本章主要介绍金属焊接的基本知识和工艺特点。

3.1 焊接的物理本质与分类

焊接是用局部加热、加压等手段,使固体材料之间达到原子间的冶金结合,从而形成永久性连接接头的加工技术。焊接使用的热源包括电弧热、化学热、电阻热、摩擦热、电子束及激光等。

1. 焊接的物理本质

固体材料是由各种键结合在一起的,金属原子之间的结合依靠金属键。如图 3-1 所示,原子间结合力的大小是引力和斥力共同作用的结果。当原子间的距离为 r_A 时,结合力最大。对于大多数金属,$r_A \approx 0.3 \sim 0.5$nm,当原子间的距离大于或小于 r_A 时,结合力都会显著降低。因此,为了实现材料连接,必须使两个被连接的固体材料表面接近到相距 r_A,通过接触表面上的原子扩散、再结晶等物理化学过程,形成键合,达到冶金结合的目的。然而,实际的材料表面即使经过精细加工,微观上也是凹凸不平的,而且还常常带有氧化膜、油污和水分等吸附层,这些都会阻碍材料表面的紧密接触及连接。为了消除阻碍材料表面紧密接触与连接的各种因素,在连接工艺上主要采取以下两种措施:

(1)对被连接的材料施加压力,破坏接触表面的氧化膜和吸附层,增加有效的接触面积。

(2)加热待连接材料(局部或整体),对于金属,使结合处达到塑性甚至熔化状态,可以迅速破坏氧化膜和吸附层,降低金属变形阻力,同时,加热也会增加原子的振动能,促进扩散、再结晶及化学反应过程。

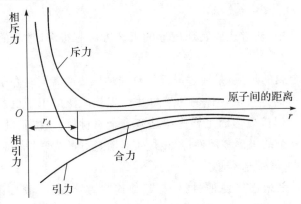

图 3-1　原子之间的作用力与距离的关系

各种金属实现焊接所必需的温度与压力之间存在一定的关系,金属加热的温度越低,所需的压力也就越大。图 3-2 表示纯铁实现焊接所需的温度及压力条件,当金属加热温度 $T < T_1$ 时,压力必须在 AB 线的右上方(Ⅰ区)才能实现焊接;当 $T_1 < T < T_2$ 时,压力应在 BC 线以上(Ⅱ区);当 $T > T_2 = T_M$(T_M 为金属的熔化温度)时,则实现焊接所需的压力为零(Ⅲ区),此即焊接的情况。

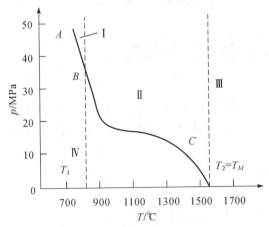

Ⅰ—高压焊接区;Ⅱ—电阻焊接区;Ⅲ—熔焊区;Ⅳ—不能实现焊接区

图 3-2　纯铁焊接时的温度与压力之间的关系

2. 焊接的分类

由于焊接时热和压力可有多种来源,因而形成了多种焊接方法。总体上,可将焊接方法分为液相焊接、固相焊接和液-固相焊接,如图3-3所示。

将材料加热至熔化,利用液相的相容性而实现原子间的结合,即为液相焊接。熔化焊是最典型的液相焊接。液相物质由被焊接材料(母材)和填充的同(异)质材料(也可不加入)共同构成,填充材料为焊条或焊丝。电阻焊时虽然也有液相形成,但由于连接时需要施加一定的压力,故通常将其纳入压力焊范畴。近年来,随着结构材料和产品性能的提高,相应地也对焊接提出了更高的要求,高能束(激光、电子束和等离子)焊接方法得到迅速发展,工业应用不断扩大。

压焊方法属于典型的固相焊接。固相焊接时温度通常低于母材(或填充)金属熔点,因而必须利用压力才能使待焊接材料表面紧密接触,并通过调节温度、压力和时间使扩散充分进行,从而实现原子间结合。在预定的温度下待焊接表面达到紧密接触时,金属原子获得能量,活动能力增大,可跨越界面进行扩散,从而形成固相结合。固相扩散焊接、电阻点焊、摩擦焊、超声波焊等均属固相焊接。

液-固相焊接与固相焊接的不同之处在于待焊接表面并不直接接触,而是通过两者毛细间隙中的中间液相相联系。这样,在待焊接的同(异)质固体母材与中间液相之间必然存在两个固-液界面,由于液-固相间能够更充分地进行扩散,可实现很好的原子结合。钎焊和液相扩散焊接即属此类方法。形成中间液相的填充材料称为钎料。显然,钎焊的熔点必须低于母材的熔点。

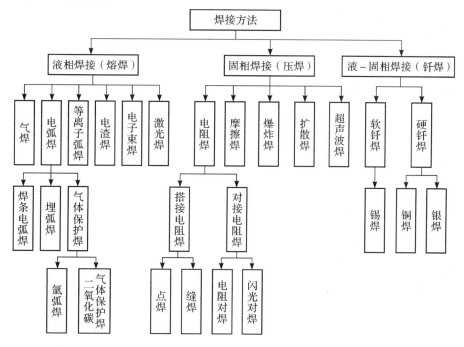

图 3-3　常见焊接方法的分类

3.2　电弧焊

3.2.1　电弧焊工艺原理

利用气体介质在两电极之间强烈而持久的放电电弧所产生的热能使金属熔化,实现待焊金属的焊接过程,称为电弧焊,如手工电弧焊、埋弧焊、气体保护焊等。

1. 焊接电弧的产生

一般电弧焊过程如图 3-4 所示。在一定的电场和温度条件下,可以将电极之间气体介质电离,使中性气体分子或原子离解为带正电荷的正离子和带负电荷的电子(或负离子)。这两种带电质点分别向着电场的两极方向运动,使局部空间的气体导电。这种气体放(导)电现象,由有电流通过的柱状热电离气体(称为等离子体)维持而形成焊接电弧。

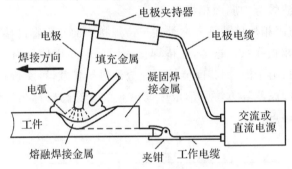

图 3-4　电弧焊过程及其电路

焊接电弧的引燃一般采用两种方法:接触引弧和非接触引弧。接触引弧时,焊条(电极之一)与工件(另一电极)瞬时接触造成短路,由于接触面积很小,电流密度很大,而且由于接触表面有氧化物等污物,电阻也很大,所以接触处产生相当大的电阻热,接触点金属迅速加热熔化,并开始蒸发。当焊条迅速拉开一个微小的距离时,焊条端头与工件之间的空间内充满了金属蒸气和空气,其中某些原子已被电离。由于电极间温度较高,距离较近,阴极将发射电子,电子以高速度向阳极方向运动,与电弧空间的气体介质发生碰撞,使气体介质进一步电离,同时使电弧温度进一步升高,则电弧开始引燃。这时只要保持一定的放电间隙和电压,放电过程就能连续进行,使电弧连续燃烧。非接触引弧一般借助于高频或高压脉冲引弧装置,使阴极表面产生强场发射,其发射出来的电子流再与气体介质撞击,使其离解导电。

电弧焊可以产生 5500℃ 或更高的温度,足以熔化任何金属,从而在靠近电极端部的区域形成由母材金属和填充金属共同组成的熔融金属熔池。在大多数电弧焊过程中,都使用填充金属以充满焊缝部位的焊接熔池,随着电极(电弧)向前移动,焊接熔池尾部液态金属逐步冷却凝固,最终形成焊接接头。电极相对于工件的移动可由人工完成(人工焊接)或机械装置完成(机械焊接、自动焊接或机器人焊接)。对于人工电弧焊,焊接接头质量极大地取决于操作技巧和焊工的工作态度,生产率也较低,采用机械焊接、自动焊接及机器人焊接等可以显著提高电弧焊生产率。

2. 电极

用于电弧焊的电极分为熔化电极与非熔化电极两类。熔化电极为电弧焊提供填充金属,这类电极有两种基本形式可供选用:焊条或焊丝。采用焊条进行电弧焊时必须周期性地更换焊条,从而降低了焊接生产率。而作为熔化电极的焊丝可以预先绕制在丝轴上,使用时连续喂入焊接熔池,从而避免像使用焊条那样间歇式地更换电极。不论使用焊条或焊丝,电极都将在焊接过程中被电弧熔化,作为填充金属进入焊缝。

非熔化电极采用钨制成,在弧焊过程中可以承受电弧热作用而不致熔化。不过,非熔化电极在焊接过程中也会逐步消耗,其主要机制为汽化。

3. 电弧防护

在高温下的电弧焊接过程中,被焊金属对于空气中的氧、氮及氢具有很高的化学活性,焊接金属与上述元素的化学反应会严重降低焊接接头的力学性能。为了避免出现这种结果,在几乎所有电弧焊过程中都应采取适当措施以隔离电弧与周围空气。电弧防护通过以气体或熔剂覆盖电极尖端、电弧及焊接熔池来完成,以防止焊接金属在空气中暴露。

常用的保护性气体包括惰性气体 Ar、He、N_2,活性气体 CO_2 及其混合气体。惰性气体(Ar、He)主要用于易氧化的有色金属和合金钢的焊接,如铝、钛、镁及其合金、不锈钢等,可以获得满意的焊接质量。但是,惰性气体价格较高,一般不适合作为普通金属材料焊接时的保护气体。对于普通低碳钢和低合金结构钢,通常采用 CO_2 或 CO_2 与其他气体的混合气体作为保护气体。

熔剂被用于防止氧化物及其他有害污染物的形成,或使其溶解以利于去除。在焊接过程中,熔剂熔化形成液态渣,覆盖焊接熔池以保护熔融焊缝金属,这些熔渣在冷却时结成硬块并被去除。熔渣的形成通常具有若干附加作用,包括:为焊接提供保护性气氛;稳定电弧;减少溅射。熔剂的应用和引入方法包括:在焊接熔池上抛撒颗粒状熔剂;采用外表包裹有熔剂材料涂层的焊条,在焊接过程中熔剂涂层熔化覆盖熔池;采用芯部包裹熔剂材料的管状电极,当电极熔化时其中的熔剂被释放出来。

4. 电弧焊焊接电源

直流电和交流电均可用于电弧焊。交流焊机比较便宜,但一般只限于钢铁材料的焊接。直流焊机可以用于所有金属的焊接并可获得很好的效果,而且一般可以得到较好的电弧控制。

为了便于引弧,保证电弧的稳定燃烧以及维持正常的焊接,电弧焊设备必须满足下列要求:

(1)容易引弧,即电焊机应有较高的空载电压,便于电子发射和电离,以便引燃电弧。一般直流焊机的空载电压为 50～90V,交流焊机的空载电压为 60～90V。

(2)焊接过程稳定。因为在焊接过程中,每秒内有 20～100 滴熔滴向熔池过渡,频繁出现短路和弧长变化的现象,并且手弧焊时弧长也不易控制不变,所以要求电焊机不但在弧长不变时能保持电弧的稳定燃烧,而且在电弧受到干扰时还能自动、迅速地恢复到稳定燃烧的状态,同时从短路到引燃电弧的电压恢复时间不超过 0.05s。

(3)电焊机的短路电流不应太大,以免引起电焊机过载和金属飞溅严重,一般不超过焊接时工作电流的 1.25~2 倍。

(4)焊接电流能够调节,可以根据不同产品和工件厚度选择所需要的电流。

3.2.2 电弧焊热循环及接头形成

1. 焊接温度场

焊接过程热量作用在焊件的局部区域,通过焊接部位金属的熔化和随后的冷却凝固而形成焊缝。焊接传热过程有两个明显的特征:

(1) 热作用的集中性。焊接热源集中作用在焊缝部位,焊件上存在较大的温度梯度,容易引起应力与应变的不均匀分布及非均匀组织与性能变化等问题。

(2) 热作用的瞬时性。焊接热源在工作时始终处于运动状态,焊件上受到热作用的某点接近焊接热源时,其温度迅速升高,而随着焊接热源的离开,该点的温度又迅速下降。可见,同整体均匀加热的一般热处理过程相比,焊接传热过程要复杂得多。

焊接热作用的集中性所引起的不均匀组织、性能变化及焊接变形和焊接热作用的瞬时性所引起的焊接化学冶金变化的不平衡性等,都将对焊接接头的质量产生影响。

在热源的作用下,焊件上各点的温度均随时间而变化,某瞬时焊件上各点的温度分布称为焊接温度场。温度场可用等温线或等温面,即焊件上瞬时温度相同的点连成的线或面来描述(见图 3-5)。每条线或每个面之间温度差的大小可用温度梯度表示,温度梯度反映了温度场中任意点温度沿等温线或等温面法线方向的变化率。

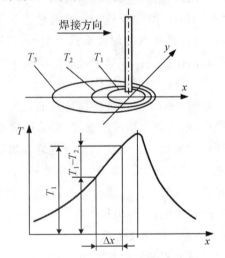

当焊件上各点温度不随时间而变化时,称为稳定温度场;而随时间发生变化的温度场则称为非稳定温度场。当恒定功率的热源作用在一定尺寸的焊件上并做匀速直线运动时,经过一段时间后,焊件传热达到一种动态平衡状态,即任意点在单位时间内自热源吸收的热量等于由该点向其周围各点传输的热量。此

图 3-5 焊接温度场中的等温线和温度梯度

外,焊件的温度场达到动态平衡状态,并随热源以相同速度移动,这样的温度场称为准稳定温度场。如果采用移动坐标系,即坐标系的原点设定为始终与热源中心重合,则各坐标点的温度只取决于系统的空间坐标,而与热源的移动速度和位置无关。这样就可以把非稳定温度场转变为稳定温度场问题,简化分析过程。

影响焊接温度场的因素很多,主要有以下几个方面:

(1) 热源的性质。焊接方法不同,热源的性质不同,导致焊接温度场不同。当热源的

能量非常集中时焊件的受热面积很小,焊接区的温度梯度很大;若热源作用面积很大,则焊接区的温度梯度较小。

(2)焊接工艺参数。对于相同的热源,由于焊接工艺参数的变化,其温度场也会受到明显影响。当热源功率 q 一定时,随着焊接速度 v 的增加,等温线变密,热量的集中程度升高;当 v 一定时,随着 q 的增大,焊接热影响区的范围也随之增大。

(3)金属热物理性质。金属材料的热物理性质(如导热系数不同)会影响到金属中热量的传递过程,因而也会影响焊接温度场。此外,焊接材料的密度、比热容等物理性能参数也对焊接温度场有显著影响。

2.焊接热循环

在焊接热源作用下,焊件上某点的温度随时间的变化过程称为焊接热循环。焊接温度场反映了某一瞬时焊接接头中的温度分布状态,而焊接热循环则反映焊接接头温度随时间的变化规律。图 3-6 为低合金钢堆焊时焊件上不同点的焊接热循环曲线。离焊缝越近的点加热速度越大,加热的峰值温度越高,冷却速度也越大,而加热速度远大于冷却速度。对于整个焊接接头来说,焊接中的加热和冷却是不均匀的。这种不均匀的热过程将引起接头组织和性能的不均匀及复杂的应力状态。

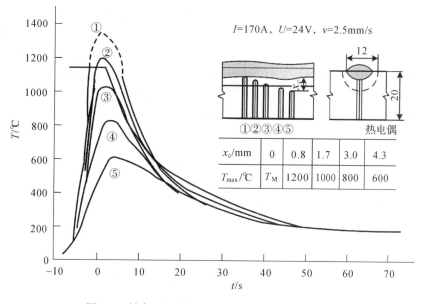

图 3-6　低合金钢堆焊焊缝邻近各点的焊接热循环

决定焊接温度热循环特征的基本参数有以下 4 个:

(1)加热速度。焊接热源的集中程度较高,导致焊接时的加热速度较大。而较大的加热速度将使相变过程难以充分进行,从而影响接头的组织和力学性能。焊接方法、工艺条件和被焊接材料等因素都将影响加热速度。

(2)最高加热温度。又称峰值温度。距焊缝远近不同的各点,最高加热温度不同,焊接过程中的高温使焊缝附近的金属发生晶粒长大和再结晶,从而降低材料的塑性。

(3)在相变温度以上的停留时间。停留时间越长,越有利于奥氏体的均匀化过程,增加奥氏体的稳定性,但同时易使晶粒长大,引起接头脆化,降低接头质量。

(4) 冷却速度或冷却时间。冷却速度指在焊件上某点热循环的冷却过程中温度的降低速度,是决定热影响区组织和性能最重要的参数之一。也可采用某一范围内的温度变化时间来表征冷却速度。冷却速度直接影响到焊缝的化学冶金及凝固过程,从而使接头的质量发生变化。

在焊接生产中,常采用多层焊接来进行厚板的连接。多层焊接热循环是许多单层热循环的综合。在多层焊接时,前一层焊道的最低温度,即层间温度对后一层焊道起预热作用;而后一层焊道对前一层焊道起"后热"作用。因此,控制多层焊接热循环要控制每一层的焊接热循环,特别要注意焊接层数和层间温度的影响。

3. 接头的形成

(1) 焊接材料熔化与熔池形成

在熔焊过程中,焊接材料(焊条、焊丝等)在热源作用下将被熔化,其端部熔化形成熔滴。当熔滴逐渐增大到一定尺寸时,便在各种力(如电磁力、电弧力等)的作用下脱离焊条,以滴状形式向熔池过渡。在焊接材料熔化的同时,母材金属也发生局部熔化,并与熔化的焊条金属共同形成具有一定几何形状的液体金属区域,称为熔池。如果焊接时不使用焊接材料(如钨极氩弧焊),则熔池仅由局部熔化的母材金属组成。

熔池的形成初期要经历一个过渡期,母材金属及焊条等不断熔化,熔池逐渐扩大。另一方面,随着熔池尺寸增大及温度升高,熔池部分与母材金属及周围环境的热交换也不断增强。达到一定程度时,熔池的形状、尺寸和质量不再发生变化。然而,此时的熔池仍然要随焊接过程的进行而沿焊接方向移动,所以这个阶段称为准稳定期。图 3-7 为电弧焊时熔池形状的示意图,可见熔池为近似的半椭球形,其外形轮廓处为温度等于母材熔点的等温面。

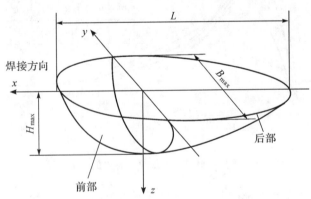

图 3-7　焊接熔池形状

实验表明,熔池中温度分布不均匀,如图 3-8 所示。在熔池前部,由于输入的热量大于散失的热量,所以,随着焊接热源向前移动,母材不断被熔化。在电弧下的熔池中部,具有最高的温度。在熔池后部,由于输入的热量小于散失的热量,温度逐渐降低,于是发生金属的凝固过程。

在焊接过程中,由于熔池中的液体金属温度不均匀而产生的密度差和表面张力差会引起液相对流,同时焊接热源作用在熔池上的各种机械力也在液相中产生强烈的搅拌作用,从而使熔化的母材与填充金属充分混合和均匀化。焊接工艺参数、电极直径、焊炬的倾斜角度等对熔池中液相的运动状态都有很大的影响。搅拌作用有利于熔池金属充分混合,使成分均匀化,也有利于气体和杂质的排除,提高焊缝质量。但是,在熔池与母材的界面处,常出现成分的不均匀。

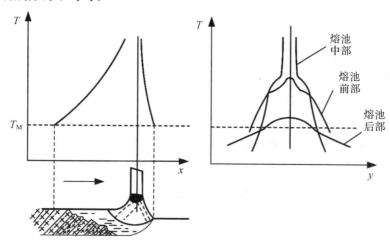

图 3-8　焊接熔池的温度分布

（2）焊接接头的组织和性能

经历了加热、熔化和冶金反应之后,随着热源的离开,熔池温度逐渐下降,熔池开始凝固并发生固态相变,形成焊缝。与此同时,熔池附近受到热作用的热影响区也发生固态相变。这样,焊缝和热影响区一起构成了焊接接头。图 3-9 为低碳钢熔化焊的焊接接头的温度分布与组织变化示意图。

1）焊缝的组织和性能

焊缝组织是由熔池金属冷却结晶后得到的铸态组织。熔池金属的结晶一般从液-固交界处形核,垂直于熔池侧壁向熔池中心生长成为柱状晶粒。虽然焊缝是铸态组织,但由于熔池冷却速度较大,所以柱状晶粒并不粗大,加上焊条杂质含量低及其合金化作用,使焊缝化学成分优于母材,所以焊缝金属的力学性能一般不低于母材。

2）焊缝热影响区的组织和性能

根据热影响区各点受热温度的不同,可分为熔合区、过热区、正火区、不完全重结晶区等。

• 熔合区:焊缝和母材金属的交接区。此区受热温度处于液相线与固相线之间,熔化金属与未熔化的母材金属共存。冷却后,其组织为部分铸态组织和部分过热组织,化学成分和组织不均匀,因而塑性差、强度低、脆性大。这一区域很窄,只有 $0.1\sim0.4$ mm,是焊接接头中力学性能最薄弱的部位。

• 过热区:受热温度为固相线至 1100℃,奥氏体晶粒严重长大,冷却后得到晶粒粗大的过热组织,塑性和韧性差。过热区也是热影响区中性能最差的部位。

• 正火区:受热温度为 1100℃～Ac_3,焊后空冷使该区内的金属相当于进行了正火

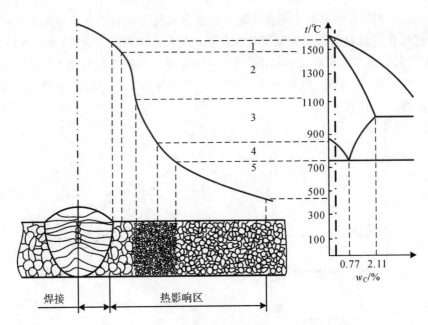

图 3-9　典型的熔化焊焊接接头的温度分布与组织变化

处理,故其组织为均匀而细小的铁素体和珠光体组织,塑性、韧性较高,是热影响区中力学性能最好的区域。

- 不完全重结晶区:也称部分正火区,受热温度为 $Ac_3 \sim Ac_1$,只有部分组织转变为奥氏体,冷却后可获得细小的铁素体和珠光体,部分铁素体未发生相变,因此该区域晶粒大小不均匀,力学性能比正火区差。

- 再结晶区:受热温度为 $Ac_1 \sim 450℃$。只有焊接前经过冷塑性变形(如冷轧、冲压等)的母材金属,才会在焊接过程中出现再结晶现象。如果焊前未经塑性变形,则热影响区中就没有再结晶区。

根据焊接热影响区的组织和宽度,可以间接判断焊缝的质量。一般焊接热影响区宽度越小,焊接接头的力学性能越好。影响热影响区宽度的因素有加热的最高温度、相变温度以上停留的时间等。在被焊工件大小、厚度、材料、接头形式一定条件下,焊接方法对焊接接头的性能影响也是很大的。

3.2.3　各种电弧焊工艺方法

1. 手工电弧焊

手工电弧焊采用填充金属焊条作为熔化电极,焊条表面有可以提供熔剂和保护性气氛的化学物质涂层,又称药皮。焊接过程如图 3-10 所示,典型焊条长度为 $230 \sim 460mm$,直径为 $2.5 \sim 9.5mm$。在焊接过程中,焊条一端裸露着的金属端部被夹持在与焊接电源相连的电极夹钳中,焊工手持夹钳的绝缘手柄进行手工焊接操作。根据被焊金属材料、尺寸及焊接深度等调节焊机,选取适当的焊接电流,一般用于焊接的电流在 $15 \sim 45V$ 的电压下为 $30 \sim 300A$。

焊条由芯部的金属焊芯和表面药皮涂层组成。焊芯的作用有两点:1) 作为电极,导电产生电弧,形成焊接热源;2)熔化后作为填充金属成为焊缝的一部分,其化学成分和质量直接影响焊缝质量。药皮在焊接过程中的主要作用是保证电弧稳定地燃烧;造气、造渣以隔绝空气,保护熔化金属;对熔化金属进行脱氧、去硫、渗入合金元素等。

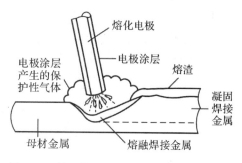

图 3-10　使用保护涂层焊条的手工电弧焊

焊条的种类很多,根据熔渣性质的不同分为酸性焊条和碱性焊条两大类。酸性焊条形成的熔渣以酸性氧化物居多,其氧化性强,合金元素烧损大,焊缝中氢含量高,塑性和韧性不高,抗裂性差。但酸性焊条具有良好的工艺性,对油、水、锈不敏感,交流、直流电源均可用,广泛应用于一般钢结构件的焊接。

碱性焊条又称为低氢焊条,形成的熔渣以碱性氧化物居多,药皮成分主要为大理石和萤石,并含有较多铁合金,其有益元素较多,有害元素较少,脱氧、除氢、渗合金作用强,可使焊缝的力学性能得到提高。与酸性焊条相比,焊缝金属含氢量低,塑性与抗裂性好。但碱性焊条对油污、水、锈较敏感,易出现气孔,焊接时易产生较多有害物质,而且电弧稳定性差,一般要求采用直流焊接电源,主要用于焊接重要的钢结构。

手工电弧焊设备便于携带,成本低,适用面宽,是应用最为广泛的弧焊工艺。常见的应用包括建筑、管道、机械结构、造船、制造业及修理工作。

2. 气体保护电弧焊

气体保护焊是用外加气体作为电弧介质并保护熔池、焊接区金属及电弧,使之与周围的空气隔绝,从而保证获得优质焊接接头的电弧焊方法。按照保护气体不同,气体保护焊分为两类:惰性气体保护焊,包括氩弧焊、氦弧焊、混合气体保护焊等;CO_2 保护焊,使用 CO_2 作为保护气体。

惰性气体 Ar 和 He 在高温下既不溶于金属中,也不与金属发生化学反应,而且都是氦原子分子气体,高温下不再吸收热分解,在这种气体中燃烧的电弧热量损失较少,是理想的保护气体。Ar 的优点是成本低,电弧燃烧非常稳定,熔化的焊丝熔滴很容易向稳定的轴向射流过渡,飞溅极小。He 的优点是电弧燃烧温度高,焊速较快,但飞溅大、成本高。以 Ar 作为基体,加入一定量的 He 形成混合气体,可以取长补短,应用更广泛。图 3-11 所示为非熔化极和熔化极氩弧焊工艺原理。

非熔化极氩弧焊使用钨合金电极,电极在焊接过程中不熔化,填充金属焊丝从钨极前方添加,利用电弧放热熔化后进入焊接熔池,还可以采用预先在焊缝中放置焊件夹条作为填充金属。由于具有很高的熔点(3410℃),钨是一种很好的电极材料,但纯钨的电子逸出功较高,不利于电子发射。为降低电子逸出功,易于引弧,常用钍钨极和铈钨极两种电极。为防止钨合金熔化,钨极氩弧焊电流不能太大,所以一般适于焊接厚度小于 6mm 的薄板。

熔化极氩弧焊以连续送进的焊丝为电弧的一个电极,可使用电流提高焊丝熔敷速度,因而母材熔深大,生产率高,适合焊接中厚板。为减少飞溅,保护气体中 He 的比例应小于 10%。

氩弧焊主要用于化学性质活泼的非铁金属、稀有金属和合金钢,如铝、镁、钛、锆、钼、钽、高强度合金钢和不锈钢、耐热钢等的焊接。

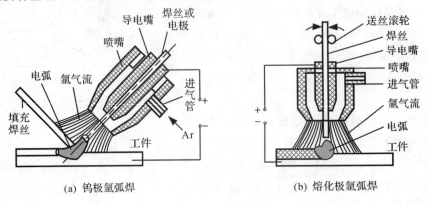

(a) 钨极氩弧焊　　　　　　　(b) 熔化极氩弧焊

图 3-11　氩弧焊

CO_2 保护焊以廉价的 CO_2 作为保护气体,降低焊接成本,其焊接过程如图 3-12 所示。由于 CO_2 是氧化性气体,在高温下分解后会与金属反应,烧损合金元素,所以不能用于焊接易氧化的非铁金属和不锈钢。因 CO_2 气体冷却能力强,熔池凝固快,焊缝中易产生气孔。若焊丝中含碳量高,飞溅较大。因此要使用冶金中能产生脱氧和渗合金的特殊焊丝来完成 CO_2 焊。常用的 CO_2 焊焊丝是 H08Mn2SiA,适于焊接低碳钢和普通低合金结构钢,还可使用 Ar 和 CO_2 混合保护气体,焊接强度级别较高的普通低合金结构钢。

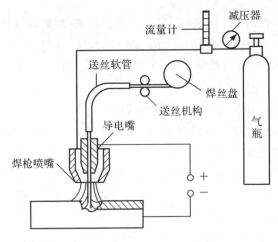

图 3-12　CO_2 保护焊

3. 埋弧焊

埋弧焊是利用连续送进的焊丝在焊剂层下产生电弧而自动焊接的方法,如图 3-13 所示。在电弧作用下,焊丝、焊件熔化形成熔池,焊剂熔化形成熔渣,蒸发的气体使液态熔渣形成一个笼罩着电弧和熔池的封闭熔渣泡,具有表面张力的熔渣泡能有效阻止空气侵入熔池和熔滴,使熔化金属得到焊剂层和熔渣泡的双重保护。熔剂覆盖层将弧焊操作完全埋没,从而避免了其他弧焊工艺中极为有害的闪弧、飞溅及辐射现象。靠近电弧的部分熔剂熔化后与熔融的焊接金属混合,去除其中杂质,而后在焊接接头的顶部凝固成玻璃状渣,这些渣和未熔的熔剂颗粒为焊接区提供了很好的保护,防止其与大气之间的化学作用及热量损失。因此,埋弧焊焊接接头冷却相对缓慢,接头质量特别是韧性与塑性较高。焊接后仍未熔融的熔剂可以回收并再使用,而覆盖在焊件表面的固体渣可在焊后予以清除。

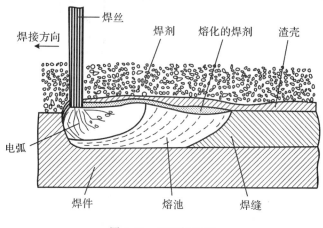

图 3-13　埋弧焊过程

埋弧焊的生产率高、焊缝质量高且稳定,广泛应用于钢结构件、大直径管道的长形和环形焊缝、容罐、压力容器及重型机械的部件焊接,适应于低碳钢、低合金钢及不锈钢等的焊接,焊件厚度一般可达 25mm。

4.等离子弧焊和切割

(1)等离子弧焊

一般焊接电弧不受外界约束,称为自由电弧,自由电弧内的气体尚未完全电离,因而能量也未能高度集中。等离子弧与一般自由电弧不同,是一种被压缩的电弧,导电截面收缩得比较小,从而能量更加集中,电弧区内的气体完全处于电离状态,即弧状气体介质完全由离子和电子组成,称作等离子体。等离子弧焊是利用机械压缩效应、热压缩效应、电磁收缩效应将电弧压缩为一束细小等离子体的一种焊接工艺。

等离子弧焊原理如图 3-14 所示。由直流电源供电,利用高频振荡引弧或短路引弧,使钨极与喷嘴或钨极与工件之间引燃电弧。电弧在被迫通过喷嘴通道喷出时,通道对电弧产生的压缩作用,称为机械压缩效应。当通入一定压力和流量的离子气(Ar)时,由于在喷嘴外部通入冷却水,使靠近喷嘴内壁的部分气体受到冷却,温度降低,电离度急剧下降,形成一层中性高速气流,迫使电弧电离向电弧中心高温区集中,电弧进一步被压缩,弧柱的电流密度增加,这种因冷却而形成的电弧截面缩小的作用称为热收缩效应。另外,带电离子流在弧柱中的运动,可以看成是无数根具有平行同向电流的"导体",其自身磁场所产生的电磁力,使这些"导体"互相吸引靠近,弧柱进一步被压缩,这种作用称为磁收缩效应。在上述 3 种效应的共同作用下,弧柱被压缩到很小的导电截面范围内,电流密度急剧增大,能量高度集中,电弧温度急剧上升,气体的电离度剧增,并以极高的速度从喷嘴孔喷出,这样被高度压缩和高度电离的电弧称为等离子弧。等离子弧的温度可达 16000～33000K,而一般自由电弧的温度仅为 5000～8000K。

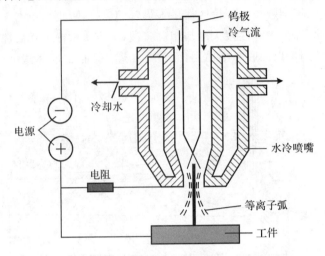

图 3-14　等离子弧焊

大多数等离子弧发生器采用钍钨或铈钨电极,设置在喷嘴内部。焊接用等离子弧可采用纯 Ar、He 或混合气体为离子气,同时还另外通入保护气体。等离子弧由于温度高,穿透力强,板厚 2.5～12mm 时,可以不开坡口,不加填充金属,一次焊透。厚度超过 12mm 时,一般需要采用适当的坡口和加填充金属。等离子弧焊可用于焊接包括钨在内的许多金属。

（2）等离子弧切割

等离子弧切割是以高温高速的等离子弧为热源,将被切割的金属局部熔化,同时高速气流将已熔化的金属吹走而形成狭窄切口的过程,如图 3-15 所示。切割用等离子弧与焊接用等离子弧本质上相同,都是压缩电弧,但由于用途不同,因而对它们的具体要求也不同。例如,焊接时需要弧焰稍短、焰流速度较低的柔性等离子弧,而切割时则需要弧焰长、焰流速度大(有较大的冲击力)的刚性等离子弧。等离子弧的这些差异可以通过调节工艺参数来实现。

由于 Ar 较贵,等离子弧切割所用的气体多采用 N_2 或 N_2＋He。采用 N_2 和 He 混合气体时,其比例为:(75％～90％)N_2,(10％～25％)He。切割时希望电极烧损尽量小,以便使切割过程稳定。用钨极时烧损较严重,所以一般采用含(1.5％～2.5％)Th 的钍钨棒作等离子弧切割用的电极。

等离子弧切割可以采用手工操作,即手持等离子枪移动等离子弧以切割工件,也可以采用机械进行操作。等离子弧切割具有以下优点:

1）能量高度集中,温度高,可以切割任何高熔点金属、有色金属及非金属材料。

2）由于弧柱被高度压缩,温度高,直径小,有很大的冲击力,因而切割质量好,切割速度高,热影响区小。

3）成本低,特别是采用价廉的氮气,成本更为降低。

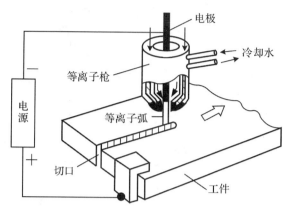

图 3-15 等离子弧切割过程

由于以上优点,所以等离子弧切割在机械制造业得到了广泛应用。目前,不锈钢的切割厚度可达 200mm,铝合金可切割的厚度达 330mm。近年来,人们又试验采用锆电极与更价廉易得的压缩空气进行等离子弧切割低碳钢。

3.3 其他焊接方法

3.3.1 气焊与气割

气焊和气割是利用乙炔等可燃气体与高纯度氧气混合后燃烧的火焰进行焊接和金属切割的方法。生产中常用的可燃气体有乙炔、液化石油气等。

1. 氧-乙炔气焊

(1)气焊设备与工具

气焊设备与工具系统如图 3-16 所示,主要包括以下几种。

1)乙炔发生器。乙炔(C_2H_2)是 CaC_2(俗称电石)和水接触反应时生成的碳氢化合物,图 3-16(a)中所示的乙炔发生器是在焊接施工现场直接完成反应、产生乙炔的装置,其反应方程式为

$$CaC_2 + 2H_2O = C_2H_2 + Ca(OH)_2 + Q(热量)$$

工业使用的乙炔一般用专门设计的高压乙炔瓶输送和存储,使用时经减压阀降至 105kPa。乙炔瓶内装含丙酮的多孔材料,因为乙炔能溶解在丙酮等溶剂中,溶解度很高,在常温常压下,1L 丙酮能溶解 23L 乙炔。

2)回火防止器。回火防止器是防止火焰回火时,倒流的火焰进入乙炔发生器而发生爆炸的安全装置。当发生回火时,火焰从出气管进入筒体内,使筒内压力突然增大,筒内的水被压入进气管,断绝乙炔气的来源,压力过大时,防爆膜破裂使燃烧气体排出,从而保护了乙炔发生器。

3)氧气瓶。贮存氧气的一种高压标准钢瓶容器,贮氧的压力为 18MPa,经减压阀减

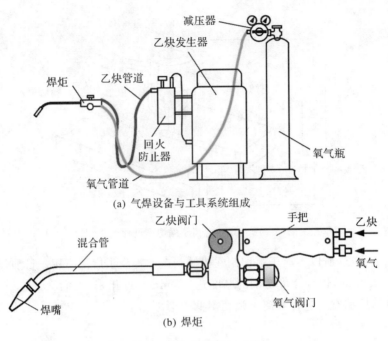

(a) 气焊设备与工具系统组成

(b) 焊炬

图 3-16　气焊设备与工具

压后使用。

4)焊炬。使乙炔和氧气按一定比例混合并获得气焊火焰的工具(图 3-16(b))。

(2)焊接工艺与火焰调节

图 3-17 为气焊工艺操作示意图。点燃从焊炬喷嘴喷出的乙炔-氧混合气体,利用燃烧的火焰使焊缝金属熔化,同时将焊丝熔化填充焊缝。根据氧和乙炔的比例不同,气焊火焰可分为中性焰、氧化焰和碳化焰 3 种。

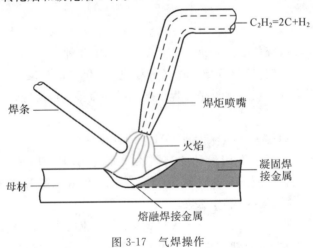

图 3-17　气焊操作

1)中性焰

氧与乙炔容积比值为 1～1.2 时,火焰呈中性焰,其外形和温度分布如图 3-18 所示。焰心是由于刚从喷嘴高速喷出的气体来不及燃烧,温度升高后,部分乙炔发生分解形成

的。乙炔分解的反应式为

$$C_2H_2 = 2C + H_2$$

炽热的碳分子放出光和热,所以焰心特
别明亮。在内焰,混合气流流速降低后,开始
发生不完全燃烧反应:

$$2C_2H_2 + 2O_2 = 4CO + 2H_2 + Q$$
$$2C + O_2 = 2CO + Q$$

内焰颜色较焰心暗,呈淡白色,温度最高
达 3150℃。焊接碳钢时都在内焰进行,工件
距焰心尖端 2~4mm。在外焰,和空气中进入
的氧进行完全燃烧:

$$2CO + O_2 = 2CO_2$$
$$2H_2 + O_2 = 2H_2O$$

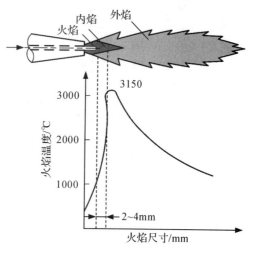

图 3-18　中性焰的焰形及温度分布

外焰温度较低,呈淡蓝色。中性焰应用最广泛,一般常用来焊接碳钢、紫铜和低合金
钢等。

2)氧化焰

氧与乙炔容积比值大于 1.2,火焰中有过剩氧,氧化反应剧烈,焰心、内焰、外焰都缩
短了,内焰已分不清,温度高达 3400℃ 左右。氧化焰会氧化金属,使焊缝金属氧化物和气
孔增多,因此焊接一般材料不可用氧化焰。然而,在焊接黄铜时却正好利用这一特点,使
熔池表面生成一层氧化物薄膜,来防止锌的进一步蒸发。

3)碳化焰

氧与乙炔容积比值小于 1,乙炔有过剩,燃烧不完全,焰心较长,呈蓝白色,内焰呈淡
蓝色,外焰带橘红色,3 层火焰之间无明显轮廓,火焰最高温度为 2700℃。由于火焰中有
过剩乙炔,分解为氢和碳,焊接碳钢时,焊缝中含碳量增加,使焊缝金属强度提高、塑性降
低。碳化焰适用于高碳钢、铸铁及高速钢的焊接。

气焊时使用焊丝的化学成分直接影响焊缝的机械性能,应根据工件成分选用焊丝种
类,或从被焊板材上切下条料来做焊丝。焊接时常使用气焊粉,气焊粉的作用是去除焊接
过程的氧化物,保护焊接熔池,增加熔池的流动性,改善焊缝质量等。一般低碳钢焊接时,
在中性焰的内焰处有 CO 和 H₂ 的还原作用,不必用气焊粉。而不锈钢和耐热钢、铸铁、铜
及铜合金、铝及铝合金的焊接都要使用专用的气焊粉。

2. 氧气气割

图 3-19 所示为氧气切割过程。氧气切割是建立在金属燃烧的基础上,而不是靠熔
化。例如铁在 1050℃ 以上即可与纯氧(纯度＞99%)发生剧烈的氧化反应而燃烧。所以,
在切割低碳钢时,先用氧-乙炔焰将被切割处预热到燃点(约为 1100~1150℃)以上,然后
由割炬喷嘴的中心放出纯氧,铁与纯氧反应燃烧生成氧化铁,同时放出大量热,氧化铁被
燃烧热熔化成熔渣并被切割氧气流吹走。随着割炬的向前移动,铁不断地与氧气发生反
应燃烧,形成的氧化铁被切割气流吹掉,钢材被切断。

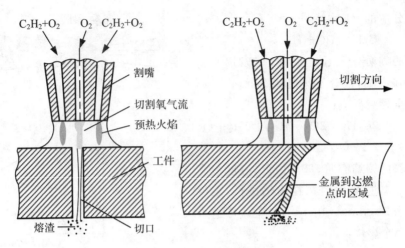

图 3-19　氧气切割过程

氧气切割时,金属燃烧在固态下进行,被氧气流吹掉的仅是燃烧生成的氧化物熔渣,被切割的金属并未熔化,所以切口比较平整。根据氧气切割的原理,能够被切割的金属必须满足下列条件:

(1) 金属的燃点应低于其熔点,否则,切割之前金属已被熔化,将使切口凹凸不平。

(2) 燃烧生成的金属氧化物熔点应低于金属本身的熔点,以便使熔化的氧化物从切口中被吹掉。

(3) 金属燃烧时应放出足够的热量,以利于切割过程的不断进行。例如切割低碳钢时,燃烧产生的热量约占切割过程所需热量的 70%,而预热火焰所供给的热量仅为 30%。

(4) 金属导热性不能太高,以利于被切割金属温度保持在燃点以上。

各种金属材料中,符合上述条件的只有部分碳素钢和低合金钢。含碳量在 0.4% 以下的碳钢和含碳量在 0.25% 以下的低合金钢都能很好地进行氧气切割。若碳钢含碳量为 0.4%~0.7%,切割表面硬度增大,切口容易产生裂缝。为了防止产生裂缝,应将切割的钢板预热到 250~300℃ 再进行切割。含碳量 0.7% 以上的高碳钢,由于燃点与熔点接近,切割时难以保证切割质量。

铸铁不能用普通氧气切割方法进行切割,因为铸铁的熔点低于燃点,而且铸铁含硅量较高,切割时会产生高熔点的 SiO_2,难以从切口中吹掉。不锈钢、耐热钢中含铬量较高,切割时生成的氧化物 Cr_2O_3 熔点较高,使氧气切割难以进行。Cu、Al 及其合金具有较高的导热性,且氧化物熔点都高于金属本身的熔点,Cu 燃烧时产生的热量也较低。所以,对这些金属材料也不能采用氧气切割方法。

3.3.2　压　焊

1. 电阻焊

电阻焊是利用电流通过焊件金属接头接触处形成的电阻产生电阻热,将焊件局部加热到塑性状态或部分熔化状态,在压力作用下,使焊接金属表面原子之间接近到晶格距离,形成金属键,获得焊接接头。图 3-20 所示为电阻焊中典型的点焊过程循环步骤,其操作顺序如下：

（1）待焊件插入两电极间；

（2）电极夹紧并施加压力；

（3）焊接（电流通）；

（4）电流断，压力继续保持或增压（有时在本步骤临近结束前通过一个较小的电流，以使焊接区的应力释放）；

（5）电极打开，取出焊件。在点焊过程中，焊件搭接处结合面上只有电极所在位置达到熔化温度，形成焊点。

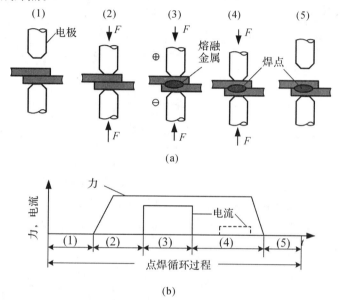

图 3-20 电阻点焊循环的步骤及点焊循环中的挤压力和电流作用

电阻焊中的热量取决于电流、回路电阻及电流通过时间，可以表示为

$$H = I^2 Rt \tag{3-1}$$

式中：H 为热量，J；I 为电流，A；R 为电阻，Ω；t 为时间，s。

由于接触电阻很小，焊接过程中电流持续时间很短，在典型的点焊过程中为 0.1～0.4s，采用的电压比较低（通常低于 10V），所以焊接电流很大，可达 5000～20000A。

电阻焊按接头形式可以分为搭接电阻焊和对接电阻焊两类；按工艺特点则分为点焊、缝焊和对焊；按所使用的电源特征又可分为交流、直流和脉冲 3 类。

缝焊是指焊件装配成搭接或对接接头并置于两滚轮电极之间，滚轮对焊件加压并转动，连续或断续送点，形成一条连续焊缝的电阻焊方法，如图 3-21(a) 所示。对焊是把两待焊工件端部相对放置，利用焊接电流加热，然后加压完成焊接的电阻焊方法。对焊包括电阻对焊和闪光对焊两种。电阻对焊是将工件装配成对接接头，使其端面紧密接触，利用电阻热将其加热至塑性状态，然后迅速施加顶锻力完成焊接的方法，如图 3-21(b) 所示；闪光对焊指焊件装配成对接接头，接通电源，使其端面逐渐移近达到局部接触，利用电阻热加热这些接触点（产生闪光），使端面金属熔化，直至端部在一定深度范围内达到预定温度时,迅速施加顶锻力完成焊接的方法,如图 3-21(c)所示。

电阻焊具有接头质量高、辅助工序少、无须填充焊接材料等优点,尤其易于实现机械化和自动化,生产效率高,经济效益显著,适宜于大量成批生产,广泛应用于汽车、飞机制造及电子、仪表、家用电器的钣金件装配连接。

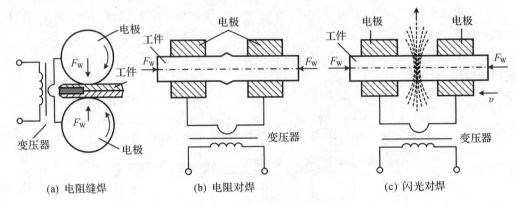

(a) 电阻缝焊　　　　　(b) 电阻对焊　　　　　(c) 闪光对焊

图 3-21　缝焊和对焊

2. 摩擦焊

摩擦焊是一种压焊方法,是在外力作用下,利用焊件接触面之间的相对摩擦运动和塑性流动所产生的热量,使接触面及其邻近区金属达到黏塑性状态并产生适当的宏观塑性变形,通过两侧材料间的相互扩散和动态再结晶而完成焊接。图 3-22 为典型的摩擦焊过程示意图。

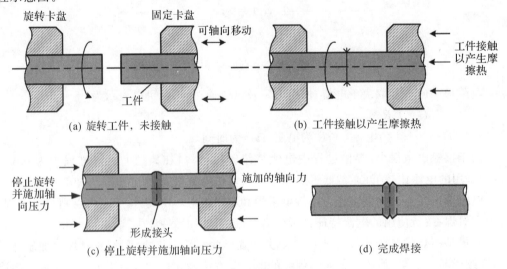

(a) 旋转工件,未接触　　　　　(b) 工件接触以产生摩擦热

(c) 停止旋转并施加轴向压力　　　　　(d) 完成焊接

图 3-22　摩擦焊过程

在摩擦焊接过程中,摩擦界面温度一般不会超过材料熔点,所以摩擦焊属于固相焊接。同种材料摩擦焊时,最初界面接触点上产生犁削—黏合现象。由于应力很大,黏合区增多,继续摩擦使这些黏合点产生剪切撕裂,金属从一个表面迁移到另一个表面。界面上的犁削—黏合—剪切撕裂过程进行时,摩擦力矩增加使界面温度升高。当整个界面上形

成一个连续塑性状态薄层后摩擦力矩降低到一最小值。界面金属成为塑性状态并在压力作用下不断被挤出而形成飞边,工件轴向长度也不断减小。

异种金属间的结合机理比较复杂,除了犁削—黏合—剪切撕裂物理现象外,金属的物理与力学性能、相互间固溶度及金属间化合物等都会在结合过程中起作用。焊接时由于机械混合和扩散作用,在结合面附近很窄的区域内有可能发生一定程度的合金化,这一薄层的性能对整个接头的性能会有重要影响,机械混合和相互镶嵌对结合也会有一定作用,这种复杂性使得异种金属间的摩擦焊接接头性能很难预料。

摩擦焊对于各种不同材料的焊接适应性如下:

(1) 低碳钢、中碳钢、高碳钢、低合金钢、不锈钢、马氏体时效钢的同种或异类金属摩擦焊接适应性都很好,只是有的须进行必要的焊后热处理。

(2) 高温时塑性良好的同种金属及能够互相固溶和扩散的异类金属,例如 Al、Cu、Ni、Cu-Ni 以及其与某些钢的摩擦焊都能获得优良的接头。

(3) 会形成脆性的异类金属,若不设法防止脆性合金层增厚,则很难获得强度与塑性符合要求的接头,如铝—铜、钛—铜、铝—钢等。

(4) 高温强度高、塑性差、导热性好的材质不易实现摩擦焊,异类金属的高温力学及物理性能差异越大,摩擦焊就越困难,如不锈钢—铜、硬质合金—钢等。

(5) 表面有镀膜、渗层及铸铁、黄铜等摩擦系数太小的金属难以实现摩擦焊接。

(6) 塑料及其他塑性较好的非金属材料也可以进行摩擦焊。

3.3.3　钎　焊

钎焊是用比母材熔点低的合金作为钎料,加热时钎料熔化成液态,使其润湿母材和填充工件接头间隙,并与固态母材相互扩散,冷却凝固后形成牢固焊接接头的技术。

钎焊过程中钎料的几种使用方法如图 3-23 所示。钎焊时可以依靠增大搭接面积使接头与焊件具有相等的承载能力,较大的搭接面具有较大的预载力,但因搭接面积较大,相应地填充钎料增多,毛细能力则相对较弱,因此搭接面积应有一定限度。相对于熔化焊和压力焊,钎焊时只有钎料依靠润湿、毛细作用填入并保持在很小的母材间隙内,并使液态钎料与固态母材之间发生相互作用,从而形成独特的焊缝组织和接头性能。钎焊时常使用钎剂以去除母材和液态钎料表面上的氧化物,保护母材和钎料在加热过程中不致进一步氧化以及改善钎料对母材表面的润湿能力。钎剂还应满足腐蚀性小的要求。

根据钎料熔点的不同,工程中通常将钎焊分为硬钎焊和软钎焊两类。

1. 硬钎焊

钎料液相线温度在 450℃ 以上,接头强度较高(200MPa),如铜焊、银焊、铝焊等。常用的钎料有铜基、银基、铝基和镍基等,钎剂有硼砂、硼酸、氟化物、氯化物等。银基钎料钎焊的接头具有较高的强度、导电性和耐蚀性,且熔点较低,工艺性好,但价格较高。因此,仅用于要求高的焊件。镍铬合金钎料可用于钎焊耐热的高强度合金与不锈钢,工作温度900℃,但钎焊温度高(1000℃),工艺要求严格。硬钎焊主要用于受力较大的钢铁和铜合金构件以及工具、刀具的焊接。

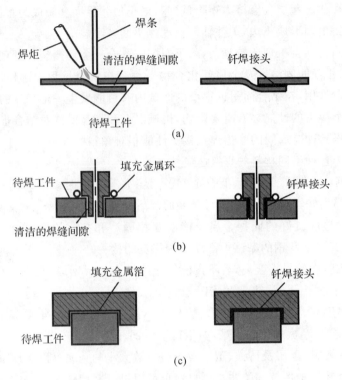

图 3-23 钎焊中钎料的几种使用方法

2. 软钎焊

钎料液相线温度在 450℃以下,接头强度较低(≤70MPa),仅用于钎焊受力不大、工作温度较低的工件,如锡焊所用钎料为锡铅合金,通常称为锡焊。常用钎剂有松香、氯化锌溶液等。这类钎料熔点低(≤230℃),渗入接头间隙的能力较强,所以具有较好的焊接工艺性能。锡铅合金具有良好的导电性,因此软钎焊广泛用于受力不大的仪表、电路以及钢铁、铜合金等构件的焊接。

钎焊时钎料一般最好在钎剂完全融化后的 5~10s 即开始熔化,这时最易赶上钎剂的活性期。这种时间间隔主要取决于钎剂及钎料本身的熔化温度,也可以通过加热速度来进行一定的调节,快速加热将缩短钎剂和钎料熔化温度的时间间隔,缓慢加热则延长两者的时间间隔。

3.4 焊接缺陷与质量检验

所有焊接过程的目的都是将两个及以上的零部件连接成为一个整体构件,由此形成的构件的完整性则取决于焊接质量。

3.4.1　焊接缺陷分析及防止措施

1. 残余应力和变形

焊接过程对焊件的不均匀加热除了会引起焊接接头金属组织性能的变化,尤其是电弧焊过程中,工件局部的快速加热与冷却引起热膨胀与收缩,从而在焊件内部形成残余应力。而残余应力又会导致焊件变形和扭曲。

如图 3-24 所示的对焊过程,焊接操作从一端开始,向另一端进行。在此过程中,由母材金属(及填充金属)形成的熔池在移动电弧后方迅速凝固。紧邻焊缝的工件部分温度很高并发生膨胀,而远离焊缝的部分温度则相对较低。焊接熔池在两部分工件之间开出的坡口中迅速凝固,当焊缝及其周围金属冷却时,沿焊件宽度方向便会发生如图 3-24(b)所示的收缩。由于焊缝及其周围金属之间存在温度差,其冷却不同步,完全冷却后焊缝部分受到残余拉应力作用,而远离焊缝的区域则受压应力作用,残余应力与收缩也沿焊缝长度方向发生,最终焊件中不同方向上的残余应力分布如图 3-24(c)所示。焊件残余应力的作用结果很可能导致焊接结构发生图 3-24(d)所示的扭曲变形。

下面再以低碳钢平板的对接焊为例,来阐述焊接应力和变形的形成过程,如图 3-25 所示。焊接加热时,钢板上各部位的温度不均匀,焊缝区温度最高,离焊缝越远,温度越低。钢板各区因温度不同将产生大小不等的纵向膨胀。图 3-25(a)所示的虚线表示钢板各区若能自由膨胀的伸长量分布,但钢板是个整体,各区无法进行自由膨胀,只能使钢板在长度方向上整体伸长 Δl,造成高温焊缝及邻近区域的伸长受到两侧低温区金属的阻碍而产生压应力(用"-"表示),两侧低温区金属则产生拉应力(用"+"表示)。在焊缝及邻近区域自由伸长受阻产生的压缩条件中,图 3-25(a)所示虚线包围部分的变形量是由于该区温度高、屈服强度低,所受压应力超过金属的屈服强度,产生的压缩塑性变形。

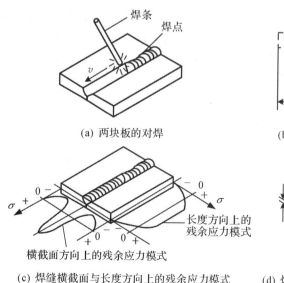

(a) 两块板的对焊

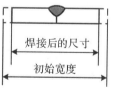

(b) 焊件横截面的收缩

(c) 焊缝横截面与长度方向上的残余应力模式

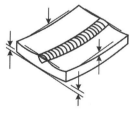

(d) 焊件上可能产生的扭曲变形

图 3-24　对焊缺陷

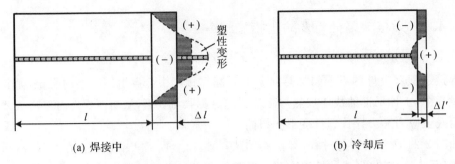

图 3-25　低碳钢平板对接焊时应力和变形的形成

由于焊缝及邻近区域在高温时已产生了压缩塑性变形，而两侧区域未产生塑性变形。因此，在随后的冷却过程中，钢板各区若能自由收缩，焊缝及邻近区域将会缩至图 3-25(b) 所示的虚线位置，两侧区域则恢复到焊前的原长。但这种自由收缩同样无法实现，由于整体作用，钢板的端面将共同缩短至比原始长度短 $\Delta l'$ 的位置。这样，焊缝及邻近区域收缩受阻而受拉应力作用，其两侧则受到压应力作用。

综上所述，低碳钢平板对焊后的结果是：焊缝及邻近区域产生拉应力，两侧产生压应力，平板整体缩短 $\Delta l'$。

实际上，在几乎所有熔化焊及某些固相焊接过程中，都可能产生由传热而引起的残余应力及伴生的变形问题。在焊接过程中，可以采用以下措施来消除或减小焊接应力和变形。

（1）焊前预热

减小工件上各部分的温差，降低焊缝区的冷却速度，从而减小焊接应力和变形，预热温度一般为 400℃以下。

（2）选择合理的焊接顺序

1）尽量使焊缝能自由收缩，以减小焊接残余应力。图 3-26 所示为一大型容器底板的焊接顺序，若先焊纵向焊缝③，再焊横向焊缝①和②，则焊缝①和②在横向和纵向的收缩都会受到阻碍，焊接应力增大，焊缝交叉处和焊缝上都极易产生裂纹。因此先焊焊缝①和②，再焊焊缝③比较合理。

2）对称焊缝采用分散对称焊工艺，长焊缝尽可能采用分段退焊或跳焊的方法进行焊接，以缩短加热时间，降低接头区温度，并使温度分布均匀，从而减小焊接应力和变形，如图 3-27、图 3-28 所示。

3）反变形法：焊前预测焊接变形和变形方向，在焊前组装时将被焊工件向焊接变形相反的方向进行人为变形，以达到抵消焊接变形的目的。

4）刚性固定法：利用夹具等强制手段，以外力固定被焊工件来减小焊接变形。该方法能有效减小焊接变形，但会产生较大的焊接应力，一般只用于塑性较好的低碳钢结构。对于大型或结构较为复杂的工件，也可采用先组装后焊接，即先将工件用电焊或分段焊定位后，再进行焊接。这样可以利用工件整体之间的相互约束来减小焊接变形。

2.气孔

气孔是指焊缝表面或内部形成的连续或不连续的孔洞。气孔的形成是由于熔池金属

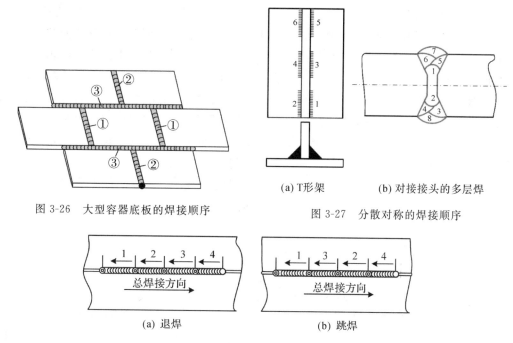

(a) T形架　　(b) 对接接头的多层焊

图 3-26　大型容器底板的焊接顺序

图 3-27　分散对称的焊接顺序

(a) 退焊　　(b) 跳焊

图 3-28　长焊缝的分段焊

中的气体在金属结晶凝固之前未能及时逸出,从而以气泡的形式残留在凝固后的焊缝金属内部或出现在焊缝表面。气孔的形成是焊接过程中产生的多种气体(包括 CO、H_2 和 N_2)共同作用的结果。按照气体来源,焊接气孔分为析出型气孔和反应型气孔,前者由在金属冷却凝固时其中的气体因溶解度变化而析出所致,而后者则是由焊接过程中的冶金反应生成的气体所致。

气孔的存在不仅会减少焊缝金属的有效工作断面,显著地降低金属的强度和塑性,而且还可能造成应力集中,导致裂纹,严重影响动载强度和疲劳强度。如果气孔呈弥散分布状态,虽然对强度的影响大大减弱,但却会引起金属组织疏松,导致塑性、韧性、气密性和耐蚀性降低。

为了有效地防止气孔的产生,应该尽量限制熔池中气体的溶入或产生,排除熔池中已溶入的气体。具体措施包括:

(1)消除气体来源

对母材及焊条(丝)表面的氧化膜、铁锈及油污等认真清理;注意焊接材料的防潮与烘干;加强保护以防止空气入侵熔池。对手工电弧焊,关键是保证引弧时的电弧稳定性和药皮的完好及其发气量;气体保护焊时,关键是保证足够的气体流量和气体纯度。

(2)正确选用焊接材料

从冶金性能看,焊接材料的氧化性与还原性的平衡对气孔有显著的影响。在焊接材料中,有的具有很大的气孔敏感性,而有的则对气孔不敏感。因此,应根据实际情况正确选用焊接材料,以防止焊接气孔产生。

（3）优化焊接工艺

通过优化焊接工艺,为熔池中的气体逸出创造有利条件,同时防止气体向熔池金属中溶入。焊接工艺参数主要有焊接电流、电压和焊接速度,增大焊接电流或线能量能够延长熔池存在时间,有利于气体的排出,但同时也有助于气体的溶入,特别是电流增大后使熔滴变细,熔滴更易于吸收气体,反而增大了气孔敏感性。因此,焊接工艺参数对气孔的影响复杂,应统筹考虑。手工电弧焊时,如果电弧电压过高,会使空气中的氮侵入熔池,形成氮气孔。焊接速度太大,会增大熔池凝固速度,使气泡上浮时间减少而残留在焊缝中形成气孔。对反应性气体而言,应特别重视创造有利于气体排出的条件,可以适当增大线能量或进行预热,延长熔池存在时间以便使气体顺利排出。焊接过程不正常,特别是电弧不稳定或失去正常保护作用时,均会增大外围气体溶入及形成焊接气孔的可能性。

3.焊接热裂纹

热裂纹是高温下在焊缝金属和焊接热影响区中产生的一种沿晶裂纹。研究表明,结晶裂纹都是沿焊缝中的树枝晶交界处发生的,最常见的是沿焊缝中心的纵向裂纹。根据金属断裂理论,在高温阶段当晶间塑性变形能力不足以承受当时发生的应变时,即发生高温沿晶断裂。图 3-29 所示为一种低碳钢

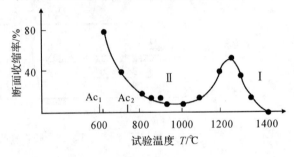

图 3-29　低碳钢高温塑性变化曲线

冷却过程中的塑性变化曲线,可见,由 1460℃冷却时存在两个低塑性区（即脆性温度区间）,相应地出现两种类型的热裂纹:其一,产生于凝固后期的脆性温度区间Ⅰ内,称结晶裂纹或凝固裂纹,由于凝固过程中枝晶已生长到相互接触并局部联生,枝晶间的少量液体被相互隔离,形成封闭的液膜,其自由流动受到限制,凝固收缩导致液膜被拉开而形成裂纹;其二,产生于固态下的脆性温度区间Ⅱ（处于奥氏体再结晶温度附近）内,称失塑裂纹,是由于高温晶界脆化和应变集中于晶界所致,裂纹的界面上往往存在许多带有硫化物的孔穴。

防止热裂纹的措施主要分为两个方面:

（1）冶金因素

合理选择焊接材料,控制一次结晶组织及其形态（如细化一次组织,并打乱奥氏体粗大柱状晶的方向）,改善焊缝凝固组织（如细化晶粒）,适当控制晶间易熔物质（如钢中共晶体）数量,降低含硫量,提高晶界的纯净度,合理利用合金元素等。

（2）工艺条件

熔合比（母材金属在焊缝金属中所占的比例）:对于一些易于向焊缝转移某些有害杂质的母材,焊接时必须尽量减小熔合比,或开大坡口,或减小熔深,甚至堆焊隔离层。焊接中碳钢、高碳钢以及异种金属时,限制熔合比具有极重要的意义。

焊缝成形系数:从熔池的凝固特点可知,焊接参数与接头形式对焊缝枝晶生长状态有重要影响。焊缝宽度与焊缝实际深度之比称为焊缝成形系数,对焊缝抗热裂性能影响很

大,一般希望尽可能避免出现焊缝成形系数小于 1 的情况,即焊缝实际深度不要超过焊缝宽度。

焊缝冷却速度:焊接接头冷却速度越大,变形速率也越大,越容易产生热裂纹。如冬季在室外进行不预热焊接时,往往难以防止产生热裂纹。预热对于降低热裂倾向一般比较有效。

变形受拘束程度:如果焊缝布置或焊接顺序不合理,则最后几条焊缝可能处于被拘束状态,不能自由收缩,从而增大应力,使裂纹倾向增大。

4. 焊接冷裂纹

冷裂纹是由于材料在室温附近温度下脆化而形成的裂纹,其形成温度与热裂纹的形成温度截然不同。产生热裂纹的脆性温度区间往往高于焊接结构的工作温度范围,而冷裂纹往往就是在焊件的工作温度区间产生的,故一旦产生后,在工作应力作用下,冷裂纹有可能迅速扩展,造成灾难性事故。例如,有些大型压力容器在使用过程中发生爆炸,有些甚至在制造完成后的水压试验中就产生破裂。冷裂纹多发生在中碳钢、高碳钢以及合金结构钢的焊接接头中,特别是易于出现在焊接热影响区。常见的几种冷裂纹如图 3-30 所示。

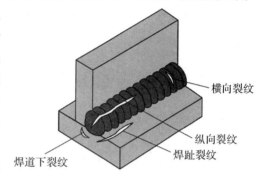

横向裂纹

纵向裂纹

焊趾裂纹

焊道下裂纹

图 3-30　几种常见的冷裂纹

焊接冷裂纹的形成与被焊钢材的淬硬组织、接头中的含氢量导致的氢脆以及接头所受到的应力作用具有密切关系。

焊接热影响区的近缝区淬硬程度越大或淬硬马氏体数量越多,越易形成冷裂纹。热影响区的淬硬倾向主要取决于钢材的化学成分、板厚、焊接工艺及冷却速度等因素。因此,增大冷却速度也会使低合金钢在焊接时产生马氏体组织,并提高硬度,合金化程度越高的钢就越容易淬硬。

焊接时,金属在高温熔池中往往溶入了大量的氢,当熔池凝固冷却至室温时,平衡溶解度迅速下降,氢要极力逸出,但由于冷却很快,使一部分氢来不及逸出,因此冷却后会有大量的氢以过饱和形式存在于焊缝金属中。这些过饱和的原子氢在金属中极不稳定,即使在室温下也能在金属晶格中自由扩散,甚至可以扩散到金属表面并逸出金属,这一部分具有活动能力的过饱和氢称为“扩散氢”。另有一部分过饱和氢通过扩散进入金属缺陷后成为分子氢,失去了进一步扩散迁移的能力,残留于金属中,称为“残留氢”。采用特殊的实验装置观察氢致裂纹的开裂过程,发现裂纹尖端有氢气泡形成,且氢气泡最容易集中在应力集中部位,如显微裂纹和显微夹杂物与基体的界面,应力越大,氢气泡逸出也越激烈,在应力作用下氢的扩散和逸出导致产生微裂纹。可以认为,扩散氢对冷裂纹的形成和扩展起着重要作用。它决定了裂纹形成过程中的延迟特点及其断口上的氢脆开裂特征。

应力作用包括:焊接不均匀加热与冷却后产生的内应力、相变过程中比体积的变化和各向异性引起的内应力,以及由于焊缝受到的变形拘束引起的应力。

冷裂纹的影响因素多且复杂,防止冷裂纹总的原则就是控制影响冷裂纹形成的三大因素,即尽可能降低拘束应力、消除氢的来源并改善组织。

(1)冶金方面

1)选择抗裂性好的钢材。

2)选用适当的焊接材料,如低氢或超低氢焊条、低强焊条、奥氏体焊条。

3)特殊微量元素的应用,如某些表面活性元素,如 Te、Se 及稀土元素 Re 等可以降低焊缝含氢量,其中以 Te 的效果最好。在焊条中复合加入 Te 和 Re 可以显著提高接头的抗冷裂性能。

4)选用低氢焊接方法。CO_2 气体保护焊由于具有一定的氧化性,故而可以获得低氢焊缝。

(2)焊接工艺方面

1)合理控制预热温度。环境温度越低,板越厚,钢种强度级别越高,预热温度就应高一些。

2)合理控制焊接线能量,降低冷却速度或延长从 Ac_3 到奥氏体最低温度之间的冷却时间,同时注意避免奥氏体晶粒过分粗化从而形成粗大马氏体。

3)多层焊层间时间间隔的控制。与单层焊缝相比,多层焊能够显著减少冷裂纹,但是必须在第1层焊道尚未产生焊根裂纹的潜伏期内完成第2层焊道的焊接。这是因为第2层焊道的焊接热可促使第1层焊道中的氢迅速逸出,并可使第1层焊道热影响区的淬硬层软化。这样,预热温度就可以适当降低。

4)紧急后热的作用。当冷裂纹产生有潜伏期时,如能在冷裂纹尚处于潜伏期时进行加热,即所谓紧急后热,对防止冷裂纹会有好处。根据后热温度的高低,会程度不同地产生三种有利作用:减少残余应力、改善组织(减小淬硬性)及消除扩散氢。

3.4.2 焊件质量检测

焊接质量检测是焊接生产的重要环节。在焊接之前和焊接过程中,均需认真检查影响焊接质量的因素,以防止和减少焊接缺陷的产生;焊后应根据产品的技术要求,对焊接接头的缺陷和性能进行检验,以确保使用安全。

1. 焊缝质量检测

(1)外观检验

用肉眼或低倍数(小于 20 倍)光学放大镜检查焊缝区有无可见的缺陷,如表面气孔、咬边、未焊透及裂缝等,并检查焊缝外形及尺寸是否符合技术要求。外观检验合格后,才能进行下一步的其他检验。

(2)表面缺陷检验

1)磁粉检验。用于检验铁磁材料的工件表面或近表面处的缺陷(裂纹、气孔、夹渣等)。原理是将工件放置在磁场中,使其内部通过分布均匀的磁力线,并在焊缝表面撒上细磁铁粉,若焊缝表面无缺陷,则磁铁粉均匀分布,若表面有缺陷,则一部分磁力线会绕过缺陷,暴露在空气中,形成漏磁场,则该处会出现磁粉集聚现象。根据磁粉集聚的位置、形状、大小可判断出缺陷的情况。

2)着色检验。将工件表面加工打磨,使其表面粗糙度达到 $R_a12.5\mu m$ 以上,用清洗剂除去杂质、污垢。先涂上渗透剂,渗透剂呈红色,具有很强的渗透能力,可以通过工件表面渗入缺陷内部。隔 10min 之后,将表面的渗透剂擦掉,再一次清洗,而后涂上白色的显示剂,借助毛细管作用,缺陷处的红色渗透剂就会显示出来,可用 4～10 倍放大镜形象地看出缺陷位置及形状。

(3) 内部缺陷检验

1)超声波检验。超声波的频率在 20000Hz 以上,具有能透入金属材料深处的特性,而且由一种介质进入另一种介质时,在界面处会产生反射波。在检验焊件时,在荧光屏上可以看到始波和底波。若焊接接头内部存在缺陷,将另外发生脉冲反射波形,介于始波与底波之间,根据脉冲反射波形的相对位置及形状,就可以判断出缺陷的位置、种类及大小。

2)X 射线和 γ 射线检验。X 射线和 γ 射线都是电磁波,都能不同程度地穿透金属。当经过不同物质时,会引起不同程度的衰减,从而使在金属另一面的照相底片得到不同程度的感光。若焊缝中有未焊透、裂缝、气孔及夹杂等缺陷,则通过缺陷处的射线衰减程度较小。因此,相应部位的底片感光较强,底片冲出后,就会在缺陷部位处显示出明显可见的黑色条纹和斑点。

2.焊缝性能检验

(1)力学性能试验

这种试验是为了判定焊接接头或焊缝金属的力学性能,主要用于研究试制工作(如新钢种的焊接、焊条试制、焊接工艺试验判定和焊工技术考核等)。常做的试验是拉伸试验、冲击试验、弯曲及压扁试验、硬度试验及疲劳试验等。

(2)密封性检验

用于检验常压或受压很低的容器或管道的焊缝致密性,确定其是否有穿透性缺陷,常采用的方法有以下几种。

1)静气压试验:往容器或管道内通入一定压力的压缩空气,小体积焊件可放在水槽中,观察水槽中是否冒泡;对大型容器或管道,可在焊缝外侧涂肥皂水,若有穿透性缺陷,涂有肥皂水的部位就会起泡,从而发现缺陷。

2)煤油检验:在被检焊缝及热影响区的一侧涂刷石灰水溶液,另一侧涂煤油,因为煤油穿透力较强,当有微细裂缝或穿透性缺陷时,煤油便会渗过缺陷,使石灰白粉呈现黑色斑纹,据此即可发现焊接缺陷。

3)水压试验:用于检验压力容器、锅炉、压力管道及贮罐等焊件的接头致密性和强度,同时能起到降低结构焊接应力的作用。水压试验应在焊缝内部检验及所有检查项目全部合格后进行。试验时,容器(或管道)内装满水,堵塞好一切孔眼。用水泵把容器内水压提高,按有关产品技术条件要求,应提高到焊件工作压力的 1.25～1.5 倍,停泵保压 5min,观察压力表指示压力是否下降。再将容器内压力降到工作压力,全面检查试件焊缝和金属外壁是否有渗漏现象。水压试验后,焊接构件应没有可见的残余变形。水压试验是锅炉、容器、管道的重要检验手段,应严格按有关技术条件标准执行。水压试验合格的产品一般即认为产品制造合格。

3.5 常用金属材料的焊接

3.5.1 金属材料的焊接性

金属材料的焊接性是指被焊金属在采用一定的焊接方法、焊接材料、焊接工艺及结构形式条件下,获得优质焊接接头的难易程度,即金属材料在一定工艺条件下的焊接能力。良好的焊接性一般包括两个方面:1)工艺焊接性。在给定的焊接工艺条件下,形成完好焊接接头的能力,特别是接头对产生裂纹的敏感性。2)使用焊接性。在给定焊接工艺条件下,焊接接头在使用条件下安全运行的能力,包括焊接接头的力学性能和其他特殊性能(如耐高温、耐腐蚀、抗疲劳等)。焊接性是一个相对概念,在简单焊接工艺条件下,工艺性能和使用性能均能满足要求时表明焊接性优良,若必须采用复杂的焊接工艺才能实现优质焊接,则认为焊接难度较大。焊接性是金属工艺性能在焊接过程中的反映,正确了解金属材料的焊接性,是焊接结构设计、选用焊接方法、制定焊接工艺的重要依据。

钢材是焊接结构中最常用的金属材料,影响钢材焊接性的主要因素是其化学成分,特别是含碳量。因为含碳量影响钢材的塑性和淬硬程度,焊接热影响区的淬硬程度是引起接头产生裂纹的重要因素之一。所以,通常将影响最大的碳作为基础元素,把其他合金元素质量分数对焊接性的影响折合成碳的相当质量分数,碳的质量分数和其他合金元素的相当质量分数之和称为碳当量,是用来评定钢焊接性的一个参考指标。国际焊接学会推荐的碳钢和低合金钢的碳当量计算公式为

$$H(C) = w(C) + \frac{w(Mn)}{6} + \frac{w(Cr) + w(Mo) + w(V)}{5} + \frac{w(Ni) + w(Cu)}{15}$$

$$(3-2)$$

式中:$H(C)$ 为碳当量,%;$w(C)$、$w(Mn)$、$w(Cr)$、$w(Mo)$、$w(V)$、$w(Ni)$、$w(Cu)$ 分别为钢中该元素的质量分数,%。

当 $H(C) < 0.4\%$ 时,钢材的淬硬倾向不明显,焊接性优良,焊接时一般不需要预热,但对于厚大件或在低温下焊接时也应考虑预热。

当 $H(C) = 0.4\% \sim 0.6\%$ 时,钢材的淬硬倾向逐渐明显,焊接性较差,需要适当预热和采用一定的工艺措施。

当 $H(C) > 0.6\%$ 时,钢材的淬硬倾向明显,焊接性差,焊接时需要采用较高的预热温度和严格的工艺措施。

利用碳当量判断钢材的焊接性是一种粗略的方法。例如,当钢板厚度增大时,结构刚度增大,焊后残余应力也增大,焊缝中心部位将出现三向拉应力,实际允许的碳当量值将降低。在工程实践中,常根据焊件的具体情况通过查阅工程手册或通过实验(抗裂试验和

焊接接头使用焊接性试验)来确定金属材料的焊接性,为制订合理工艺规程提供依据。

3.5.2 常用金属材料的焊接

1.碳素钢的焊接

Q235、10、15、20 等低碳钢是应用最广的焊接结构材料,由于其含碳量低于 0.25%,塑性好、无淬硬倾向、焊接性良好,采用各种焊接方法,都能获得良好的焊接接头。焊接时不需要采取特殊的工艺措施,通常焊后也不需要热处理。在低温(−5℃以下)下焊接大刚度焊件时,应适当考虑焊前预热。厚度大于 50mm 的低碳钢结构,焊后应进行热处理以消除焊接残余应力。

中碳钢含碳量为 0.25%~0.6%,焊接性较差,焊接时存在以下问题:

(1) 近缝区易产生淬硬组织及冷裂纹。含碳量愈高,工件愈厚,淬硬倾向愈明显。焊件刚度大及焊接工艺不当时,容易产生冷裂纹。

(2) 焊缝金属较易产生热裂纹。由于母材金属含碳量较高,母材熔化到第一层焊缝金属中的比例一般为 30%左右,所以焊缝的含碳量也较高,致使焊缝容易产生热裂纹。

为了避免中碳钢焊后产生裂纹,获得满意的焊缝性能,应采取如下措施:

(1)尽可能选用抗裂性能好的低氢型焊条,焊条强度根据焊缝强度要求确定,如要求焊缝与母材等强度,应选用强度较高的低氢焊条;反之,则可选用强度较低的焊条,以提高焊缝的塑性。

(2)焊前预热是焊接中碳钢的重要工艺措施。预热可以减小焊接应力和焊缝区的冷却速度,有利于防止冷裂纹的产生。

高碳钢含碳量大于 0.6%,其焊接特点与中碳钢基本相似,但由于含碳量更高,其接头产生裂纹的倾向更强烈,也就是说高碳钢的焊接性更差,应采用更高的预热温度、更严格的工艺措施才能进行焊接。因此,焊接结构一般不采用这种钢材,高碳钢件的焊接只限于修补工作。

2.低合金结构钢的焊接

低合金结构钢的力学及化学性能,如强度、韧性及耐磨、耐蚀、耐高低温、耐氧化等性能比一般碳素钢要优越得多,采用低合金结构钢代替碳钢,不仅可以节省大量钢材,减小机器质量,还可以大大提高产品的质量和延长产品的使用寿命。因此,低合金结构钢在焊接结构中得到了广泛的应用。

低合金结构钢种类很多,化学成分及性能差别很大,焊接性的差别也很显著。普通低合金结构钢强度较低(σ_s 为 300~550MPa),含碳及合金元素较少,具有良好的焊接性,在焊接结构中应用最广,用量最多;强度级别较高的低合金结构钢含碳及合金元素较多,焊接性则较差,焊接时需要采取严格的工艺措施。

对于焊接结构中应用最广、用量最大的普通低合金结构钢,其焊接过程中的主要问题有以下两方面。

(1)热影响区的淬硬倾向

焊接低合金钢时,热影响区可能产生淬硬组织,淬硬程度与钢材的化学成分和强度级别有关。碳及合金元素的含量越高,钢材强度级别就越高,焊后热影响区的淬硬倾向也越大。

(2)焊接接头的裂纹倾向

焊接强度级别较高的低合金钢厚板结构时,焊件产生冷裂纹的倾向也增加。影响产生冷裂纹的因素一般有三个方面:首先是焊缝及热影响区的含氢量;其次是热影响区的淬硬程度;最后是焊接接头的残余应力。冷裂纹在这些因素的综合作用下产生,而氢常常是重要的致裂因素。由于氢在金属中扩散、集聚和诱发冷裂纹需要一定的时间,因此冷裂纹的产生常具有延迟现象,即焊后经过一定时间才出现裂纹,故又称延迟裂纹。

为了避免热影响区的淬硬组织和接头冷裂纹,焊接普通低合金钢时应注意以下问题:

(1)对相当于16Mn钢等强度级别较低的钢材,在常温下焊接时与低碳钢相同。在低温下或大刚度、大厚度结构焊接时,应注意防止出现淬硬组织。要适当增大焊接电流,减小焊接速度,选用抗裂性能强的低氢型焊条或进行预热。对于锅炉、压力容器等重要焊件,厚度大于20mm时,焊后必须进行退火处理以消除残余应力。

(2)对强度级别较高的低合金钢,焊接前一般需要预热,预热温度≥150℃。焊接时,可以通过调整焊接规范严格控制热影响区的冷却速度。焊后还要及时进行低温退火以消除残余应力。低温退火的过程同时也是除氢的过程。如生产中不能立即进行低温退火,可先进行除氢处理,即将焊件加热到200～350℃,保温2～3h,以加速氢的扩散逸出,防止冷裂纹的产生。

3. 铸铁的焊接

铸铁的碳含量高,组织不均匀,塑性很低,属于焊接性很差的金属材料。因此,铸铁一般不应用于焊接构件。铸铁的焊接主要是用于焊补铸件的铸造缺陷或使用过程中损坏的铸件,以降低铸造车间的废品率或延长铸件的使用寿命。

(1)铸铁焊接中的主要问题

1)容易形成白口及淬火组织

焊接时焊件被局部加热,焊后的冷却较铸造时快得多,不利于石墨的析出,因而在焊缝及熔合区容易形成白口组织和淬硬组织,硬度很高,焊后很难进行机械加工。

2)容易产生裂纹

铸铁强度低、塑性差,当焊接应力较大时,在焊缝及热影响区容易产生裂纹,甚至沿焊缝整个断裂。另外,铸铁中C、S、P等元素含量较高,焊接时接头易形成白口及淬硬组织等,也都是促使铸铁焊接时容易产生裂纹的因素。

(2)铸铁的焊接方法

根据铸铁的特点,一般常采用手弧焊、气焊来焊补铸铁件。按焊前是否预热分为热焊法和冷焊法。

1)热焊法

焊前将焊件整体或局部预热到600～700℃,焊接过程中保持此温度,焊接方法可以采用手弧焊或气焊,焊条成分为灰铸铁,焊后要缓慢冷却。由于焊前预热,焊后缓冷,减小了焊接应力,同时也减缓了冷却速度,因而焊后接头不会形成白口和淬硬组织,也不会产生裂纹,焊接质量较好。但热焊法生产率低,成本高,劳动条件差,一般用来焊补形状复杂、焊后需要加工的重要铸件,如车床主轴箱、气缸体等。

2)冷焊法

焊前一般不预热或只进行 400℃ 以下低温预热,主要依靠焊条来调整焊缝化学成分,以防止或减少产生白口组织和避免裂纹。冷焊法方便灵活,生产率高,成本低,劳动条件好,但焊接处机械加工性能较差,生产中多用来焊补要求不高的铸件以及高温预热会引起变形的铸件。

3.5.3　有色金属及其合金的焊接

1.铜及其合金的焊接

铜及铜合金的焊接比低碳钢要困难得多,其特点如下:

(1)铜的导热性很高,约为低碳钢的 8 倍,焊接时热量极易散失。因此,焊前焊件要预热,焊接时要选用加热集中而且强的热源,否则容易造成焊不透缺陷。

(2)铜在液态时易氧化,生成的氧化亚铜与铜组成低熔点共晶物,分布在晶界形成薄弱环节;又因铜的膨胀系数大,凝固时收缩率也大,容易产生较大的焊接应力,容易引起开裂。

(3)铜在液态时吸气性强,特别容易吸氢,生成气孔。

(4)铜的电阻极小,不适于电阻焊接。铜的线膨胀系数大,凝固时收缩率也较大,因此,焊接时产生的焊接应力及变形也大,对于刚性较大的焊件就容易引起裂纹。

(5)铜合金中的某些元素比铜还容易氧化,使焊接的难度更大。例如铝青铜中的铝更易氧化,形成 Al_2O_3 后增大了熔渣的黏度,焊缝中易形成夹渣缺陷。又如黄铜中的锌,不但易氧化,而且沸点很低,极易蒸发,蒸发后在空气中氧化为 ZnO。锌的烧损不仅降低接头的力学性能,而且会引起焊工中毒。

铜及铜合金可以采用氩弧焊、气焊、钎焊等方法进行焊接,需要根据焊件的厚度、大小、生产批量、技术要求以及现场条件等综合考虑。紫铜和青铜一般采用氩弧焊,可以获得质量良好的焊缝。黄铜则常用气焊,因为气焊温度低,焊接过程中锌的蒸发较少。黄铜采用气焊时,一般使用轻微的氧化焰和含硅的黄铜焊丝,焊接时在熔池表面形成一层致密的氧化硅薄膜,以阻碍锌的蒸发。熔剂可用硼砂和硼酸配制。

2.铝及其合金的焊接

工业上用于焊接的铝基材料主要是纯铝、铝锰合金、铝镁合金。铝及铝合金的焊接特点有:

(1)铝极易氧化生成熔点很高的 Al_2O_3,焊接时形成一层致密的表面覆盖在铝的表面,阻碍铝的导电和熔合。另外,Al_2O_3 的密度也比铝大,易使焊缝产生夹渣缺陷。

(2)铝的导热性较大,要求采用加热集中而能量大的热源。当焊件厚度较大,焊接热源能量不足时需要预热。铝的线膨胀系数和凝固收缩率也较大,易产生较大的焊接应力和变形,甚至可能导致产生裂纹。

(3)液态铝可溶解大量的氢,而固态铝几乎不溶解氢。因此,当熔池冷却较快,氢来不及析出时就会形成气孔。

（4）铝在高温下强度及塑性都很低，如在 370℃时拉伸强度仅 10MPa 左右。焊接时常因不能支撑熔池金属重量而使焊缝塌陷。因此，焊接时常需采用垫板。

焊接铝及铝合金的常用方法有氩弧焊和电阻焊，而在小批量生产或修补铝及铝合金零件时则多采用气焊。氩弧焊是焊接铝及铝合金的较好方法，由于氩气的保护作用和氩离子对氧化膜的阴极破碎作用，焊接时可不用焊剂，但氩气的纯度一般要求大于 99.9%。铝及铝合金采用气焊时，必须使用焊剂，以去除氧化膜及杂质。常用的焊剂是由氯化物和氟化物等组成的专用铝焊剂。

不论采用何种焊接方法焊接铝及铝合金，焊前都必须用化学清洗或机械清除法对焊件焊接处和焊丝表面的氧化膜及油污进行彻底清理，表面清理直接影响焊缝质量。清理后的工件和焊丝应保持清洁和干燥，存放时间不宜过长，以免产生新的氧化膜。

第4章　增材制造

按照零件由原材料或毛坯制造成为零件过程中材料质量的变化,制造技术可分为以下3种,如图4-1所示。1)等材制造,如铸造、锻造、冲压、焊接等方法,主要是利用模具控形,将液体或固体材料变为所需结构的零件或产品的方法。2)增材制造:利用液体、粉末、丝等离散材料,通过某种方式逐层累积制造复杂结构或产品的方法。3)减材制造:利用刀具或电化学方法,去除毛坯中不需要的材料,剩下部分即为所需加工的零件或产品。

(a) 等材制造　　　　　　(b) 增材制造　　　　　　(c) 减材制造

图 4-1　制造技术分类

等材制造和减材制造是目前机械加工制造最常用的工艺。增材制造技术的发展也有30多年的历程,是一种"自下而上"的材料累加方式的制造过程,这与等材制造和减材制造有着本质的区别。增材制造被美国试验与材料协会(American Society of Testing and Materials,ASTM)定义为"一种利用三维模型数据通过连接材料获得实体的工艺,通常为逐层叠加,是与去除材料的制造方法截然不同的工艺"。

4.1　增材制造概述

1. 增材制造技术的发展历程

早在1902年,美国人卡洛·贝斯(Carlo Baese)在其专利中就已提出了用光敏聚合物分层制造塑料件的原理。但在随后几十年中,增材制造仅停留在设想概念阶段,并未付诸实施。直到20世纪80年代中后期,增材制造技术才开始了根本性发展。增材制造技术诞生是以5种常见增材制造技术的发明为标志的。如1986年,美国人赫尔(Charles W.

Hull)发明了光固化技术(stereo-lithography apparatus, SLA);1988 年,美国人费金(Feygin)发明了叠层实体制造技术(laminated object manufacturing, LOM);1989 年,美国德克萨斯大学德卡德(Deckard)发明了粉末激光选区烧结技术(selective laser sintering, SLS);1992 年,美国 Stratasys 公司克伦普(Crump)发明了熔融沉积成形技术(fused deposition modeling, FDM);1993 年,美国麻省理工学院萨克斯(Sachs)发明了三维喷墨打印技术(three-dimensional printing, 3DP)。

1988 年,美国 3D Systems 公司根据赫尔的专利,制造了第一台增材制造设备 SLA250,开创了增材制造技术发展的新纪元。此后 10 年中,增材制造技术蓬勃发展,涌现出十余种增材制造新工艺和制造设备。1991 年,美国 Stratasys 公司的 FDM 设备、Helisys 公司的 LOM 设备研发成功;1992 年,美国 DTM 公司成功研制了 SLS 增材制造设备。总体上,美国在增材制造设备研制和生产销售方面占全球主导地位,其发展水平及趋势基本代表了世界增材制造技术的发展历程。近年来,增材制造技术更为强调直接制造为人所用的功能部件及零件,如金属结构件、高强度塑料零件、高温陶瓷部件及金属锻件等。高性能金属零件的直接制造是增材制造技术由"快速原型"向"快速制造"转变的重要标志之一。2002 年,德国成功研制了激光选区熔化(selective laser melting, SLM)设备,可制造接近全致密的精细金属零件和模具,其性能可达到同质锻件水平。同时,电子束熔化(electronic beam melding, EBM)、激光工程净成形(laser engineering net shaping, LENS)等金属直接制造技术与设备相继涌现。这些技术面向航空航天、生物医疗等高端制造领域,直接成形制造复杂和高性能的金属零部件,可解决一些传统制造工艺面临的结构复杂和材料难加工等制造难题,因此增材制造技术的应用范围越来越广泛。

自 1990 年开始,西安交通大学、清华大学、华中科技大学等在国内率先开展增材制造技术的研究。西安交通大学重点研究 SLA 技术,并开展了增材制造生物组织和陶瓷材料等方面的研究;清华大学开展了以 FDM、EBM 和生物 3D 打印技术的研究;华中科技大学开展了 LOM、SLS、SLM 等增材制造技术的研究。自 2010 年起,增材制造技术在我国得到了飞速发展,以清华大学、浙江大学、西安交通大学等为代表的高校和研发机构都对增材制造技术及工艺给予了重点关注。

2. 增材制造技术特点

(1) 适合复杂结构零件的快速制造

与传统机械加工和热成形等工艺相比,增材制造将三维实体加工转化为若干二维平面加工,大大降低了制造的复杂度。原则上,只要在计算机上设计出结构模型,就可以应用增材制造技术在无需刀具、模具及复杂工艺条件下快速地将"设计"变为"现实"。制造过程几乎与零件的结构复杂程度无关,可实现"自由制造"。采用增材制造技术可制造出传统方法难加工(如自由曲面叶片、复杂内流道等)、甚至是无法加工(如内部镂空结构,如图 4-2 所示)的非规则结构;可实现零件结构的复杂化、整体化和轻量化制造,尤其是在航空航天、生物医疗及模具制造等领域具有广阔的应用前景。

(2) 适合个性化定制

与传统大规模批量生产需要大量工艺技术准备和工装、设备等制造资源相比,增材制造在快速生产和灵活性方面极具优势。从设计到制造,中间环节少、工艺流程短,特别适用于珠宝、人体器官、文化创意等个性化定制、小批量生产以及产品定型之前的验证性样机制造,可极大降低加工成本和周期。

（3）适合高附加值产品的制造

现有增材制造工艺的加工速率较低、零件加工尺寸受限、材料种类有限。因此,主要应用于成形单件、小批量和常规尺寸制造,在大规模制造、大尺寸和微纳尺度制造等方面优势并不显著。因此,增材制造技术适合应用于航空航天、生物医疗及珠宝等高附加值产品的制造过程,且主要应用于大规模生产研发与设计验证以及个性化定制制造。

（4）面临技术成熟度低、材料种类有限和应用范围小等局限

现阶段增材制造技术相较传统机械加工和热成形制造工艺的技术成熟度低,在大范围应用中尚有一定差距。可打印材料的适用范围较窄、打印零件的精度相对较低。目前来看,短时间内增材制造难以替代传统制造工艺,只是传统制造技术的发展和补充。此外,增材制造的应用还面临着稳定性差、成本高等问题,这些问题会随着研究和工程应用的深入而不断解决。

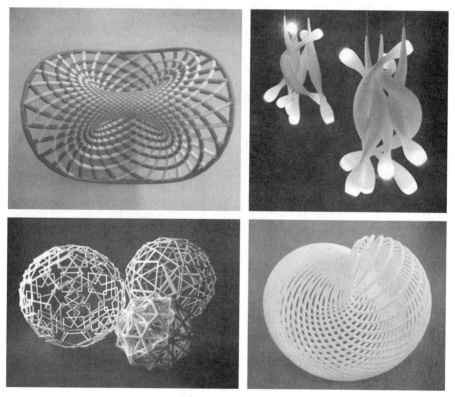

图 4-2　增材制造的复杂结构零件

3. 增材制造方法的分类

2016 年,美国试验与材料协会（ASTM）F42 增材制造技术委员会按照材料堆叠方式的不同,将增材制造技术分类为如表 4-1 所示。

表 4-1　增材制造的工艺类型及特点

工艺方法	所用材料	特点用途
SLA	光敏聚合物	模型制造、零部件直接制造
FDM	聚合物	模型制造、零部件直接制造
SLS/SLM/EBM	聚合物、陶瓷、金属	模型制造、零部件直接制造
LOM	金属、陶瓷	模型制造、零部件直接制造
LENS	金属	修复、零部件直接制造
三维喷墨	聚合物、陶瓷、金属	模型制造、零部件直接制造

目前,比较成熟的增材制造技术和方法已有十余种,其中最具典型的有光敏材料选择性固化成形(SLA)、熔融沉积制造(FDM)、粉末材料的选择性烧结(SLS)这三种。本章我们将分别介绍这三种增材制造方法的原理和工艺特点。

4. 增材制造的基本原理

如上所述,增材制造的工艺类型有很多,但它们的基本原理相同,简述如下:

(1)先用计算机辅助设计与制造软件(CAD/CAM)建模,设计出零件的三维模型。构建的实体模型,必须为一个明确定义了封闭模型的闭合曲面。这意味着这些数据必须详细描述模型内、外及边界。如果构建的是一个实体模型,则这一要求多余,因为有效的实体模型将自动生成封闭模型。这一要求确保了模型所有水平截面都是闭合曲线。

(2)将构建的三维模型转化为 STL(Stereolithography)的文件格式。STL 文件格式是利用最简单的多边形和三角形逼近模型表面。曲面大的表面需采用大量三角形逼近,这意味着弯曲部件的 STL 文件可能会比较大。某些增材制造设备也能接受 IGES(Initial Graphics Exchange Specification)文件格式,以满足特定的要求。

(3)计算机程序分析定义制作模型的 STL 文件,然后将模型分层为截面切片。这些截面将通过打印设备将液体或粉末材料固化被系统地重现,然后层层结合形成 3D 模型。

4.2　光固化成形打印

1981 年,日本名古屋市工业研究所的小玉秀男发明了利用紫外光固化聚合物的增材制造三维塑料模型的方法,紫外光照射面积由掩模图形或扫描光纤发射机控制。1984 年,美国人赫尔(Charles W. Hull)开发出利用紫外光固化高分子聚合物树脂的光固化(Stereolithography,SLA)技术,并于 1986 年获得了美国专利。赫尔基于该技术创立了世界上第一家增材制造公司(3D Systems),并于 1988 年推出了第一款商业化增材制造设备(SLA250)。

经过 30 多年的发展,SLA 技术在应用中分为两类:1)针对短周期、低成本产品验证,如消费电子、计算机相关产品、玩具手工等;2)制造复杂树脂结构件,如航空航天、汽车复杂零部件、珠宝、医疗零件等。

4.2.1　光固化成形打印的工艺原理

利用光能的化学和热作用使液态树脂材料固化,控制光能的形状逐层固化树脂,堆积成形出所需的三维实体零件。利用这种光固化液态树脂材料的方法称为光固化成形。光固化树脂是一种透明、黏性的光敏液体。当光照射到该液体上时,被照射的部分由于发生聚合反应而固化。

光照的方式通常有三种,如图 4-3 所示:(1)光照通过一个遮光掩模照射到树脂表面,使材料产生面曝光;(2)控制扫描头使高能光束(如紫外激光等)在树脂表面选择性曝光;(3)利用投影仪投射一定形状的光源到树脂表面,实现其面曝光。

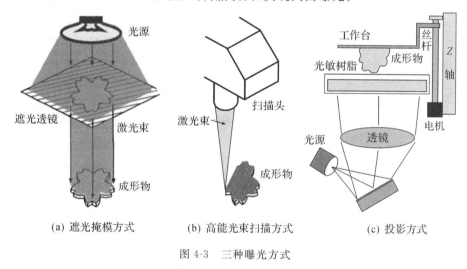

(a) 遮光掩模方式　　　　(b) 高能光束扫描方式　　　　(c) 投影方式

图 4-3　三种曝光方式

对液态树脂进行扫描曝光的方法通常又分为两种,如图 4-4 所示。(1)由计算机控制 XY 平面扫描系统,光源经过安装在 Y 轴臂上的聚焦镜实现聚焦,通过控制聚焦镜在 XY 平面运动实现光束对液态树脂扫描曝光;(2)采用振镜扫描系统,由电机驱动两片反射镜控制光束在液态光敏树脂表面移动,实现扫描曝光。XY 平面运动方式系统光学器件少、成本低,且易于实现大幅面成形,但成形速度较慢;振镜方式利用反射镜偏转实现光束的直线运动,速度快,但扫描范围受限。

4.2.2　光固化成形材料

紫外光敏树脂在紫外光作用下产生物理或化学反应,其中能从液态转变为固态的树脂称为紫外光固化性树脂。它是一种由光聚合性预聚物(prepolymer)或低聚物(oligomer)、光聚合性单体(monomer)以及光聚合引发剂等主要成分组成的混合液体(见表 4-2)。其主要成分有低聚物(oligomer)、丙烯酸酯(acrylate)、环氧树脂(epoxy)等种类,它们决定了光固化部件的物理特性。低聚物的黏度一般很高,所以要将单体作为光聚合物稀释剂加入其中,以改善树脂整体流动性。在固化反应时单体也与低聚物的分子链反应并硬化。体系中的光聚合引发剂能在光能照射下分解,成为全体树脂聚合开始的"火

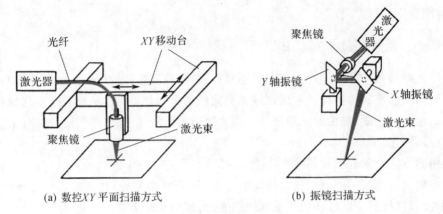

(a) 数控XY平面扫描方式　　　　(b) 振镜扫描方式

图 4-4　扫描原理

种"。有时为了提高树脂交联反应时的感光度还要加入消泡剂、稳定剂等。根据光固化树脂的反应形式,可分为自由基聚合和阳离子聚合两种类型。

表 4-2　紫外光固化材料的基本组分及其功能

名称	功能	常用含量/%	类型
光引发剂	吸收紫外光能,引发聚合反应	≤10	自由基型、阳离子型
低聚物	材料的主体,决定了固化后材料的主要功能	≥40	环氧丙烯酸酯、聚酯丙烯酸酯、聚氨丙烯酸酯
稀释单体	调整黏度并参与固化反应,影响固化膜性能	20~50	单官能度、双官能度、多官能度
其他	根据不同用途而异	0~30	

光固化成形打印对所用的光固化树脂材料有以下几点要求:

(1) 固化前性能稳定,可见光照射下不发生反应。

(2) 黏度低。由于是分层制造技术,光敏树脂进行的是分层固化,要求液体光敏树脂黏度较低,从而能在前一层上迅速流平;而且树脂黏度小,可以给树脂的加料和清除带来便利。

(3) 光敏性好。对紫外光的光响应速率高,在光强不是很高的情况下能快速固化成形。

(4) 固化收缩小。树脂在后固化处理中收缩程度小,否则会严重影响制件尺寸和形状精度。

(5) 溶胀小。成形过程中固化产物浸润在液态树脂中,如果固化物发生溶胀,将会使3D打印件产生明显变形。

(6) 最终固化的制件应具有良好的机械强度、耐化学腐蚀性,易于洗涤和干燥,并具有良好的热稳定性。

(7) 毒性小。减少对环境和人体的伤害,符合绿色制造要求。

随着现代科技的进步,增材制造技术得到了越来越广泛的应用。为了满足不同需要,对树脂的要求也随之提高。下面分别介绍光敏树脂主要组成成分的特性及要求。

（1）低聚物

又称预聚物,是含有不饱和官能团的低分子聚合物,多维丙烯酸酯的低聚物。在辐射固化材料的各组分中,低聚物是光敏树脂的主体,它的性能很大程度上决定了固化后材料的性能。一般而言,低聚物分子量越大,固化时体积收缩越小,固化速度越快;但分子量越大,黏度越高,需要更多的单体稀释剂。因此,低聚物的合成或选择无疑是光敏树脂配方设计中重要的一个环节。表 4-3 为常用的光敏树脂低聚物结构和性能。

表 4-3　常用的光敏树脂低聚物结构和性能

类型	固化速率	抗拉强度	柔性	硬度	耐化学性	抗黄变性
环氧丙烯酸酯	快	高	不好	高	极好	中至不好
聚氨丙烯酸酯	快	可调	好	可调	好	可调
聚酯丙烯酸酯	可调	中	可调	中	好	不好
聚醚丙烯酸酯	可调	低	好	低	不好	好
丙烯酸树脂	快	低	好	低	不好	极好
不饱和聚酯	慢	高	不好	高	不好	不好

（2）稀释单体

单体除了调节体系的黏度以外,还能影响到固化动力学、聚合程度以及生成聚合物的物理性质等。虽然光敏树脂的性质基本上由所用的低聚物决定,但主要的技术安全问题却必须考虑所用单体的性质。自由基固化工艺所使用的是丙烯酸酯、甲基丙烯酸酯和苯乙烯,以及阳离子聚合所使用的环氧化物以及乙烯基醚等都是辐射固化中常用的单体。由于丙烯酸酯具有非常高的反应活性（丙烯酸酯＞甲基丙烯酸酯＞烯丙基＞乙烯基醚）,工业中一般使用其衍生物作为单体。

单体分为单、双官能团单体和多官能团单体。一般增加单体的官能团会加速固化过程,但同时会对最终转化率带来不利影响,导致聚合物中含有大量残留单体。

（3）光引发剂

光引发剂是能够吸收辐射能,经过化学变化产生具有引发聚合能力的活性中间体的物质。光引发剂是所有光敏树脂体系都需要的主要组分之一,它对光敏树脂体系的灵敏度（即固化速率）起决定作用。相对于单体和低聚物而言,光引发剂在光敏树脂体系中的浓度较低（一般不超过 10％）。在实际应用中,引发剂本身（后引发化学变化的部分）及其光化学反应的产物均不应该对固化后聚合物材料的化学和物理性能产生不良影响。

4.2.3　光固化成形打印系统的组成及工艺

1. 光固化成形系统的组成及其工艺流程

如图 4-5 所示,光固化成形系统硬件部分主要由激光器、光路系统、扫描照射系统和分层叠加固化成形系统这几部分组成。光路系统及扫描照射系统可以有多种形式,光源主要采用波长为 325~355nm 的紫外光,设备有紫外激光器、He-CO 激光器、亚离子激光器、YAG 激光器和 YVO₄ 激光器等,目前常用的有 He-CO 激光器和 YVO₄ 激光器。照射方式主要有 XY 扫描仪扫描和振镜扫描两种,目前最常用的是振镜扫描。

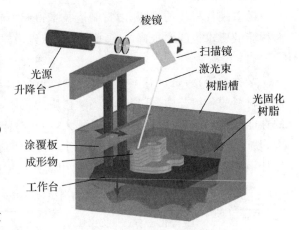

图 4-5　光固化成形系统的结构原理

光固化成形系统的工作原理:激光束从激光器出发,通常光束的直径为 1.5~3mm。激光束经过反射镜折射并穿过光阑到达反射镜,再折射进入动态聚焦镜。激光束经过动态聚焦系统的扩束镜扩束准直,然后经过凸透镜聚焦。聚焦后的激光束投射到第一片振镜,称 X 轴振镜。从 X 轴振镜再折射到 Y 轴振镜,最后激光束投射到液态光敏树脂表面。计算机程序控制 X 轴和 Y 轴振镜偏摆,使投射到树脂表面的激光光斑能够沿 X、Y 轴平面做扫描移动,将三维模型的断面形状扫描到光固化树脂上使之发生固化。然后计算机程序控制托着成形件的工作台下降一个设定的高度,使液态树脂能漫过已固化的树脂。再控制涂覆板沿平面移动,使已固化的树脂表面涂上一层薄薄的液态树脂。计算机再控制激光束进行下一个断层的扫描,依次重复进行直到整个模型成形完成。

光固化成形系统的工作过程如图 4-6 所示,首先在计算机上用三维 CAD 设计产品的三维实体模型,然后生成并输出 STL 文件格式的模型;再利用切片软件对该模型沿高度方向进行分层切片,得到模型的各层断面的二维数据群 $S_n(n=1,2,\cdots,N)$。依据这些数据,计算机从下层 S_1 开始按顺序将数据取出,通过一个扫描头控制紫外激光束,在液态光敏树脂表面扫描出第一层模型的断面形状。被紫外激光束扫描辐照过的部分,由于光引发剂的作用,引发预聚体和活性单体发生聚合而固化,产生一薄固化层。形成了第一层断面的固化层后,将基座下降一个设定的高度 d,在该固化层表面再涂覆上一层液态树脂。接着依上所述用第二层 S_2 断面的数据进行扫描曝光、固化。当切片分层的高度 d 小于树脂可以固化的厚度时,上一层固化的树脂就可与下层固化的树脂黏结在一起。然后第三层 S_3、第四层 $S_4\cdots\cdots$,这样一层层地固化、黏结,逐步按顺序叠加直到 S_n 层为止,最终形成立体的实体原型。

通常从上方对液态树脂进行扫描照射的成形方法称为自由液面型成形系统。这种系统需要精确检测液态树脂的液面高度,并精确控制液面与液面下已固化树脂层上表面的距离,即控制成形层的厚度。

成形机由液槽、可升降工作台、激光器、扫描系统和计算机控制系统等组成。液槽中盛满液态光敏树脂。工作台在步进电机的驱动下可沿 Z 轴方向做往复运动,工作台面分布着许多可让液体自由通过的小孔,光源为紫外(UV)激光器,通常为氦镉(He-Cd)激光

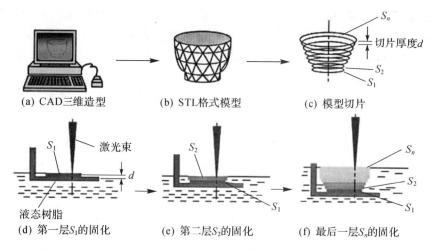

图 4-6 光固化成形的打印过程

器和固态激光器。近年来 3D Systems 公司趋向于采用半导体激光器。激光器功率一般为 $10\sim200W$，波长为 $320\sim370nm$。扫描系统通常由一组定位镜和两只振镜组成。两只振镜可根据控制系统的指令，按照每一截面轮廓曲线的要求做往复转摆，从而将来自激光器的光束反射并聚焦于液态树脂的上表面，在该面做 XY 平面的扫描运动。在这一层受到紫外光束照射的部位，液态光敏树脂在光能作用下快速固化，形成相应的一层固态截面轮廓。

2. 光固化成形打印过程

光固化成形的全过程一般分为前处理、分层叠加成形、打印后处理三个主要步骤。

（1）前处理

所谓前处理包括成形件三维模型的构造、三维模型的近似处理、模型成形方向的选择、三维模型的切片处理和生成支撑结构。如图 4-7 所示为光固化的前处理流程。

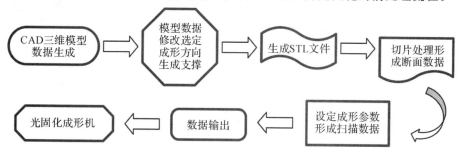

图 4-7 前处理流程

由于增材制造系统只能先接受计算机构造的原型的三维模型，然后才能进行其他的处理和造型。因此，首先必须在计算机上用三维计算机辅助设计软件，根据产品的要求设计三维模型；或者用三维扫描系统对已有的实体进行扫描，并通过反求技术得到三维模型。

在将模型制造成实体前，有时要进行修改。这些工作都可以在三维设计软件中进行。

模型确定后,根据形状和成形工艺的要求选定成形方向,调整模型姿态。然后使用专用软件生产工艺支撑,模型和工艺支撑一起构成一个整体,并转换成 STL 格式的文件。

生成 STL 格式文件的三维模型后要进行切片处理。由于增材制造是用一层层断面形状来进行叠加成形的,因此加工前必须用切片软件将三维模型沿高度方向上进行切片处理,提取断面轮廓的数据。切片间隔越小、精度越高。间隔的取值范围一般为 0.025~0.3mm。

(2) 分层叠加成形

分层叠加成形是增材制造的核心,其过程由模型断面形状的制作与叠加合成。增材制造系统根据切片处理得到的断面形状,在计算机的控制下,增材制造设备的可升降工作台的上表面处于液面下一个截面厚度的高度(0.025~0.3mm),将激光束在 XY 平面内按断面形状进行扫描,扫描过的液态树脂发生聚合固化,形成第一层固态断面形状之后,工作台再下降一层高度,使液槽中的液态光敏树脂流入并覆盖已固化的断面层。然后成形设备控制一个特殊的涂覆板,按照设定的层厚沿 XY 平面平行移动,使已固化的断面层树脂覆上一层薄薄的液态树脂,该层液态树脂保持一定的厚度精度。再用激光束对该层液态树脂进行扫描固化,形成第二层固态断面层。新固化的这一层黏结在前一层上,如此重复直到完成整个制件的打印成形。

(3) 打印后处理

后处理是指整个零件成形完后对零件进行的辅助处理工艺,包括零件的取出、清洗、去除支撑、磨光、表面喷漆以及后固化等再处理过程。比如制件的曲面上存在因分层制造引起的阶梯效应,以及因 STL 格式的三角面片化而可能造成的小缺陷;制件的薄壁和某些小特征结构的强度、刚度不足;制件的某些形状尺寸精度还不够;表面硬度也不够,或者制件表面的颜色不符合用户要求等。因此,一般都需要对增材制造制件进行适当的后处理。对于制件表面有明显的小缺陷而需要修补时,可用热熔塑料、乳胶以及细粉料调和而成的泥子,或湿石膏予以填补,然后用砂纸打磨、抛光和喷漆。打磨、抛光的常用工具有各种粒度的砂纸、小型电动或气动打磨机以及喷砂打磨机等。

3. 光固化成形的打印精度

光固化成形过程中影响零件打印精度的主要环节有造型及工艺软件、成形过程及材料、后处理过程。在众多因素中影响最大的是液态光敏树脂的固化收缩,其次是层间的台阶效应。

(1) 软件造成的误差

1) 数字模型近似误差。目前增材制造领域通用的是 STL 格式的三维数字模型,这是一种用无数三角面片逼近三维曲面的实体模型,如图 4-8 所示,由此造成曲面的近似误差。如果采用更细小的三角面片去近似曲面则可减小近似误差,但生成的大量三角形,会使数据增大,处理时间拉长。

2) 分层切片误差。成形前模型需沿 Z 轴方向进行切片分层,由此曲面沿 Z 轴方向会形成台阶效应。降低分层的厚度可以减小台阶效应造成的误差,目前最小的分层厚度可小于 0.025mm。

(a) 原始CAD三维模型　　(b) 低分辨率三角面片近似模型　　(c) 中等分辨率三角面片近似模型　　(d) 高分辨率三角面片近似模型

图 4-8　三角面片近似曲面过程

3）扫描路径误差。对于扫描设备来说，一般很难真正扫描曲线，但可以用许多短线段近似表示曲线，但这样会产生扫描误差（见图 4-9）。如果误差超过了容许范围，可以加入插补点使路径逼近曲线，减少扫描路径的近似误差。

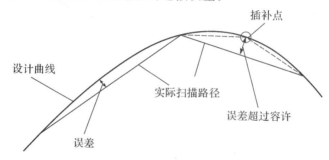

图 4-9　用短线段近似曲线

（2）打印过程的误差

1）激光束的影响。a) 激光器和振镜扫描头由于温度和其他因素的影响，会出现零漂或增溢漂移现象，使下层的坐标原点与上层的坐标原点不一致，使各个断面层间发生错位。这可以通过对光斑在线检测，并对偏差量进行补偿校正消除误差。b) 振镜扫描头结构本身造成原理性的扫描路径枕形误差，振镜扫描头安装误差造成的扫描误差，可用一种 XY 平面的多点校正方法消除扫描误差。c) 激光器功率如果不稳定，会使被照射的树脂接受的曝光量不均匀。光斑的质量不好、光斑直径不够细等都会影响制件的质量。

2）树脂固态收缩的影响。高分子材料的聚合反应一般会出现固化收缩的现象。因此，光固化成形时，光敏树脂的固化收缩会使成形件发生变形，即在水平和垂直方向会发生收缩变形。这里用图 4-10 说明其变形过程。如图 4-10（a）所示的悬臂部分，当激光束在液态树脂表面扫描，悬臂部分为第一层时，液态树脂发生固化反应并收缩，其周围的液态树脂迅速补充，此时固化的树脂不会发生翘曲变形。然后升降台下降一个层厚的距离使已固化成形的部分沉入液面以下，其上表面这层树脂发生固化反应，并与下面一层已固化的树脂黏结在一起，此时上层新固化的树脂由于收缩拉动下层已固化的树脂，导致悬臂部分发生翘曲变形，如图 4-10（b）所示。如此一层层固化成形下去，已固化部分不断增厚使刚度增强，上面一薄层树脂固化的微弱收缩力已拉不动下层，翘曲变形逐渐停止，但下表面的变形部分已经定形，如图 4-10（c）所示。

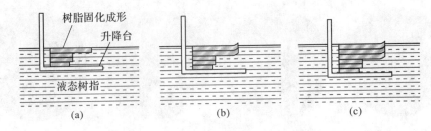

图 4-10　树脂光固化成形过程发生翘曲变形

3) 形状多余增长。形状多余增长是指在成形件形状的下部,树脂固化深度超量,使成形形状超出设计的轮廓(见图 4-11),如不注意解决会产生一些问题,比如:成形件悬臂部分的下边由于形状多余增长产生误差;成形件的小孔部分会出现塌陷,大孔部分会变成椭圆;对于成形件的圆柱部分会出现牵拉形椭圆。

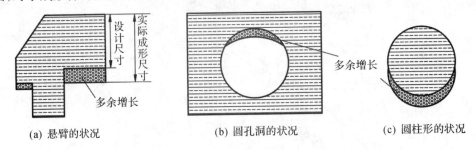

(a) 悬臂的状况　　　　　(b) 圆孔洞的状况　　　　　(c) 圆柱形的状况

图 4-11　成形件出现多余增长现象

形状多余增长问题有两种方法可以解决:a)采用软件检测数字模型下部的特征,并通过修改模型的数据对其有可能向下多余增长的部分,进行向上补偿;b)对于精度要求高的部分,可以在成形前将模型旋转一个角度,使该部分处于不会出现多余增长的垂直方向。

提高光固化成形精度的方法主要有 4 种:a)采用高强度、低黏度、小收缩率的光敏树脂;b)硬件上采用较细的激光束;c)软件上优化扫描路径及分层方式;d)协调优化材料、硬件、软件等以增强整个光固化系统的精度,采用合适的层厚、扫描方式等。

4.2.4　光固化成形设备

目前,美国的 3D Systems 公司是 SLA 设备生产厂商中的领跑者,日本、德国、中国也分别有部分企业在进行 SLA 设备的生产和销售。图 4-12 所示为光固化成形系统设备的各个子系统组成结构,包括激光及振镜系统、平台升降系统、储液箱及树脂处理系统、树脂铺展系统、控制系统。

1. 激光及振镜系统

激光及振镜系统包括激光、聚焦及自适应光路和两片用于改变光路形成扫描路径的高速振镜。现在大多数 SLA 设备采用固态激光器,相比以前的气态激光器,固态激光器拥有更稳定的性能。3D Systems 公司所生产的 SLA 设备使用的激光器为 Nd-YVO$_4$ 激光,其波长大约为 1062nm(近红外光)。通过添加额外的光路系统使得该种激光器的波长变为原来的三分之一,即 354nm,从而处于紫外光范围。这种激光器相对于其他增材制造

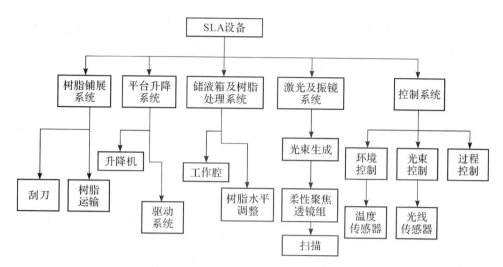

图 4-12　光固化成形设备组成结构

设备所采用的激光器而言具有相对较低的功率(0.1～1W)。

2.平台升降系统

平台升降系统包括一个用于支撑零件成形的工作平台及一个控制平台升降的装置。该升降装置为丝杆传动结构。

3.储液箱及树脂处理系统

包括一个盛装光敏树脂的容器、工作平台调平装置、自动装料装置。

4.打印控制系统

打印控制系统包括三个子系统:1)过程控制系统,即处理某个待打印零件所生成的打印文件,并执行顺序操作,指令通过过程控制系统进一步控制更多的子系统,如驱动树脂铺展系统中的刮刀运动、调节树脂水平、改变工作平台高度等。同时过程控制系统还负责监控传感器所返回的树脂高度、刮刀受力等信息以避免刮刀毁坏等。2)光路控制系统,即调整激光光斑尺寸、聚焦深度、扫描速度等。3)环境控制系统,即监控储液箱的温度、根据模型打印要求改变打印环境温度及湿度等。

5.树脂铺展系统

树脂铺展系统是指使用一个下端带有较小倾角的刮刀对光敏树脂进行铺展的系统。铺展过程是 SLA 技术中较为核心的一个过程,具体流程如下:1)当一层光敏树脂被固化后,工作平台下降一个层厚;2)铺展系统的刮刀从整个打印件上端经过,将光敏树脂在工作平面上铺平。刮刀与工作平面之间的间隙是避免刮刀撞坏打印零件的重要参数,当间隙太小时,刮刀极易碰撞打印零件并破坏上一固化层。

4.3　熔融沉积制造

熔融沉积成形又称熔融挤出成形,由美国学者斯科特·克伦普(Scott Crump)博士于

1988 年率先提出。这种工艺不采用激光,采用热熔挤压头的技术,整个成形系统构造原理和操作都较简单。目前产品制造系统开发最为成功的公司是美国明尼苏达州的 Stratasys 公司。

4.3.1　熔融沉积制造的工艺原理

　　FDM 设备由送丝机构、喷头、工作台、运动机构以及控制系统组成。成形时,丝状材料通过送丝机构不断地运送到喷头。材料在喷头中加热到熔融态,计算机根据分层截面信息控制喷头沿一定的路径和速度进行移动,熔融态的材料从喷头中被挤出并与上一层的材料黏结在一起,在空气中冷却固化。每成形一层,工作台或者喷头上下移动一层距离,继续填充下一层。如此反复,直到完成整个制件的成形。当制件的轮廓变化比较大时,前一层强度不足以支撑当前层,需设计适当支撑,保证模型顺利成形。目前很多 FDM 设备采用双喷头,两个喷头分别用来添加模型实体材料和支撑材料,如图 4-13 所示。

图 4-13　双喷头 FDM 设备及原理

1. 熔融挤出过程

　　FDM 工艺通过控制喷头加热器,直接将丝状或粒状的热熔型材料加热熔化。在进行 FDM 工艺之前,材料首先要经过挤出机成形制成直径约为 1.8mm 的单丝。如图 4-14 所示,FDM 的加料系统采用一对夹持轮将直径约为 2mm 的单丝插入加热腔入口,在温度达到单丝的软化点之前,单丝与加热腔之间有一段间隙不变的区域,称其为加料段。加料段中,刚插入的丝料和已熔融的物料共存。

　　尽管料丝已开始被加热,但仍能保持固体时的特性;已熔融的则呈流体特性。由于间隙较小,已熔融的物料只有薄薄的一层,包裹在料丝外。此处的熔料不断受到机筒的加热,能够及时将热量传递给料丝,熔融物料的温度可

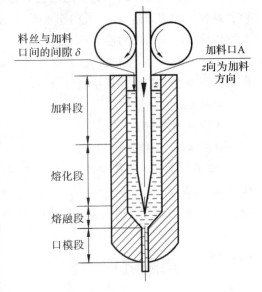

图 4-14　FDM 加料系统结构

视为不随时间变化；又因为熔体层厚度较薄，因此，熔体内各点的温度近似相等。随着单丝表面温度升高，物料熔融形成一段单丝直径逐渐变小的区域，称为熔融段。在这个过程中，单丝本身既是原料，又起到活塞的作用，从而把熔融态的材料从喷头中挤出。

2. 喷头内熔体的热平衡

喷头中的温度条件对熔体流量大小、压力降和熔体温度有明显的影响，存在于喷头内部的物料因弹性引起的各种效应（如膨胀和收缩）对于温度的变化十分敏感。因此，必须认真设计和计算喷头的温度控制装置，方可减少能量消耗，保证挤出熔体的产量和质量。而温度控制装置设计得是否合理，与喷头的热平衡分析和计算密切相关。假设喷头和机体之间不存在由传导进行的热交换，为使喷头稳定工作，即其温度大致恒定时供给或移走的热量，必须控制整个喷头的热量平衡。

假设喷头各处温度相等，可略去沿接触方向的热流，在此假设条件下，热平衡中必须考虑的热流如图 4-15 所示。Q_{ME}、Q_{MA}、Q_{CA}、Q_{RAD}、$Q_{耗}$、Q_H 分别为随熔体进入喷头的热量、随熔体离开喷头的热量、喷头中被对流带走的热量、喷头中以热辐射方式失去的热流、喷头中单位时间内的能量耗散以及加热系统供给的热流。

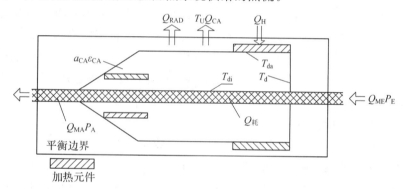

图 4-15　喷头中的热平衡

热平衡的一般形式为：进入系统的热流—离开系统的热流＋单位时间内系统产生的热＝单位时间内系统存储的热。对于如图 4-15 所示的喷头，其热平衡式如下：

$$(Q_{ME}+Q_H)-(Q_{MA}+Q_{CA}+Q_{RAD}+Q_{耗})=\frac{\partial}{\partial t}(m_d C_{pd} T_d) \tag{4-1}$$

在稳定工作条件下，即喷头温度恒定。为便于计算，这里假设流道壁是绝热的，则式（4-1）的平衡方程变为

$$Q_{耗}=Q_{ME}-Q_{MA} \tag{4-2}$$

熔体的温度升高是由热能的增加而引起的，可通过下式计算：

$$\Delta T_M=\frac{(Q_{MA}-Q_{ME})}{(mC_p)}=(P_E-P_A)/(\rho C_p) \tag{4-3}$$

式中：m 为质量流量；C_p 为熔体的比热容；T_M 为熔体温度。

可见，已知材料性质的熔体温度升高只与喷头在挤出过程中出现的压力损失有关。为消除由于流道壁的温度太低而引起的滞留现象，喷头的温度应比流入物料的温度高。综合式（4-1），解出热稳定的条件为

$$Q_{H} = Q_{CA} + Q_{RAD} \tag{4-4}$$

通过上式可以看出,加热热能是辐射和对流损失热能之和。空气中流失的热量为

$$Q_{CA} = A_{da}\alpha_{CL}(T_{da} - T_{a}) \tag{4-5}$$

式中:A_{da} 为喷头与周围空气在温度为 T_{da} 时热交换的表面积,此时的室温为 T_{a},自然对流的热传导系数为 α_{CL},它的近似可取为 $8W/(m^2 \cdot K)$。辐射到周围的热流 Q_{RAD} 可由下式确定:

$$Q_{RAD} = \varepsilon A_{da} C_{0}\left[\left(\frac{T_{da}}{100}\right)^4 - \left(\frac{T_{s}}{100}\right)^4\right] = A_{da} \cdot \alpha_{RAD}(T_{da} - T_{s}) \tag{4-6}$$

式中:ε 为辐射系数。对于光滑的钢制表面,$\varepsilon = 0.25$;对于氧化过的钢制表面,$\varepsilon = 0.75$;C_{0} 为黑体辐射常数,$C_{0} = 5.67\ W/(m^2 \cdot K^4)$;$\alpha_{RAD}$ 为辐射热传导系数。

上述方法确定的加热功率是加热喷头所需的额定值。为了保证有足够的热值储备,使控制系统在合理的区域内工作,实际加热热负荷应该是计算的加热功率额定值的两倍。控制系统的工作点是可以进行调节的,从而可以提高它的加热功率上限。

3. 喷头内熔体流动性

熔融沉积成形过程中的聚合物在经过喷头加热系统处理后都处于黏流塑化状态。黏流塑化状态的聚合物不仅流动性好,形变能力强,而且更易于熔体的输送和最终的成形。熔融沉积成形的物料在螺槽中由固体状态加热转化为熔融状态的物理过程如图 4-16 所示,该图展示了 FDM 增材制造原材料在展开螺槽和螺槽的横截面熔融的一般情况。

从图 4-16(a)可以看出,在熔融沉积挤出过程中,物料在螺杆的分布情况。螺杆的尾部是未熔融的固体物料;头部充满着已熔融待挤出的熔体;固体与熔体的共存段位于螺杆的中间段,此区段内进行物料的熔融。

在图 4-16(b)中,与机筒壁发生接触的成形丝料或颗粒由于受到热传导和摩擦共同作用,首先发生熔融并形成一层致密的熔膜。熔融过程导致熔膜积存的厚度不断增加,当超过机筒与螺杆之间的距离时,不断旋转的螺杆棱前侧还会出现旋涡状的熔池,熔池即为物料的液体区域。冷的未塑化的固体粒子则堆积在螺杆棱推进面的后侧,而在熔膜形成的熔池和冷的未塑化粒子之间,是正在受热黏结的固体粒子,此时的固体粒子所组成的物料固相即为固体床。图 4-16(b)还表明,固相和液相之间存在着明显的物料熔融发生的分界面,在界面熔融区点开始,可以明显看出在固相宽度逐渐减小的同时,液相宽度不断地增加,在熔融区终点,螺槽内充满着熔融物料,已不存在未熔的固相。

螺杆中,熔体的输送过程是输送位于螺槽和机筒所形成的密闭腔室内的高聚物熔体。由于螺杆的转动作用,在以机筒壁为静止边界,螺槽的底和侧壁构成运动边界而建立熔体的拖拽流动。

如图 4-17 所示,喷头流道的基本结构由直径为 D_1 和 D_2 的各处截面相等的圆形管,以及从 D_1 到 D_2 进行过渡变化成锥形的圆形管组成。锥形圆管能够减小熔体在流动过程中流道的突变引起的阻力变化,同时还可避免发生局部紊流现象。圆管直径为 D_2 的末端主要用于熔体挤出成形前的稳定性流动,有助于成形过程中尺寸的稳定性。

(1)等截面圆形管道中的熔体流动

对于等截面内的熔体沿直径为 D_1 的圆形管道的流动,如图 4-18 所示,适合用柱坐标

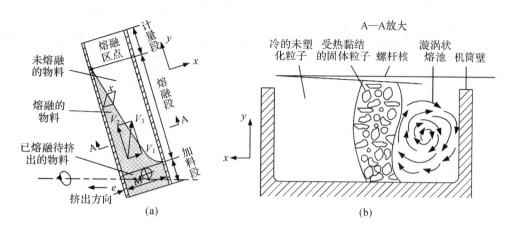

图 4-16　螺槽中物料的熔融过程

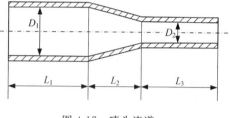

r 和 z 来描述,根据熔体流动的对称特性,分析以管轴为中心,长度为 L_1,半径为 r 的圆柱体的流动过程。假设仅做等温稳定性轴向流动,忽略入口效应并假设流动是充分发展的,则该流动流场可简化为 z 向单向流动,其压力差为

图 4-17　喷头流道

$$\Delta P = -P_{zl}L = K_p Q^n L D_1^{-3n-1}$$

$$(4-7)$$

式中:P_{zl} 为进口处压力梯度;Q 为体积流量;K_p 为相关系数。

（2）锥形圆管中的熔体流动

如图 4-19 所示,锥形圆管的半径 r_2 可作为 T_2 的线性函数,并通过 L_2 段的锥形由 D_1 逐渐过渡到 D_2。假定熔体在喷头内流动过渡区域圆形管道的锥角很小,即直径的差值远小于管道的长度($D_1-D_2 \ll L_2$),流道可视为近似润滑,过渡区域内任何截面处的流动与普通圆形管道内的流动性相同。

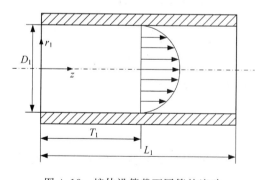

图 4-18　熔体沿等截面圆管的流动

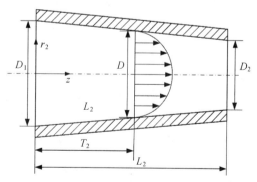

图 4-19　熔体沿锥形圆管的流动

因此,如果设距离口模 T_2 处的圆锥截面的直径为 D,则此处的压力梯度与 $\bar{\tau}/D$ 成正比。于是,对于稳定流动而言,体积流率与轴向坐标 z 无关,可得锥管中的总压差的计算公式,有

$$P_z = P_{zl} \left(\frac{D}{D_1} \right)^{-1-3n} \tag{4-8}$$

式中，因 D 随 T_2 线性变化，于是

$$P_1 - P_2 = \frac{P_{zl} L_2 D_1}{-3n(D_1 - D_2)} \left[\left(\frac{D}{D_1} \right)^{-3n} - 1 \right] \tag{4-9}$$

（3）口模内熔体流动的综合分析

喷头流道如图 4-17 所示，包含等截面圆形管道和锥形圆管流道，按照上面的推导即可计算各段的压力差。根据以上各压差的计算公式，整个流道中的总压力差为两段圆形管道和一段锥形管道三段压差之和（设直径缩小系数 $K_D = D_1/D_2$），则

$$\Delta P = \Delta P_1 + \Delta P_2 + \Delta P_3 = \frac{Q^n K_p}{D_1^{3n+1}} \left[L_1 + \frac{g(K_D)}{3n} L_2 + K_D^{3n+1} L_3 \right] \tag{4-10}$$

4.3.2 熔融沉积成形的打印材料

一般的热塑性材料做适当改性后均可用于 FDM。目前 FDM 可打印的材料有 ABS、石蜡、尼龙、聚碳酸酯（polycarbonate，PC）和聚苯砜（polyphenysulfone，PPSF）等。表 4-4 为 Stratasys 公司 FDM 3D 打印所用的材料。支撑材料有两种：1）剥离性支撑，需要手动剥离零件表面的支撑；2）水溶性支撑，可分解于碱性水溶液。

表 4-4 **Stratasys 公司的打印材料及其使用范围**

材料型号	材料类型	使用范围
ABSP400	丙烯腈-丁二烯-苯乙烯聚合物细丝	概念型、测试型
ABSiP500	甲基丙烯酸-丙烯腈-丁二烯-苯乙烯聚合物细丝	注射模制造
ICW06Wax	消失模铸造蜡丝	消失模制造
ElastomerE20	塑胶丝	医用模型制造
PolysterP1500	塑胶丝	直接制造塑料注射模具
PC	聚碳酸酯	功能性测试，如电动工具、汽车零件等
PPSF	聚苯砜	航天工业、汽车工业以及医疗产品业
PC/ABS	聚碳酸酯和 ABS 的混合材料	玩具以及电子产业

4.3.3 熔融沉积成形系统的组成

FDM 设备是由打印硬件系统、打印控制系统和打印软件系统等组成，下面分别介绍各组成部分的功能、构成及特点。

1. 打印硬件系统

FDM 硬件系统由机械系统和控制系统组成，机械系统又由运动、喷头、成形室、材料室等单元组成，多采用模块化设计，各个单元相互独立。控制系统由控制柜与电源柜组成，用来控制喷头的运动以及成形室的温度等。

（1）运动单元

运动单元完成扫描和喷头的升降动作,其精度决定了设备的运动精度。运动机构包括 X、Y、Z 三个轴的运动,增材制造技术的原理是把任意复杂的三维零件转化为平面图形的堆积,因此不要求机床进行三轴及三轴以上的联动,只要能完成二轴联动就可以大大简化打印系统的运动控制。X-Y 轴的联动扫描完成 FDM 工艺喷头对截面轮廓的平面扫描,Z 轴则带动工作台实现高度方向的进给,实现层层堆积的控制。

（2）喷头与进料装置

根据塑化方式的不同,可将 FDM 的喷头结构分为柱塞式喷头和螺杆式喷头两种,如图 4-20 所示。

柱塞式喷头的工作原理是由两个或多个电机驱动的摩擦轮或皮带轮提供驱动力,将丝料送入塑化装置熔化。其中后进的未熔融丝料充当柱塞的作用,驱动熔融物料经微型喷嘴而挤出,如图 4-20(a)所示,其结构简单,方便日后维护与更换,而且仅仅只需要一台步进电机就可以完成挤出功能,成本低廉。

(a) 柱塞式喷头   (b) 螺杆式喷头

图 4-20 喷头

而螺杆式喷头则是由滚轮作用将熔融或半熔融的物料送入料筒,在螺杆和外加热器的作用下实现物料的塑化和混合作用,并由螺杆旋转产生的驱动力将熔融物料从喷头挤出,如图 4-20(b)所示。采用螺杆式喷头结构不但可以提高成形的效率和工艺的稳定性,而且拓宽了成形材料的选择范围,大大降低了材料的制备成本和贮藏成本。

用于 FDM 的原料一般为丝料或粒料,根据原料形态不同采用的步进装置也不相同。

1）丝料的进料方式

当原料为丝料时,进料装置的基本方式是利用由两个或多个电机驱动的摩擦轮或皮带提供驱动力,将丝料送入塑化装置熔化。图 4-21 所示为两种进料装置,图 4-21(a)为美国 Stratasys 公司开发,该进料装置结构简单,丝料在两个驱动轮的摩擦推动作用下向前运动,其中一个驱动轮由电机驱动。由于两驱动轮间距一定,这就对丝料的直径非常敏感。若丝料直径大,则夹紧驱动力就大;反之,则驱动力小,并可能引起不能进料的现象。图 4-21(b)为弹簧挤压摩擦轮送料装置。该装置采用可调直流电机来驱动摩擦轮,并通过压力弹簧将丝料压紧在两个摩擦轮之间。两摩擦轮是活动结构,其间距可调,压紧力可通过螺母调节,这就解决了图 4-21(a)喷头结构中进料装置的缺点。该进料装置的优点是结构简单、轻巧,可实现连续稳定地进料,可靠性高。进料速度由电机控制,并利用电机的启停来实现进料的启停。但由于两摩擦轮与丝料之间的接触面积有限,使其产生的摩擦驱动力有限,从而使得进料速度不快。

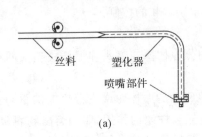 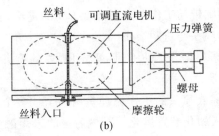

图 4-21　送料装置

一般可采用增加辊的数目或增加与物料的接触面积和摩擦的方法来提高摩擦驱动力。图 4-22 所示为一款多辊进料的喷头结构。该喷头采用多辊共同摩擦驱动的进料方式,其特点在于由主驱动电机带动三个主动辊和三个从动辊来共同驱动。三个主动辊由皮带或链条连接,并由主驱动电机来驱动。在弹簧的推力作用下,依靠压板将从动辊压向主动辊,靠主动辊和从动辊与丝料的摩擦作用将丝料送入塑化装置。

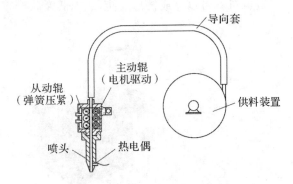

图 4-22　多辊进料的喷头结构

图 4-23 所示的进料装置采用辊轮组的形式,不仅电机通过联轴节驱动螺杆,同时又通过两个齿形皮带传动驱动主动送料辊。在弹簧的作用下从动送料辊压向主动送料辊,从而夹紧丝料,并将其送入成形头。采用同一步进电机驱动送丝机构和螺杆,既避免了在喷头安装两套动力装置,同时也解决了喷头质量太大和耦合控制复杂的问题。

2) 粒料的进料方式

粒料作为熔融沉积成形工艺的原料有着

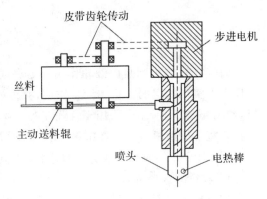

图 4-23　辊轮组驱动丝料的螺旋挤压喷头结构

较为宽广的选择范围,并且由于粒料为原料的初始形态,不经过拉丝和各种加工过程,有助于保持原料特性,也大大降低了材料的制备成本和贮藏成本,并省去了丝盘防潮防湿、丝盘转运(发送和回收)、送丝管道、送丝机构等一系列装置。但粒料使进料装置变得复杂,并且由于其塑化的难度较大,也给塑化装置提出了较高要求。

推杆加料机构如图 4-24 所示,该机构由电磁铁、推杆和转换接头等部件组成,靠推杆凹槽在料斗和连接料筒之间的往复连通作用,从而实现粒料的加料。

3) 喷嘴结构

喷嘴是熔料通过的最后通道,使已完全熔融塑化的物料挤出成形。因此,喷嘴设计如结构形式、喷嘴孔径大小以及制造精度等都将影响熔料的挤出压力,并将直接关系到能否顺利挤料、挤料速度的大小,以及是否产生"流涎"现象等。

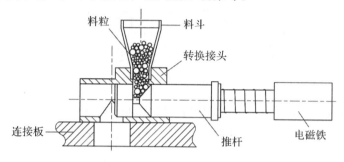

图 4-24　推杆加料机构

溢料式喷嘴结构如图 4-25 所示,该结构采用了一种新的喷嘴设计方法,即喷嘴采用独立控制阀门的开关动作实现出料的启停,增加稳压溢流阀及溢流通道。在成形过程需要喷料时,喷射阀打开,溢流阀关闭,熔料从喷射阀出口挤出,形成物料路径进行成形,当出料需要短时停歇时,喷射阀打开,进料装置继续稳速进行送丝,而熔料则从溢流通道流出,其阻力与喷嘴完全相同,从而保证了喷头内熔料压力恒定。其中,图 4-25(a)是用阀结构来实现熔料喷射和溢流的转换;图 4-25(b)是用板式阀门的推动来实现大喷射口和小喷射口的转换。

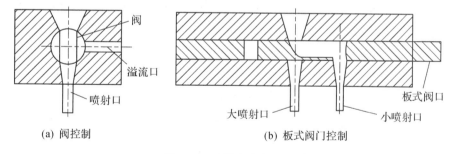

(a) 阀控制　　　　　　　　　　　　(b) 板式阀门控制

图 4-25　溢料式喷嘴结构

2. 打印控制系统

基于 PC＋PLC 的 FDM 控制系统的硬件主要由 PC＋PLC 系统、运动控制系统、送丝控制系统、温度控制系统及机床开关量控制系统 5 部分组成,如图 4-26 所示。

PC＋PLC 系统包括 1 台带有串口的工业 PC,1 个 PLC 及其扩展模块(如 D/A 扩展模块)、连接 PC 和 PLC 的 PC/PPI 电缆组成。其中,PC 机负责人机界面、三维数据(如 STL 文件)处理,得到加工轨迹数据及相应的控制指令、生成加工指令等工作;PLC 负责

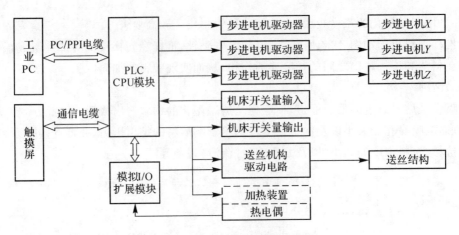

图 4-26 FDM 控制系统硬件结构

接收加工指令和数据,通过 I/O 端口和扩展模块控制各个子执行系统,同时还可以用触摸屏实现 PLC 的人机交互;PC 和 PLC 通过 PC/PPI 电缆,按照定义的 FDM 串行口通信协议进行通信。

运动控制系统采用步进式开环运动控制系统,通过三个步进电机及其细分驱动器,以及检测开关实现运动机构和工作台的运动。

送丝控制系统包括送丝机构的驱动电路,它控制送丝机构的运动,从而将实体材料和支撑材料分别送入实体喷头和支撑喷头进行加热熔化,并通过挤压力将材料从喷头挤出。

机床的开关量控制系统直接连接到 PLC 的 I/O 端口。

温度控制系统主要由温度控制器、温度检测元件所构成。温度控制器由热敏电阻、比较运算放大器、检测热电阻元件、小型继电器组成。以温度控制器输入端的热敏电阻作为温度传感器,热检测元件接在其上。输出端是两个小型继电器,控制加热和停止。当温度传感器检测到温度的变化时会引起电压的变化,通过运算放大器与所设置温度进行比较,当达到设置温度后会引起继电器断开,停止加热设备。温度检测元件主要是检测外界温度,并将所检测的温度以电信号的方式传递给温度传感器。温度传感器再将接收的信号经过放大电路放大,通过 A/D 转换电路将电信号转换成数字信号,通过功率放大电路放大后传送给热电偶,实现加热。图 4-27 所示为测温电路。

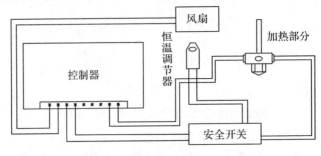

图 4-27 测温电路

3.打印软件系统

(1)几何建模单元

设计人员借助三维软件,如 Pro/E、UG 等,来完成实体模型的构造,并以 STL 格式输出模型的几何信息。

(2)信息处理单元

信息处理单元主要完成 STL 文件处理、截面层文件生成、填充计算、数控代码生成和对成形系统控制。如果根据 STL 文件判断出成形过程需要支撑的话,首先由计算机设计出支撑结构并生成支撑,然后对 STL 格式文件分层切片,最后根据每一层的填充路径,将信息输给成形系统完成模型的成形。

4.4　激光选区烧结打印

激光选区烧结(selective laser sintering,SLS)技术最早是由美国得克萨斯大学的研究者卡尔·德卡德(Carl Deckard)于 1986 年发明的。随后得克萨斯大学在 1988 年研制成功第一台 SLS 样机,并获得这一技术的发明专利。SLS 技术采用离散/堆积成形的原理,借助于计算机辅助设计与制造,将固体粉末材料直接成形为三维实体零件,不受成形零件形状复杂程度的限制,不需任何工装模具。

4.4.1　激光选区烧结增材制造的原理

1. SLS 增材制造的原理

SLS 技术基于离散堆积制造原理,通过计算机将零件三维 CAD 模型转化为 STL 文件,并沿 Z 方向分层切片,再导入 SLS 设备中;然后利用激光的热作用,根据零件的各层截面信息,选择性地将固体粉末材料层层烧结堆积,最终成形出零件原型或功能零件。SLS 技术的工作原理如图 4-28 所示,整个工艺装置由储粉缸、预热系统、激光器系统、计算机控制系统四部分组成,其打印制造过程如下:(1)设计构造零件的 CAD 模型;(2)将模型转化为 STL 文件;(3)将 STL 文件进行横截面切片分割;(4)激光根据零件截面信息逐层烧结粉末,分层制造零件;(5)对零件进行清粉等后处理。

SLS 成形过程中,激光束每完成一层切片面积的扫描,工作缸相对于激光束焦平面(成形平面)相应地下降一个切片层厚的高度,而与铺粉辊同侧的储粉缸会对应上升一定高度,该高度与切片厚度存在一定比例关系。随着铺粉辊向工作缸方向的平动与转动,储粉缸中超出焦平面高度的粉末层被推移并填补到工作缸粉末的表面,即前一层的扫描区域被覆盖,覆盖的厚度为切片厚度,并将其加热至略低于材料玻璃化温度或熔点,以减少热变形,并利于与前一层面的结合。随后,激光束在计算机控制系统的精确引导下,按照零件的分层轮廓选择性地进行烧结,使材料粉末烧结或熔化后凝固形成零件的一个层面,没有烧过的地方仍保持粉末状态,并作为下一层烧结的支撑部分。完成烧结后工作缸下移一个层厚并进行下一层的扫描烧结。如此反复,层层叠加,直到完成最后截面层的烧结

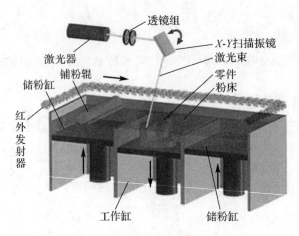

图 4-28 SLS 成形原理

成形为止。当全部截面烧结完成后除去未被烧结的多余粉末,再进行打磨、烘干等后处理,便得到所需的三维实体零件。

2. SLS 工艺的特点

同其他增材制造工艺相比,SLS 工艺具有以下特点:

(1) 成形材料广泛

从理论上讲,这种方法可采用加热时黏度降低的任何粉末材料,主要成形材料是高分子粉末材料。对于金属粉末、陶瓷粉末和覆膜砂等粉末的成形,主要是通过添加高分子黏结剂,SLS 成形一个初始形坯,然后再经过后处理来获得致密零件。

(2) 制造工艺简单,无需支撑

由于未烧结的粉末可对模型的空腔和悬臂部分起支撑作用,因此不必像 SLA 和 FDM 等工艺那样另外设计支撑结构,可以直接生产形状复杂的原型和零件。

(3) 材料利用率高

SLS 打印过程中未烧结的粉末可重复使用,几乎无材料浪费,成本较低。

4.4.2 激光选区烧结机理

高分子材料的 SLS 烧结成形的具体物理过程可描述为:当高强度的激光在计算机的控制下扫描粉末时,被扫描的区域吸收了激光的能量,该区域粉末颗粒的温度上升,当温度上升到粉末材料的软化点或熔点时,粉末材料的流动使得颗粒之间形成了烧结径,进而发生凝聚。烧结径的形成及粉末颗粒凝聚的过程被称为烧结。当激光经过后,扫描区域的热量由于向粉床传导以及表面上的对流和辐射而逐渐消失,温度随之下降,粉末颗粒也随之固化,被扫描区域的颗粒相互黏结形成单层轮廓。与一般高分子材料的加工方法不同,SLS 是在零剪切应力下进行的,热力学原理证明了 SLS 成形的驱动力为粉末颗粒的表面张力。

1. Frenkel 两液滴模型

大多数的高分子材料的黏流活化能低,烧结过程中物质的运动方式主要是黏性流动。

因而,黏性流动是高分子粉末材料的主要烧结机理。黏性流动烧结机理最早是由学者 Frenkel 在 1945 年提出的,其认为黏性流动烧结的驱动力为粉末颗粒的表面张力,而粉末颗粒黏度是阻碍其烧结的,并且作用于液滴表面的表面张力 γ 在单位时间内做的功与流体黏性流动造成的能量弥散速率相互平衡。由于颗粒的形态异常复杂,不可能精确地计算颗粒间的黏结速率,因此可简化为两球形液滴对心运动来模拟粉末颗粒间的黏结过程。如图 4-29 所示,两个等半径的球形液滴开始点接触 t 时间后,液滴靠近形成一个圆形接触面,而其余部分仍保持为球形。

Frenkel 在两球形液滴黏结模型基础上,运用表面张力 γ 在单位时间内做的功与流体黏性流动造成的能量弥散速率相平衡的理论基础,推导得出 Frenkel 烧结颈长方程:

$$\frac{x_l^2}{a} = \frac{3\gamma_m}{2\eta_r}t \tag{4-11}$$

式中:x_l 为 t 时间内圆形接触面颈长,即烧结颈半径;γ_m 为材料的表面张力;η_r 为材料的黏度;a 为颗粒半径。

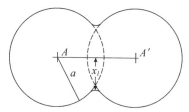

图 4-29　Frenkel 两液滴黏结模型

Frenkel 黏性流动机理首先被成功地应用于玻璃和陶瓷材料的烧结中,有学者证明了高分子材料在烧结时,受到的剪切应力为零,熔体接近牛顿流体。Frenkel 黏性流动机理是适用于高分子材料的烧结的,并得出烧结颈生长速率正比于材料的表面张力、而反比于颗粒半径和熔融黏度的结论。

2.“烧结立方体”模型

由于 Frenkel 模型只是描述两球形液滴烧结过程,而 SLS 是大量粉末颗粒堆积而成的粉末床体的烧结,所以 Frenkel 模型用来描述 SLS 成形过程是有局限性的。“烧结立方体”模型是在 Frenkel 假设基础上提出的,其认为 SLS 成形系统中粉末堆积与立方体堆积粉末床体结构较为相似,如图 4-30 所示,并有如下假设:

1) 立方体堆积粉末时由半径相等(半径为 a)的最初彼此接触的球体组成;

2) 致密化过程使得颗粒变形,但是始终保持半径为 a 的球形,这样颗粒之间接触部位为圆形,其半径为 $\sqrt{a^2 - x^2}$,其中,x 代表两个颗粒之间距离的一半。

单个粉末颗粒的变形过程如图 4-31 所示。

假设粉床中有部分粉末颗粒是不烧结的。定义烧结颗粒所占的分数为 ξ,即烧结分数 ξ 在 0 到 1 之间变

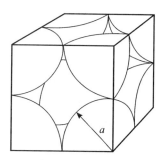

图 4-30　立方体堆积粉末床体结构

化,代表任意两个粉末颗粒形成一个烧结颈的概率。$\xi=1$ 意味着所有的粉末颗粒都烧结;$\xi=0$ 意味着没有粉末颗粒参与烧结。

推导出烧结速率用粉末相对密度随时间的变化表示为

$$\rho=-\frac{9\gamma}{4\eta aN}\left\{N-(1-\xi)+\left[1-\left(\xi+\frac{1}{3}\right)N\right]\frac{9(1-N^2)}{18N-12N^2}\right\} \tag{4-12}$$

式中:$N=a/x$。从烧结速度方程中可以看出普遍的烧结行为,可以发现致密化速率与材料的表面张力成正比,与材料的黏度 η 和粉末颗粒的半径 a 成反比。

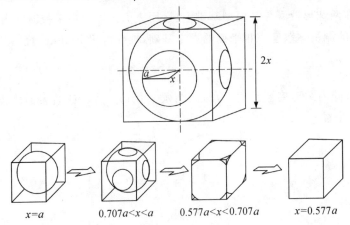

图 4-31　烧结过程中单个粉末颗粒的变形过程

4.4.3　激光选区烧结的材料

粉末材料的特性对激光选区烧结打印的性能影响较大,其中粉末颗粒的粒径、粒径分布及形状等最为重要。目前国内外已开发出多种 SLS 打印的材料,可分为高分子材料、覆膜砂材料、陶瓷基材料及金属基材料等。

1. 高分子材料

高分子材料与金属、陶瓷材料相比,具有成形温度低、所需激光功率小和成形精度高等优点,因此成为 SLS 工艺中应用最早的材料。SLS 技术要求高分子材料能被制成合适粒径的固体粉末材料,在吸收激光后熔融(或软化、反应)而黏结,且不会发生剧烈降解。用于 SLS 工艺的高分子材料可分为:非结晶性高分子,如聚苯乙烯(PS);半结晶性高分子,如尼龙(PA)。对于非结晶性高分子,激光扫描使其温度升高到玻璃化温度,粉末颗粒发生软化而相互黏结成形;而对于结晶性高分子,激光使其温度升高到熔融温度,粉末颗粒完全融化而成形。常用于 SLS 的高分子材料包括 PS、PA、聚丙烯(PP)、丙烯腈-苯乙烯-丁二烯共聚物(ABS)及其复合材料等。

2. 覆膜砂材料

在 SLS 工艺中,覆膜砂零件通过间接法制造。覆膜砂与铸造用热型砂类似,采用酚醛树脂等热固性树脂包覆锆砂、石英砂的方法制得。在激光烧结过程中,酚醛树脂受热产生软化、固化,使覆膜砂黏结成形。由于激光加热时间很短,酚醛树脂在短时间内不能完全固化,导致烧结件的强度较低、必须对烧结件进行加热处理,处理后的烧结件可用作铸造用砂型或砂芯来制造金属铸件。

3.陶瓷基材料

在 SLS 工艺中,陶瓷零件同样是通过间接法制造的。在激光烧结过程中,利用熔化的黏结剂将陶瓷粉末黏结在一起,形成一定的形状,然后再通过适当的后处理工艺来获得足够的强度。黏结剂的加入量和加入方式对 SLS 成形过程有很大的影响。黏结剂加入量太小,不能将陶瓷基体颗粒黏结起来,易产生分层;加入量过大,则使坯体中陶瓷的体积分数过小,在去除黏结剂的脱脂过程中容易产生开裂、收缩和变形等缺陷。黏结剂的加入方式主要有混合法和覆膜法两种。在相同的黏结剂含量和工艺条件下,覆膜氧化铝 SLS 制件内部的黏结剂和陶瓷颗粒的分布更加均匀,其坯体在后处理过程中的收缩变形性相对较小,所得陶瓷零部件的内部组织也更均匀。但陶瓷粉末的覆膜工艺比较复杂,需要特殊的设备,导致覆膜粉末的制备成本高。

4.金属基材料

SLS 间接法成形金属粉末包括两类:(1)用高聚物粉末做黏结剂的复合粉末,金属粉末与高聚物粉末通过混合的方式均匀分散。激光的能量被粉末材料所吸收,吸收造成的温升导致高聚物黏结剂的软化甚至熔化成黏流态将金属粉末黏结在一起得到金属初始形坯。由于以这种金属/高分子黏结剂复合粉末成形的金属零件形坯中往往存在大量的空隙,形坯强度和致密度非常低,因而,形坯需要经过适当的后续处理工艺才能最终获得具有一定强度和致密度的金属零件。后处理的一般步骤为脱脂、高温烧结、熔渗金属或浸渍树脂等。(2)用低熔点金属粉末做黏结剂的复合粉末,如 EOS 公司的 DirectSteel 和 DirectMetal 系列金属混合粉末材料,低熔点金属黏结剂,如 Cu、Sn 等,此类黏结剂在成形后继续留在零件形坯中。由于低熔点金属黏结剂本身具有较高的强度,形坯件的致密度和强度均较高,因而不需要通过脱脂、高温烧结等后处理步骤就可以得到性能较高的金属零件。

4.4.4　激光选区烧结的打印设备构成

SLS 打印机的核心部件包括 CO_2 激光器、振镜扫描系统、粉末传送系统、成形腔、气体保护系统和预热系统等。

1. CO_2 激光器

SLS 设备采用 CO_2 激光器,波长为 10600nm,激光束光斑直径为 0.4mm。CO_2 激光器中,主要的工作物质由 CO_2、N_2、He 三种气体组成。其中 CO_2 是产生激光辐射的气体,N_2 和 He 为辅助性气体。CO_2 激光器的激发条件:放电管中,通常输入几十毫安或几百毫安的直流电流;放电时,放电管中的混合气体内的 N_2 分子由于受到电子的撞击而被激发起来。这时受到激发的 N_2 分子便和 CO_2 分子发生碰撞,N_2 分子把自己的能量传递给 CO_2 分子,CO_2 分子从低能级跃迁到高能级上形成粒子数反转发出激光。

2.振镜扫描系统

SLS 振镜扫描系统由 X-Y 光学扫描头、电子驱动放大器和光学反射镜片组成。计算机控制器提供的信号通过驱动放大电路驱动光学扫描头,从而在 XY 平面控制激光束的偏转。

3. 粉末传送系统

SLS 设备的送粉通常有两种方式,如图 4-32 所示。一种是粉缸送粉方式,即通过送粉缸的升降完成粉末的供给;另一种是上落粉方式,即将粉末置于机器上方的容器内,通过粉末的自由下落完成粉末的供给。铺粉系统也有铺粉辊和刮刀两种。

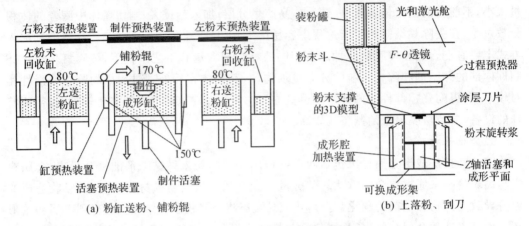

(a) 粉缸送粉、铺粉辊   (b) 上落粉、刮刀

图 4-32   两种不同的粉末传送系统

4. 成形腔

激光进行粉末成形的封闭腔体,主要由工作缸和送粉缸等组成,工作缸可以沿 Z 轴上下移动。

5. 气体保护系统

在成形前通入成形腔内的惰性气体(一般为 N_2 或 Ar),可以减少成形材料的氧化降解,提高工作台面温度场的均匀性。

6. 预热系统

在 SLS 成形过程中,工作缸中的粉末通常要被预热系统加热到一定温度,以使烧结产生的收缩应力尽快松弛,从而减小 SLS 制件的翘曲变形,这个温度称为预热温度。当预热温度达到结块温度时,粉末颗粒会发生黏结、结块而失去流动性,造成铺粉困难。

第 5 章　切削加工基础

5.1　切削运动及切削用量

金属切削刀具和工件按一定规律做相对运动,通过刀具上的切削刃来切除工件上多余的(或预留的)金属,从而使工件的形状、尺寸精度及表面质量都合乎预定要求,这样的加工称为金属切削加工。

1. 切削过程中工件上的加工表面

车削加工是一种最典型的切削加工方法。如图 5-1 所示,普通外圆车削加工中,由于工件的旋转运动和刀具的连续进给运动,工件表面的一层金属不断地被车刀切下来并转变为切屑,从而加工出所需要的工件新表面。在新表面的形成过程中,工件上有 3 个不断变化着的表面:1)待加工表面,指即将被切除的表面;

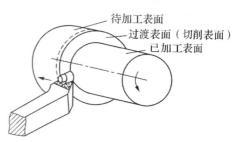

图 5-1　外圆车削运动和加工表面

2)已加工表面,指已被切去多余金属而形成符合要求的工件新表面;3)过渡表面,指由主切削刃正在切削的表面,是待加工表面向已加工表面过渡的表面。

不同形状的切削刃与不同的切削运动组合,即可形成各种工件表面,如图 5-2 所示。

2. 主运动、进给运动和合成运动

各种切削加工中的运动单元,按照它们在切削过程中所起的作用,可以分为主运动和进给运动两种,这两种运动的向量和称为合成切削运动。所有切削运动的速度及方向都是相对于工件定义的。

(1)主运动。切削加工中刀具与工件之间主要的相对运动。它使刀具的切削刃切入工件材料,使被切金属层转变为切屑,从而形成工件新表面。一般地,主运动速度比较高,消耗的功率也比较大。如图 5-2 所示,在车削时,工件的回转运动是主运动;在钻削、铣削和磨削时,刀具或砂轮的回转运动是主运动;在刨削时,刀具或工作台的往复直线运动是主运动。

(2)进给运动。配合主运动使切削加工过程连续不断地进行,同时形成具有所需几何

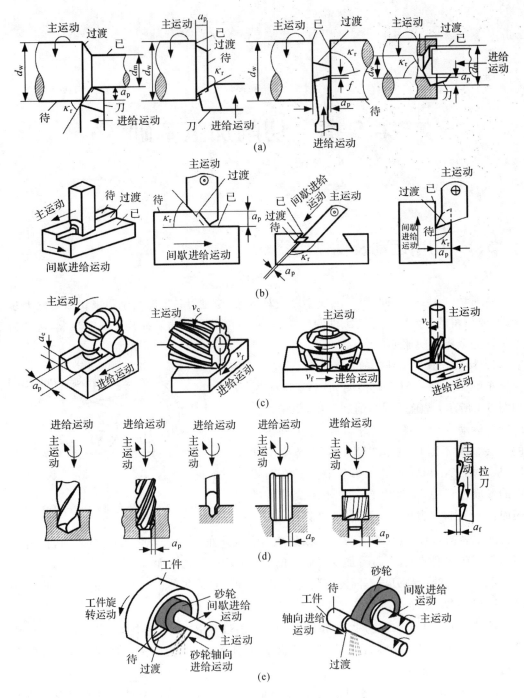

图 5-2 各种切削加工的切削运动和加工表面

形状的已加工表面的运动。进给运动可能是连续的,也可能是间歇的。

(3)合成切削运动。当切削加工中同时存在主运动和进给运动时,切削刃上选定点相对于工件的运动实际上是同时进行的主运动和进给运动的合成,称为合成切削运动。

各种切削加工的切削运动和加工表面划分,如图 5-2 所示。

3. 切削用量三要素

切削速度、进给量和切削深度合称为切削用量的三要素。在大多数实际加工中,由于进给速度远小于主运动速度,所以切削速度一般指主运动速度。

(1)切削速度 v_c

主运动为回转运动时,切削速度的计算公式如下:

$$v_c = \frac{\pi d n}{1000} \quad (\text{m/s 或 m/min}) \tag{5-1}$$

式中:d 为工件或刀具上某一点的回转直径,mm;n 为工件或刀具的转速,r/s 或 r/min。

由于切削刃上各点的回转半径不同(刀具的回转运动为主运动时),或切削刃上各点对应的工件直径不同(工件的回转运动为主运动时),因而切削速度也就不同。考虑到切削速度对刀具磨损和已加工表面质量有影响,在计算切削速度时,应取最大值。如外圆车削时用待加工表面的直径 d_w 来计算待加工表面上的切削速度;内孔车削时用已加工表面直径 d_m 来计算已加工表面上的切削速度;钻削时计算钻头外径处的切削速度。

(2)进给速度 v_f、进给量 f 和每齿进给量 $f_齿$

进给速度 v_f 是单位时间内的进给位移量,单位是 mm/s(或 mm/min),进给量 f 是工件或刀具每回转一周时两者沿进给方向的相对位移,单位是 mm/r。

对于刨削、插削等主运动为往复直线运动的加工,虽然可以不规定间歇进给速度,但要规定间歇进给的进给量,单位为 mm/dst(毫米/双行程)。对于铣刀、铰刀、拉刀、齿轮滚刀等多刃刀具(齿数用 z 表示),还应规定每齿进给量 $f_齿$,单位是 mm/齿。

进给速度 v_f、进给量 f 和每齿进给量 $f_齿$ 有如下关系:

$$v_f = fn = f_齿 zn(\text{mm/s 或 mm/min}) \tag{5-2}$$

(3)切削深度 a_p

对于图 5-2 所示的车削和刨削来说,切削深度 a_p 为工件上已加工表面和待加工表面间的垂直距离,单位为 mm。外圆车削时:

$$a_p = (d_w - d_m)/2 \tag{5-3}$$

钻削时:

$$a_p = d_w/2 \tag{5-4}$$

5.2　切削刀具

金属切削刀具的种类繁多,其结构和性能大不相同。不同刀具切削部分的几何形状如图 5-3 所示。刀具切削部分的几何形状与参数都可以近似地看成是由外圆车刀的切削部分演变而来的。

1. 刀具的几何形体

如图 5-4 所示,常见的普通外圆车刀由夹持刀具的刀柄和担任切削工作的切削部分组成。刀具切削部分的结构要素,通常由三(个刀)面、两(条切削)刃、一(个)刀尖组成,其

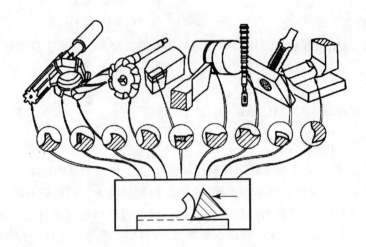

图 5-3　不同刀具切削部分的形状

定义如下：

(1)前刀面 A_γ：切屑流过的表面。

(2)后刀面 A_α：与主切削刃毗邻，且与工件过渡表面相对的刀具表面。

(3)副后刀面 A_α'：与副切削刃毗邻且与工件上已加工表面相对的刀具表面。

(4)主切削刃 S：前刀面与后刀面的交线称为主切削刃，承担主要的切削工作。

(5)副切削刃 S'：前刀面与副后刀面的交线称为副切削刃，承担少量的切削工作。

(6)刀尖：主、副切削刃衔接处很短的一段切削刃，通常也称为过渡刃。常用刀尖有 3 种形式，即交点刀尖(也称点状刀尖)、圆弧刀尖(也称修圆刀尖)和倒角刀尖，如图 5-5 所示。

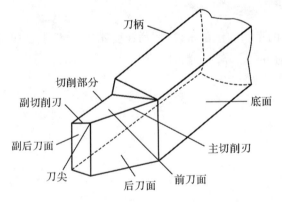

图 5-4　普通外圆车刀切削部分的结构要素

2. 刀具的标注角度参考系

刀具切削部分必须具有合理的几何形状，才能保证切削加工的顺利进行。各刀面和切削刃的空间位置，可以用刀具角度来表示。而要确定刀具的这些角度，必须将刀具置于相应的参考系中。参考系可分为刀具标注角度参考系和刀具工作角度参考系，前者由主运动方向确定，后者由合成切削运动方向确定。

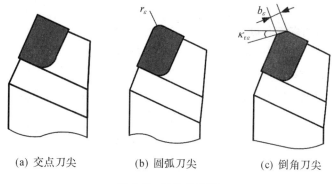

(a) 交点刀尖　　　(b) 圆弧刀尖　　　(c) 倒角刀尖

图 5-5　刀尖的类型

（1）刀具的标注角度参考系

在刀具设计、制造、刃磨、测量时用于定义刀具几何参数的参考系称为标注角度参考系。刀具标注角度参考系有正交平面参考系、法平面参考系、进给切深剖面参考系三种，在不同参考系中可以定义刀具不同的角度。本书仅介绍最常用的正交平面参考系，其由基面、切削平面、正交平面组成。

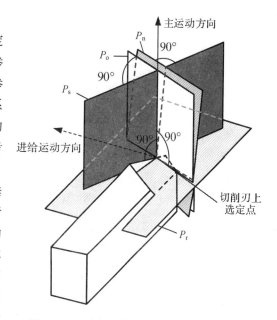

图 5-6　刀具标注角度的正交平面参考系

1）基面 P_r：通过切削刃上选定点，并垂直于主运动方向的平面。通常基面应平行或垂直于刀具上便于制造、刃磨和测量时的某一安装定位平面或轴线。例如，普通车刀、刨刀的基面 P_r 平行于刀具底面（见图 5-6）。钻头和铣刀等旋转类刀具，其切削刃上各点的主运动（即回转运动）方向都垂直于通过该点并包含刀具旋转轴线的平面，故其基面 P_r 就是刀具的轴向平面。

2）切削平面 P_s：通过切削刃上选定点与切削刃 S 相切，并垂直于基面 P_r 的平面。也就是切削刃 S 与切削速度方向构成的平面（见图 5-6）。

3）正交平面 P_o：正交平面 P_o 是通过切削刃上选定点，同时垂直于基面 P_r 和切削平面 P_s 的平面。

图 5-6 表示 P_r-P_s-P_o 组成一个正交平面参考系，这是目前生产中最常用的刀具标注角度参考系。显然，基面 P_r、切削平面 P_s、正交平面 P_o 这三个平面在空间相互垂直。

（2）正交平面参考系内刀具的标注角度

在刀具标注角度参考系中确定的切削刃与各刀面的方位角度，称为刀具标注角度。由于刀具角度的参考系沿切削刃各点可能是变化的，故所定义的刀具角度均应指明是切削刃选定点的角度。下面通过普通车刀给各标注角度下定义，参见图 5-7，这些定义同样适用于其他类型的刀具。

1)在基面 P_r 内的标注角度

主偏角 κ_r:在基面 P_r 内度量的切削平面 P_s 与进给平面 P_f 之间的夹角,它也是主切削刃 S 在基面内的投影与进给运动方向之间的夹角。

副偏角 κ_r':在基面 P_r 内度量的副切削平面 P_s' 与进给平面 P_f 之间的夹角,也是副切削刃 S' 在基面内的投影与进给运动方向之间的夹角。

刀尖角 ε_r:指主切削刃 S 和副切削刃 S' 在基面上投影的夹角。刀尖角的大小会影响刀具切削部分的强度和传热性能。它与主偏角和副偏的关系为:$\varepsilon_r = 180° - (\kappa_r + \kappa_r')$。

2)在正交平面 P_o 内的标注角度

前角 γ_o:指在正交平面内度量的基面 P_r 与前刀面 A_γ 的夹角。当前刀面与基面平行时,前角为零。当基面在前刀面以外时前角为正,反之前角为负。根据需要,前角可取正值、零或负值。

后角 α_o:指在主剖面内度量的后刀面 A_α 与切削平面 P_s 的夹角。当后刀面与切削平面平行时,后角为零;当切削平面在后刀面以外时后角为正,反之后角为负。后角通常取正值。

楔角 β_o:指前刀面与后刀面间的夹角。楔角的大小将影响切削部分截面的大小,决定着切削部分的强度。它与前角和后角的关系为:$\beta_o = 90° - (\alpha_o + \gamma_o)$。

3)在切削平面 P_s 内的标注角度

刃倾角 λ_s:指在切削平面内度量的主切削刃 S 与基面 P_r 的夹角。刃倾角的正、负确定原则为:当刀尖处于主切削刃的最高点时,刃倾角为正;刀尖处于最低点时,刃倾角为负;切削刃平行于底面时,刃倾角为零。

需要指出:当给定刃倾角 λ_s 和主偏角 κ_r 后,主切削刃 S 在空间的方位就唯一被确定;再进一步给定前角 γ_o 和后角 α_o 后,前刀面 A_γ 和后刀面 A_α 也唯一被确定。对于单刃刀具,若给定这 4 个独立角度,那么它的切削部分的几何形状便被唯一确定。对于具有主切削刃 S 和副切削刃 S' 的刀具(图 5-7),还必须给出与副切削刃 S 有关的 4 个独立角度:副偏角 κ_r'、副刃倾角 λ_s'、副前角 γ_o' 和副后角 α_o',这把车刀切削部分的几何形状才能确定。与副切削刃 S' 有关的 4 个独立角度的定义可以参照 γ_o、α_o、λ_s、κ_r 的定义。

(3)刀具的工作角度参考系

在刀具标注角度参考系里定义基面时,只考虑了主运动,未考虑进给运动。但刀具在实际使用时,这样的参考系所确定的刀具角度往往不能反映切削加工的真实情形,只有用合成切削运动方向来确定参考系,才符合实际情况。刀具的工作角度参考系是以刀具实际安装条件下的合成切削运动方向与进给运动方向为基准来建立的参考系。在刀具工作角度参考系中所确定的实际工作角度,称为刀具工作角度。当实际安装条件变化时、由于进给运动造成的合成切削运动方向与主运动方向不重合时,均会引起刀具工作角度的变化。

1)进给运动对工作角度的影响

如图 5-8 所示,以切断刀为例,在不考虑进给运动时,车刀主切削刃上选定点相对于

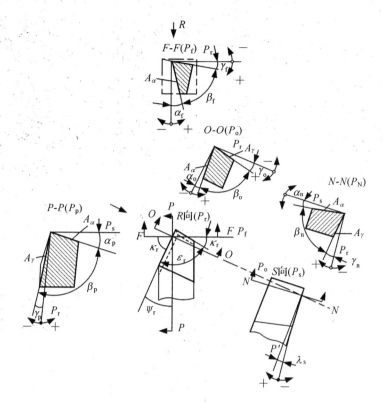

图 5-7　普通车刀的几何角度

工件的运动轨迹是一个圆,切削平面 P_s 为通过主切削刃上选定点切于圆周的平面,基面 P_r 为通过主切削刃上选定点的水平面。γ_o 和 α_o 分别为车刀标注角度的前角和后角。

当考虑进给运动后,切削刃选定点相对于工件的运动轨迹为一平面阿基米德螺旋线,切削平面变为通过切削刃切于螺旋面的平面 P_{se},基面也相应倾斜为 P_{re},角度变化值为 η。工作主剖面 P_{oe} 仍为 P_o 平面。此时在刀具工作角度参考系 P_{re}-P_{se}-P_{oe} 内,刀具工作角度 γ_{oe} 和 α_{oe} 为

$$\gamma_{oe} = \gamma_o + \eta \tag{5-5}$$

$$\alpha_{oe} = \alpha_o - \eta \tag{5-6}$$

由 η 角的定义可知

$$\tan\eta = \frac{v_f}{v_c} = \frac{fn}{\pi dn} = \frac{f}{\pi d} \tag{5-7}$$

从上式可知,进给量 f 越大,η 也越大,说明对于大进给量的切削,如在铲背加工、车大螺旋升角的多头螺纹时,不能忽略进给运动对刀具角度的影响;另外,d 随着刀具横向进给不断减小,靠近中心时,η 值急剧增大,工作后角 α_{oe} 将变为负值。

2)刀具安装高低对工作角度的影响

如图 5-9 所示,当切削刃上选定点安装得高于或低于工件轴线时,主切削平面 P_s 和基面 P_r 都要偏转一个角度 θ_p。当刀尖高于工件轴线时,工作前角增大,工作后角减小,即

$$\gamma_{pe} = \gamma_p - \theta_p \tag{5-8}$$

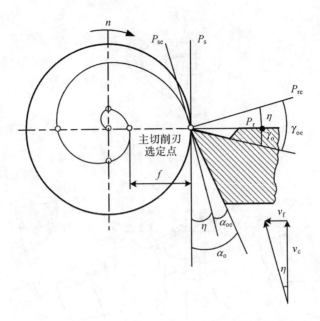

图 5-8　横向进给对工作角度的影响

$$\alpha_{pe} = \alpha_p + \theta_p \tag{5-9}$$

其中，

$$\sin\theta_p = \frac{2h}{d} \tag{5-10}$$

式中：h 为切削刃上选定点高于工件中心之值，mm；d 为切削刃上选定点的工作直径，mm。

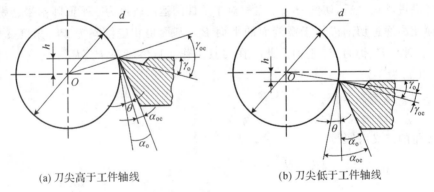

(a) 刀尖高于工件轴线　　　　　　　(b) 刀尖低于工件轴线

图 5-9　车刀安装高度对工作角度的影响

3）刀柄偏移对工作角度的影响

当车刀刀柄中心线与进给运动方向不垂直时，主偏角和副偏角将发生变化，如图5-10所示。刀柄右偏时，工作主偏角增大，工作副偏角减小；当刀柄左偏时，工作主偏角减小，工作副偏角增大。

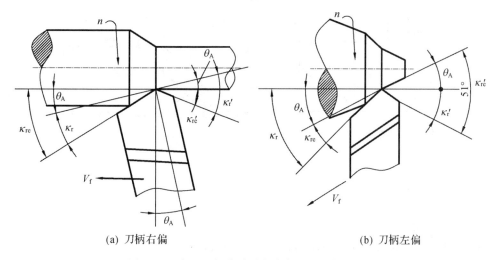

(a) 刀柄右偏   (b) 刀柄左偏

图 5-10 车刀刀柄偏移对主偏角和副偏角的影响

3. 切削层参数与切削方式

(1)切削层参数

各种切削加工的切削层参数,可用典型的外圆纵车来说明。如图 5-11 所示,工件每转一转,车刀沿轴线移动一个进给量 f,这时切削刃从过渡表面 Ⅱ 的位置移至过渡表面 Ⅰ 的位置上。于是 Ⅰ 和 Ⅱ 之间的金属变为切屑,由车刀正在切削着的这层金属叫作切削层。切削层的大小和形状决定了车刀切削部分所承受的负荷。切削层的剖面形状近似为一平行四边形,当 $\kappa_r = 90°$ 时为矩形,其底边尺寸为 f,高为 a_p。因此,切削用量的两个要素 f 和 a_p 又称为切削层的工艺尺寸。切削层及其参数的定义如下:

1)切削层:在各种切削加工中,刀具相对于工件沿进给方向每移动 f(mm/r)或 f 齿(mm/齿)之后,一个刀齿正在切削的金属层称为切削层。切削层的尺寸称为切削层参数。切削层的剖面形状和尺寸通常在基面 P_r 内观察和测量。

2)切削厚度 h_D:垂直于过渡表面来度量的切削层尺寸,称为切削厚度。h_D 的大小影响单位长度切削刃上的比压力,必须在刀具可承受的允许值范围内。在外圆纵车时

$$h_D = f\sin\kappa_r \tag{5-11}$$

3)切削宽度 b_D:沿过渡表面来度量的切削层尺寸,称为切削宽度,它与实际工作切削刃长度有关。外圆纵车($\lambda_s = 0$)时有

$$b_D = a_p/\sin\kappa_r \tag{5-12}$$

在 f 与 a_p 一定的条件下,κ_r 越大,切削厚度 h_D 越大,但切削宽度 b_D 越小;κ_r 越小时,h_D 越小,b_D 越大。

4)切削面积 A_D:切削层在基面 P_r 内的面积,称为切削面积,它影响切削力的大小。在外圆纵车时有

$$A_D = h_D b_D = f \cdot a_p \tag{5-13}$$

由上式可知,A_D 与主偏角 κ_r 的大小无关,与切削刃的形状无关,只与进给量和切削深度有关。

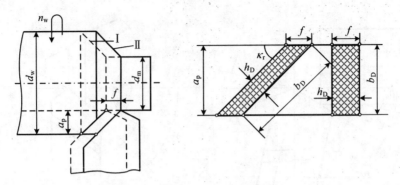

图 5-11　外圆纵车时的切削层参数

（2）材料去除率

单位时间内切除材料的体积称为材料去除率 $Q(\mathrm{mm^3/min})$，它反映了切削加工过程生产率的大小，其计算式为

$$Q = 1000 v_c h_D b_D = 1000 v_c f a_p \tag{5-14}$$

（3）切削方式

1）自由切削与非自由切削：切削过程中，如果只有一条直线切削刃参与切削工作，则称为自由切削。由于没有其他切削刃参与切削工作，这时切削刃上各点切屑流出方向大致相同，切削变形基本上发生在一个平面内。

若刀具的主切削刃和副切削刃同时参与切削，或者切削刃为曲线，则称其为非自由切削。这种切削由于主、副切削刃交接处或切削刃各点处切下的切屑互相干扰，因此切屑变形复杂，且发生在三个方向上。

2）直角切削与斜角切削：主切削刃与切削速度方向垂直的切削为直角切削或正交切削，如图 5-12(a)所示，其切屑流出方向是沿切削刃法向。

主切削刃与切削速度方向不垂直的切削为斜角切削，如图 5-12(b)所示，主切削刃上的切屑流出方向将偏离其法向。实际切削加工中大多数为斜角切削，但在实验研究中，为简化起见，常采用直角切削方式。

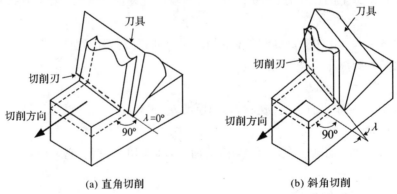

(a) 直角切削　　　　　　　　　(b) 斜角切削

图 5-12　切削方式

5.3 常用的刀具材料

1. 刀具材料应具备的基本性能

在切削过程中,刀具切削部分与切屑、工件相互接触的表面上承受着很大压力和强烈摩擦,刀具在高温、高压以及冲击和振动下切削,因此刀具材料必须具备以下基本性能。

(1) 硬度。刀具材料的硬度应该高于工件材料的硬度,常温硬度应在 HRC62 以上。

(2) 耐磨性。耐磨性表示刀具抵抗磨损的能力。通常硬度高耐磨性也高。此外,耐磨性还与基体中硬质点晶粒的粗细程度、分布的均匀程度以及化学稳定性有关。

(3) 耐热性。刀具材料应在高温下仍保持较高的硬度、耐磨性、强度和韧性。

(4) 强度和韧性。为了承受切削力、冲击和振动,刀具材料应具备足够的强度和韧性。强度用抗弯强度表示,韧性用抗冲击值表示。刀具材料的强度和韧性越高,则硬度和耐磨性也就较差,这两个方面的性能常常是互相矛盾的。

(5) 减摩性。刀具材料的减摩性越好,则刀面上的摩擦系数就越小,既可以减小切削力和降低切削温度,还能抑制刀-屑界面处冷焊的形成。

(6) 导热性和热膨胀系数。刀具材料的导热系数越大,散热越好,有利于降低切削区温度而提高刀具使用寿命。热膨胀系数小,可减小刀具的热变形和对尺寸精度的影响。

(7) 工艺性和经济性。为了便于刀具的制造,刀具材料应具有良好的可加工性(锻、轧、焊接、切削加工、可磨削性和热处理等);刀具材料的价格应低廉,便于推广应用。

常用的刀具材料有碳素工具钢、合金工具钢、高速钢、硬质合金、陶瓷、金刚石、立方氮化硼等。碳素工具钢和合金工具钢由于切削性能较差,目前已很少使用,仅用于一些手工工具及切削速度较低的刀具。陶瓷、金刚石和立方氮化硼或因强度低、脆性大,或因成本高,仅用于某些有限场合,目前金属切削过程中用得最多的刀具材料是高速钢和硬质合金。

2. 高速钢

高速钢是在高碳钢中加入了大量的钨(W)、钼(Mo)、铬(Cr)、钒(V)等合金元素,这些元素与碳形成高硬度的碳化物,提高了钢的耐磨性和淬透性。高速钢经淬火并三次回火后,由于弥散硬化效果进一步提高了硬度和耐磨性。高速钢在 600℃ 以上时,其硬度下降而失去切削性能。切削中碳钢时,切削速度可达 30m/min 左右。高速钢的最大优点是强度、韧性和工艺性能好,且价格便宜,因此广泛用于复杂刀具和小型刀具的制造。

按化学成分高速钢可分为钨系(含 W)、钨钼系(含 W 和 Mo)和钼系(主要含 Mo,也含少量的 W);按切削性能分,则分为普通高速钢和高性能高速钢。常用的普通高速钢的牌号有 W18Cr4V 和 W6Mo5Cr4V2。W18Cr4V 属钨系高速钢,使用普遍,其综合机械性能和可磨削性好,可用于制造包括复杂刀具在内的各类刀具。W6Mo5Cr4V2 属钨钼系高速钢,具有碳化物分布均匀、韧性好、热塑性好的特点,将逐步取代 W18Cr4V,但其可磨削性比 W18Cr4V 略差。几种常用高速钢的物理力学性能见表 5-1。

表 5-1　几种常用高速钢的物理力学性能

钢种牌号	常温硬度 HRC	高温硬度 HV(600℃)	抗弯硬度 /GPa	冲击韧性 /(MJ/m²)
W18Cr4V	63～66	～520	3.00～3.40	0.18～0.32
110W1.5Mo9.5Cr4VCo8	67～69	～602	2.70～3.80	0.23～0.30
W6Mo5Cr4V2Al	67～69	～602	2.90～3.90	0.23～0.30
W10Mo4Cr4V3Al	68～69	～583	～3.07	0.20
W12Mo3Cr4V3Co5Si	69～70	～608	2.40～2.70	0.11
W6Mo5Cr4V5SiNbAl	66～68	～526	～3.60	0.27

对于强度和硬度较高的难加工材料,采用普通高速钢刀具的切削效果不理想,切削速度不能超过 30m/min。因此,近年来采用新技术措施来改善高速钢刀具的切削性能。其主要途径如下:

(1)改变高速钢的合金成分。调整普通高速钢的基本化学成分和添加其他合金元素,使其机械性能和切削性能显著提高,这就是高性能高速钢。高性能高速钢可用于切削高强度钢、高温合金、钛合金等难加工材料。例如,加钴形成钴高速钢(M42),它的特点是综合性能好,硬度接近 70HRC,高温硬度也居前,可磨削性也好,但由于含有钴元素,所以价格较贵。加铝形成铝高速钢(W6Mo5Cr4V2AD),它是我国独创无钴高速钢,优点是无钴而成本低,缺点是可磨削性略低于 M42,且热处理温度较难控制。

(2)粉末冶金高速钢。采用粉末冶金技术,即将高频感应炉熔炼的钢液用惰性气体雾化成粉末,再经热压成坯,最后轧制或锻造成钢材或刀具形状。粉末冶金高速钢的韧性和硬度较高,可磨削性显著改善,材质均匀,热处理变形小,适合于制造各种精密刀具和复杂刀具。

(3)采用表面化学渗入法。典型的表面化学渗入法是渗碳,渗碳后刀具表面硬度、耐磨性提高,但脆性增加。减小脆性的办法是同时渗入多种元素,如渗硼可降低脆性并提高抗黏结性,渗硫可减小表面摩擦,渗氮可提高热硬性等。

(4)高速钢表面涂层。在真空条件下,用 PVD(物理气相沉积)法将 TiC 和 TiN 等耐磨、耐高温、抗黏结的材料薄膜(3～5μm)涂覆在高速钢刀具表面上。经过涂层后的刀具耐磨性和使用寿命大大提高(提高 3～7 倍),切削效率提高 30%。目前已广泛用于制造形状复杂的刀具,如钻头、丝锥、铣刀、拉刀和齿轮刀具等。

3. 硬质合金

硬质合金是高硬度、难熔金属碳化物(主要是 WC、TiC、TaC、NbC 等,又称高温碳化物)微米级的粉末,用钴或镍作黏结剂烧结而成的粉末冶金制品。其允许切削温度高达 800～1000℃,切削中碳钢时,切削速度可达 100～200m/min。硬质合金是目前最主要的刀具材料之一,由于其工艺性差,所以主要用于制造简单刀具。在刀具寿命相同的条件下,硬质合金的切削速度比高速钢的切削速度高 2～10 倍;但硬质合金的强度和韧性比高速钢差很多,因此硬质合金不像高速钢刀具那样能承受较大的切削振动和冲击载荷。

在硬质合金中碳化物所占比例越大,则硬度越高;反之,碳化物比例减小,黏结剂比例增大,则硬度低,但抗弯强度提高。碳化物的粒度越细,则有利于提高硬质合金的硬度和耐磨性,但降低了合金的抗弯强度;反之,则使合金的抗弯强度提高,而硬度降低。碳化物粒度的均匀性也影响硬质合金的性能,粒度均匀的碳化物可形成均匀的黏结层,防止产生裂纹。在硬质合金中添加 TaC 能使碳化物粒度均匀和细化。

(1)钨钴类硬质合金(WC+Co),牌号为 YG

YG 类硬质合金主要用于加工铸铁、有色金属和非金属材料。在加工这类材料时,切屑呈崩碎块粒状,对刀具冲击很大,切削力和切削热都集中在刀尖附近。YG 类硬质合金具有较高的抗弯强度和韧性,可减少切削时的崩刃;同时 YG 类硬质合金的导热性能好,有利于降低刀尖的温度。

粗加工时宜选用含钴量较多的牌号(如 YG30),因其抗弯强度和冲击韧性较高;精加工时宜选用含钴量较少的牌号(如 YG3),因其耐磨性、耐热性较好。

(2)钨钛钴类硬质合金(WC+TiC+Co),牌号为 YT

YT 类硬质合金适用于加工钢料。加工钢料时,塑性变形大,摩擦剧烈,因此切削温度高。由于 YT 类硬质合金中含有质量分数 5%～30%的 TiC(TiC 的显微硬度为 3000～3200HV、熔点为 3200～3250℃,均高于 WC 的显微硬度 1780HV、熔点 2900℃),因而具有较高的硬度、较好的耐磨性和耐热性。

与 YG 类硬质合金的选用类似,粗加工时宜选用含钴较多的牌号,如 YT5;精加工时宜选用含 TiC 较多的牌号,如 YT30。在加工含钛的不锈钢和钛合金时,不宜采用 YT 类硬质合金,因为 TiC 的亲和效应使刀具产生严重的黏结磨损。在加工淬火钢、高强度钢和高温合金时,以及低速下切削钢时,由于切削力很大,易造成崩刃,也不宜采用强度低、脆性大的 YT 类硬质合金,而应该采用韧性较好的 YG 类硬质合金。

(3)钨钛钽(铌)钴类硬质合金(WC+TiC+TaC(NbC)+Co),牌号为 YW

YW 类硬质合金是在 YT 类硬质合金中加入适量的 TaC(NbC)而成的,兼有 YG 类和 YT 类硬质合金的优点,具有硬度高、耐热性好和强度高、韧性好的特点,既可以加工钢,也可以加工铸铁和有色金属,故被称为通用硬质合金。YW 类硬质合金主要用于加工耐热钢、高锰钢、不锈钢等难加工材料,其中 YW1 适用于精加工,YW2 适用于粗加工。

以上三类硬质合金的主要成分都是 WC,统称为 WC 基硬质合金。

(4)碳化钛基硬质合金,牌号为 YN

以碳化钛(TiC)为主要成分,以 Ni、Mo 作为黏结剂。由于 TiC 是所有碳化物中硬度最高的物质,因此 TiC 基硬质合金的硬度也比较高,其刀具寿命可比 WC 基硬质合金提高几倍,可加工钢,也可加工铸铁,但其抗弯强度和韧性比 WC 基硬质合金差。因此,碳化钛基硬质合金主要用于精加工,不适于重载荷切削及断续切削。

(5)新型硬质合金

1)添加碳化钽(TaC)、碳化铌(NbC)的硬质合金。在 WC-Co 合金中添加少量 TaC 或 NbC 可显著提高常温硬度、高温硬度、高温强度和耐磨性,而抗弯强度略有降低;在 TiC 含量少于 10%的 WC-TiC-Co 合金中,添加少量 TaC 或 NbC,可以获得较好的综合机械性能,既可加工铸铁有色金属,又可加工碳素钢、合金钢,也适合于加工高温合金、不锈钢等难加工材料,从而有通用合金之称。目前,添加 TaC 或 NbC 的硬质合金应用日益广泛,而没有 TaC 或 NbC 的 YG、YT 类旧牌号硬质合金在国际市场上呈淘汰趋势。

2)涂层硬质合金。在 YG8、YT5 这类韧性、强度较好但硬度、耐磨性较差的刀具表面上用 CVD 法(化学气相沉积法)涂上晶粒极细的碳化物(TiC)、氮化物(TiN)或氧化物(Al_2O_3)等,可以解决刀具硬度、耐磨性与强度、韧性之间的矛盾。TiC 硬度高,耐磨性好,线膨胀系数与基体相近,所以与基体结合比较牢固;TiN 的硬度低于 TiC,与基体结合稍差,但抗月牙洼磨损能力强,且不易生成中间层(脆性相),故允许较厚的涂层。Al_2O_3 涂层的高温化学性能稳定,适用于更高速度下的切削。目前多用复合涂层合金,其性能优于单层。近年来出现金刚石涂层硬质合金刀具,刀具使用寿命可提高 50 倍,而成本仅提高10 倍。由于涂层材料的线膨胀系数总大于基体,故表层存在残余应力,抗弯强度下降。所以涂层硬质合金适用于各种钢料、铸铁的精加工和半精加工及负荷较轻的粗加工。

3)细晶粒和超细晶粒硬质合金。一般硬质合金中晶粒的大小均大于 $1\mu m$,如使晶粒细化到小于 $1\mu m$,甚至小于 $0.5\mu m$,则耐磨性有较大改善,刀具使用寿命可提高 $1\sim2$ 倍。添加 Cr_2O_3 可使晶粒细化。这类合金可用于加工冷硬铸铁、淬硬钢、不锈钢、高温合金等难加工材料。

4)TiC 基和 Ti(C,N)基硬质合金。一般硬质合金属于 WC 基。TiC 基合金是以 TC为主体成分,以镍、钼作黏结剂,TiC 含量达 $60\%\sim70\%$。与 WC 基合金比较,它的硬度较高,抗冷焊磨损能力较强,热硬性也较好,但韧性和抗塑性变形的能力较差,性能介于陶瓷和 WC 基合金之间。国内代表性牌号是 YN10 和 YN05,它们适合于碳素钢、合金钢的半精加工和精加工,其性能优于 YT15 和 YT30。在 TiC 基合金中进一步加入氮化物形成 Ti(C,N)基硬质合金。Ti(C,N)基硬质合金的强度、韧性、抗塑性变形的能力均高于TiC 基合金,是很有发展前景的刀具材料。

5)添加稀土元素的硬质合金。在 WC 基合金中,加入少量稀土元素,有效地提高了合金的韧性、抗弯强度和耐磨性。适用于粗加工,目前处于研究阶段。

6)高速钢基硬质合金。以 TiC 或 WC 作硬质相(占 $30\%\sim40\%$),以高速钢作黏结剂(占 $60\%\sim70\%$),用粉末冶金工艺制成。其性能介于硬质合金和高速钢之间,具有良好的耐磨性和韧性,特别是大大改善了工艺性,适合于制造复杂刀具。

4. 超硬刀具材料

(1)陶瓷

1)复合氧化铝陶瓷。在 Al_2O_3 基体中添加高硬度、难熔碳化物(如 TiC),并加入一些其他金属(如镍、钼)进行热压而成的一种陶瓷。其抗弯强度为 $800N/mm^2$ 以上,硬度达到 $93\sim94HRA$。在 Al_2O_3 基体中加入 SiC 和 ZrO_2 晶须而形成晶须陶瓷,大大提高了韧性。

2)复合氮化硅陶瓷。在 Si_3N_4 基体中添 TiC 等化合物和金属 Co 等进行热压,制成复合氮化硅陶瓷,其机械性能与复合氧化铝陶瓷相近。

陶瓷刀具有很高的高温硬度,在 1200℃时硬度尚能达到 80HRA;化学稳定性好,与被加工金属亲和作用小。但陶瓷的抗弯强度和冲击韧性较差,对冲击十分敏感。目前多用于各种金属材料的半精加工和精加工,适合于淬硬钢、冷硬铸铁的加工。

由于陶瓷的原料在自然界中容易得到,且价格低廉,因而是一种极有发展前途的刀具材料。

（2）金刚石

金刚石分天然和人造两种,它们都是碳的同素异构体。其硬度高达 10000HV,是自然界中最硬的材料。天然金刚石质量好,但价格昂贵。人造金刚石是在高温高压条件下,借助于某些合金的触媒作用,由石墨转化而成。金刚石能切削陶瓷、高硅铝合金、硬质合金等难加工材料,还可以切削有色金属及其合金,但它不能切削铁族材料,因为碳元素和铁元素有很强的亲和性,碳元素向工件扩散,加快刀具磨损。当温度大于 700℃时,金刚石转化为石墨结构而丧失了硬度。金刚石刀具的刃口可以磨得很锋利,对有色金属进行精密和超精密切削时,表面粗糙度 R_a 可达到 $0.01\sim0.1\mu m$。

（3）立方氮化硼

六方氮化硼经高温高压处理转化为立方氮化硼（CBN）,其硬度仅次于金刚石,为 8000～9000HV。立方氮化硼的热稳定性和化学惰性优于金刚石,可耐 1400～1500℃的高温。用于切削淬硬钢、冷硬铸铁、高温合金等,切削速度比硬质合金高 5 倍。立方氮化硼刀片采用机械夹固或焊接方法固定在刀柄上。立方氮化硼性脆易崩刃,宜用于平稳切削。

上述几种常用刀具材料的物理性能与力学性能,如表 5-2 所示。

表 5-2 常用刀具材料的性能

性能	高速钢	硬质合金		陶瓷	金刚石	立方氮化硼
		钨钴类	钨钛钴类			
硬度	83～86HRA	90～95HRA	91～93HRA	91～95HRA	10000HV	8000～9000HV
抗压强度 /MPa	4100～4500	4100～5850	3100～3850	2750～4500	6900	6900
抗弯强度 /MPa	2400～4800	1050～2600	1380～1900	345～950	1350	700
冲击强度 /J	1.35～8	0.34～1.35	0.79～1.24	＜0.1	＜0.2	＜0.5
弹性模量 /GPa	200	520～690	310～450	310～450	820～1050	850
密度 /(kg/m³)	8600	10000～15000	5500～5800	4000～4500	3500	3500
熔化或分解温度 /℃	1300	1400	1400	2000	700	1300

续表

性能	高速钢	硬质合金		陶瓷	金刚石	立方氮化硼
		钨钴类	钨钛钴类			
导热系数 [W/(m−K)]	30~50	42~125	17	29	500~2000	13
热膨胀系数 [10^6(1/℃)]	12	4~6.5	7.5~9	6~8.5	1.5~4.8	4.8

5.4 金属切削的基本原理

金属切削加工中的各种物理现象,如切削力、切削热、刀具磨损、已加工表面质量等,都与切削变形和切屑形成过程有关。研究和掌握金属切削变形过程的原理和规律,有助于优化和改善切削加工技术。

5.4.1 金属切削的变形过程

1. 金属切削变形过程的基本模型

切削时金属材料受前刀面挤压,材料内部大约与主应力方向成 45°的斜平面内剪应力随载荷增大而逐渐增大,产生剪应变;当载荷增大到一定程度,剪切变形进入塑性流动阶段,金属材料内部沿着剪切面发生相对滑移,随着刀具不断向前移动,剪切滑移将持续下去,如图 5-13 所示,于是被切金属层就转变为切屑。如果是脆性材料(如铸铁),则沿此剪切面产生剪切断裂。因而可以说,金属切削过程就是工件的被切金属层在刀具前刀面的推挤下,沿着剪切面(滑移面)产生剪切滑移变形并转变为切屑的过程。

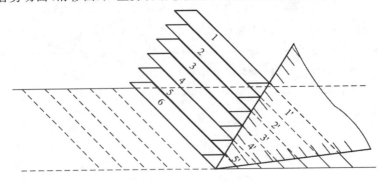

图 5-13 金属切削变形过程

2. 金属切削过程中的三个变形区

如图 5-14 所示,选定被切金属层中的一个晶粒 P 来观察其变形过程。当刀具以切削速度 v 向前推进时,可以看作刀具不动,晶粒 P 以速度 v 反方向逼近刀具。当 P 到达 OA 线(等剪应力线)时,剪切滑移开始,故称 OA 为始剪切线(始滑移线)。P 继续向前移动的同时,也沿 OA 线滑移,其合成运动使 P 到达点 2,即处于 OB 滑移线(等剪应力线)上,2′-2就是其滑移量,此处晶粒 P 开始纤维化。同理,当 P 继续到达位置 3(OC 滑移线)时呈现更严重的纤维化,直到 P 到达位置点 4(OM 滑移线,称 OM 为终剪切线或终滑移线)时,其流动方向已基本平行于前刀面,并沿前刀面流出,因而纤维化达到最严重程度后不再增加,此时被切金属层完全转变为切屑,同时由于逐步冷硬的效果,切屑的硬度比被切金属的硬度高,而且变脆,易折断。OA 与 OM 所形成的塑性变形区称为发生在切屑上的第Ⅰ变形区,其主要特征是沿滑移线(等剪应力线)的剪切变形和随之产生的“加工硬化”现象。如图 5-15 所示,为了观察金属切削层各点的变形,可在工件侧面作出细小的方格,查看切削过程中这些方格如何被扭曲,借以判断和认识切削层的塑性变形、切削层变为切屑的实际情形。在一般切削速度下,OA 与 OM 非常接近(0.02～0.2mm),故通常用一个平面来表示这个变形区,该平面称为剪切面。剪切面与切削速度方向的夹角称为剪切角。

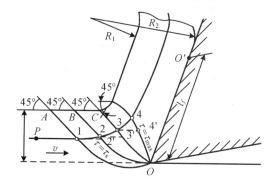

图 5-14　第一变形区内金属的滑移

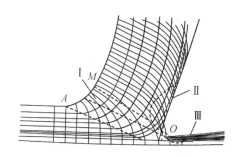

图 5-15　金属切削过程中的滑移线和 3 个变形区

当切屑沿着前刀面流动时,由于切屑与前刀面接触处有相当大的摩擦力来阻止切屑的流动,因此,切屑底部的晶粒又进一步被纤维化,其纤维化的方向与前刀面平行。这一沿着前刀面的变形区被称为第Ⅱ变形区。

由于刀尖不断挤压已加工表面,而当刀具前移时,工件表面产生反弹,因此后刀面与已加工表面之间存在挤压和摩擦,使已加工表面处也形成晶粒的纤维化和冷硬效果。此变形区称为第Ⅲ变形区,如图 5-15 所示。

5.4.2　切屑的种类

由于工件材料以及切削条件不同,切削变形的程度也就不同,因而所产生的切屑形态也就多种多样。切屑形态一般分为 4 种基本类型,如图 5-16 所示。

(1)带状切屑。形状像一条连绵不断的带子,底部光滑。背部呈毛茸状。一般加工塑性材料,当切削厚度较小,切削速度较高,刀具前角较大时,得到的切屑往往是带状切屑。出现带状切屑时,切削过程平稳,切削力波动较小,已加工表面粗糙度较小。

(2)节状切屑。切屑上各滑移面大部分被剪断,尚有小部分连在一起,犹如节骨状,外面呈锯齿形,内面有裂纹。切削塑性材料,在切削速度较低、切削厚度较大时产生节状切屑,又称挤裂切屑。出现节状切屑时切削过程不平稳,切削力有波动,已加工表面粗糙度

图 5-16 切屑的种类

较大。

(3)单元切屑(粒状切屑)。切屑沿剪切面完全断开,因而切屑呈单元状。当切削塑性较差的材料,在切削速度极低时产生这种切屑。

(4)崩碎切屑。切削脆性材料时,被切金属层在前刀面的推挤下未经塑性变形就在张应力状态下脆断,形成不规则的碎块状切屑。形成崩碎切屑时,切削力变化波动大,加工表面凹凸不平。

切屑的形态是随切削条件的改变而变化的。在形成节状切屑的情况下,若减小前角或加大切削厚度,就可以得到单元切屑;反之,若加大前角,提高切削速度,减小切削厚度,则可得到带状切屑。

5.4.3 积屑瘤

1. 积屑瘤现象及其产生条件

在法向力和切向力的作用下,刀-屑接触区发生了强烈的塑性变形,破坏了表面的氧化膜和吸附膜,发生了金属对金属的直接接触,同时由于接触峰点的温度升高,从而使正在接触的峰点发生了焊接,称为冷焊。当刀-屑间的接触满足形成冷焊的条件时,切屑底面上的金属层就会冷焊黏结并沉积在前刀面上,形成一个非常坚硬的金属堆积物,称为积屑瘤,如图 5-17 所示。其硬度是工件材料硬度的 2~3.5 倍,能够代替刀刃进行切削,并且不断生长和脱落。

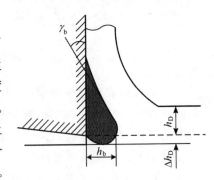

图 5-17 积屑瘤

2. 积屑瘤与切削速度的关系

切削速度不同,积屑瘤生长所能达到的高度也不同。如图 5-18 所示,根据积屑瘤的有无及生长高度,可以把切削速度分为 4 个区域。

Ⅰ区:切削速度很低,形成粒状或节状切屑,没有积屑瘤生成。

Ⅱ区:形成带状切屑,冷焊条件逐渐形成,随着切削速度的提高积屑瘤高度也增大。在这个区域内,积屑瘤生长的基础比较稳定,即使脱落也多半是顶部被挤断,这种情况下能代替刀具进行切削,并保护刀具。

Ⅲ区:切屑底部由于切削温度升高而开始软化,剪切屈服极限 τ_s 下降,切屑的滞留倾向减弱,因而积屑瘤的生长基础不稳定,积屑瘤高度随切削速度的提高而减小,当达到Ⅲ

区右边界时,积屑瘤消失。在此区域内经常脱落的积屑瘤硬块不断滑擦刀面而使刀具磨损加快。

Ⅳ区:由于切削温度较高而冷焊消失,此时积屑瘤不再产生。

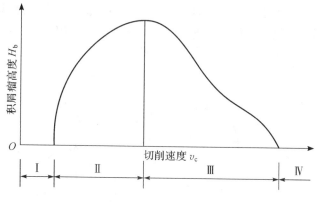

图 5-18　切削速度与积屑瘤形成的关系

3. 积屑瘤对切削过程的影响

(1)保护刀具。积屑瘤包围着刀刃和刀面,如果积屑瘤生长稳定则可代替刀刃和前刀面进行切削,因而保护了刀刃和刀面,延长了刀具使用寿命。

(2)增大前角。积屑瘤具有 30°左右的前角(见图 5-17),因而减小了切屑变形,降低了切削力,从而使切削过程容易进行。

(3)增大切削厚度。积屑瘤的前端伸出切削刃之外,伸出量为 Δh_D(见图 5-17)。有积屑瘤时的切削厚度比没有积屑瘤时增大了 Δh_D,从而影响了工件的加工精度。

(4)增大已加工表面粗糙度。积屑瘤的外形极不规则,因此增大了已加工表面粗糙度。

(5)影响刀具磨损。如果积屑瘤频繁脱落,则积屑瘤碎片反复挤压前刀面和后刀面,加速了刀具磨损。

显然,积屑瘤有利有弊。粗加工时,对精度和表面质量要求不高,如果积屑瘤能稳定生长,则可以代替刀具进行切削,既保护了刀具,又减小了切削变形。精加工时,则绝对不希望积屑瘤出现。

控制积屑瘤的形成,实质上就是要控制刀-屑界面处的摩擦系数。改变切削速度是控制积屑瘤生长的最有效措施,而加注切削液和增大前角都可以抑制积屑瘤的形成。

5.5　切削力与切削温度

5.5.1　切削力

切削过程中,刀具作用于工件使工件材料产生变形,并使多余材料转变为切屑所需的力,称为切削力;而工件抵抗变形反作用于刀具的力称为切削抗力。切削力直接影响切削热的产生,并进一步影响刀具磨损、刀具使用寿命、加工精度和已加工表面质量。切削力又是计算切削功率,制定切削用量,设计机床、刀具、夹具的重要参数。

1. 切削力的来源与分解

刀具切削工件时,由于切屑与工件内部产生弹性、塑性变形抗力,切屑与工件对刀具产生摩擦阻力,形成刀具对工件作用的一个合力 F。为了应用和测量的方便,常将总切削力 F 分解为三个互相垂直的分力,如图 5-19 所示。

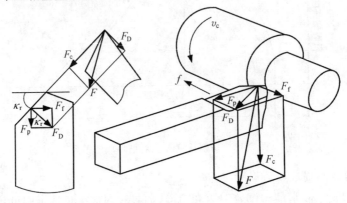

图 5-19　车削外圆时刀具作用在工件上的切削力

主切削力 F_c:总切削力 F 在主运动方向上的投影,垂直于基面,与切削速度 v_c 的方向一致,又称为切向力。它是计算工艺装备(刀具、机床和夹具)的强度、刚度以及校验机床功率所必需的数据。

切深抗力 F_p:总切削力 F 在垂直于工作平面方向上的分力,处于基面内与进给方向相垂直。它用来计算工艺系统刚度等,也是使工件在切削过程中产生振动的力,影响加工精度和已加工表面质量,特别是车细长轴时 F_p 对工件变形的影响十分突出。

进给抗力 F_f:总切削力 F 在进给运动方向上的分力,处于基面内与进给方向相平行。它是计算机床进给机构和确定进给功率、进给系统零件强度和刚度的主要依据。

由图 5-19 可知

$$F = \sqrt{F_c^2 + F_D^2} = \sqrt{F_c^2 + F_p^2 + F_f^2} \tag{5-15}$$

F_p、F_f 与 F_D 有如下关系:

$$F_p = F_D \cos\kappa_r ; F_f = F_D \sin\kappa_r \tag{5-16}$$

一般情况下,F_c 最大,F_p 和 F_f 小一些。F_p、F_f 与 F_c 的大致关系为

$$F_p = (0.15 \sim 0.7)F_c$$
$$F_f = (0.1 \sim 0.6)F_c \tag{5-17}$$

2. 切削功率

力和力作用方向上运动速度的乘积就是功率。在车削外圆时,F_p 不做功,只有 F_c 和 F_f 做功。

主切削功率:

$$P_c = F_c v_c \times 10^{-3} (\mathrm{kW}) \tag{5-18}$$

进给切削功率：

$$P_f = F_f n_w f \times 10^{-6} (\text{kW}) \qquad\qquad (5\text{-}19)$$

式中：F_c 为主切削力，N；v_c 为切削速度，m/s；F_f 为进给抗力，N；n_w 为工件转速，r/s；f 为进给量，mm/r。

切削功率是各切削分力消耗功率的总和。由于 F_f 小于 F_c，而 F_f 方向的进给速度又很小，因此进给切削功率很小（<1%），可以忽略不计。切削功率一般按主切削功率计算。

根据切削功率选择电动机时，还要考虑机床的传动效率，故机床电动机的功率 P_E 为

$$P_E \geqslant \frac{P_c}{\eta_c} \qquad\qquad (5\text{-}20)$$

式中：η_c 为机床传动效率，一般取 η_c 为 $0.75 \sim 0.85$。

3. 切削力的测量

影响切削力的因素有很多，如工件材料、切削用量、刀具材料、刀具几何角度等均会对切削过程中切削力的大小产生影响。100 多年来，切削力的理论计算和测量得到了国内外学者的广泛关注。在特定工件材料、切削用量、刀具材料和刀具几何角度条件下，当需要准确知道切削力的大小时，除了理论建模分析外，还需要进行实际切削力的测量。随着现代测试手段的不断更新，切削力的测量方法有了很大发展。目前用得比较多的是采用测力仪来测量切削力。

测力仪的测试原理是利用切削力作用在测力仪上的弹性元件上所产生的变形，或作用在压电晶体上产生的电荷经过转换处理后，读出 F_x、F_y 和 F_z 的值。先进的测力仪通常与计算机测试系统配套使用，可直接进行切削力的数据处理。在自动化生产中，也可利用测力仪产生的切削力信号来监控和优化切削过程。

按照测力仪的工作原理可以分为机械测力仪、液压测力仪和电气测力仪。目前常用的是电阻应变片式测力仪和压电式测力仪，图 5-20 所示为瑞士奇石乐公司研制的切削加工中常见的几种测力仪。

图 5-20　切削加工中常见的测力仪

5.5.2　切削热和切削温度

切削热和由它产生的切削温度直接影响刀具的磨损和使用寿命，最终影响工件的加

工精度和表面质量。

1. 切削热的产生及传导

在刀具的切削作用下,切削层金属发生弹性变形和塑性变形,产生切削热;切屑与前刀面、工件与后刀面间消耗的摩擦功也转化为热能,如图 5-21 所示。切削时所消耗的机械功率,即切削力所做的功大部分转化为热能,所以单位时间内产生的切削热为

$$Q = F_c v_c + F_f v_f \tag{5-21}$$

切削热由以下 4 个途径传导出去:1)通过工件传走,使工件温度升高;2)通过切屑传走,使切屑温度升高;3)通过刀具传走,使刀具温度升高;4)通过周围介质传走。

工件材料的强度和硬度越高,切削时所消耗的功就越多,产生的切削热也越多,切削温度就越高,需采用合理的切削用量,特别是控制切削速度;工件材料的导热系数越高,通过工件和切屑传走的热量也越多,结果切削区温度降低,这有助于提高刀具使用寿命,但同时工件温度升高,会影响工件的尺寸精度,而导热系数低的材料,情况与之相反。不锈钢和高温合金不但导热系数低,而且有较高的高温强度和硬度,所以切削这类材料时,切削温度比其他材料要高得多,必须采用导热性和耐热性较好的刀具材料,并充分加注冷却性能良好的切削液。

刀具材料的导热系数越高,则由刀具传走的热量也越多,可以降低切削区温度。

脆性金属在切削时塑性变形很小,切屑呈崩碎状,与前刀面的摩擦较小,所以切削温度较低,例如切削灰铸铁时的切削温度,比切削 45 号钢时低 20%～30%。

2. 刀具上切削温度的分布规律

由于刀具上各点与 3 个变形区(3 个热源)的距离各不相同,因此刀具上不同点处获得热量和传导热量的情况也会不相同,所以刀面上的温度分布是不均匀的。应用人工热电偶法测温,并辅以传热学分析得到的刀具、切屑和工件上的切削温度分布情况,如图 5-22 所示。

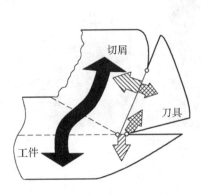

图 5-21　切削热的来源与传出

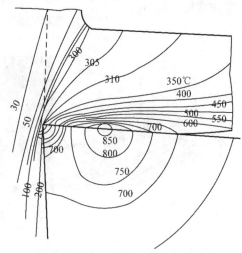

图 5-22　刀具、切屑和工件上的温度分布

　　切削塑性材料时,刀具上温度最高处是在距离刀尖一定长度的地方,该处由于温度高而首先开始磨损。这是因为切屑沿前刀面流出时,热量积累得越来越多,而热传导又十分不利,因此在距离刀尖一定长度的地方温度达到最大值。图 5-22 表示了切削塑性材料时刀具前刀面上切削温度的分布情况。而在切削脆性材料时,第 I 变形区的塑性变形不太显著,且切屑呈崩碎状,与前刀面接触长度大大减小,使第 II 变形区的摩擦减小,切削温度不易升高,只有刀尖与工件摩擦,即只有第 III 变形区产生的热量是主要的,因而切削脆性材料时最高切削温度将在刀尖处且靠近后刀面的地方,磨损也将首先从此处开始。

　　3. 切削温度的测量

　　切削热和切削温度对切削过程是有直接影响的,切削温度的高低取决于产生热量的多少和热量传递的快慢两方面因素。切削时影响产生热量和传递热量的因素主要有切削用量、工件材料的性能、刀具的几何参数和冷却条件等。采用有限元方法可以求解出切削区域的近似温度场,并指导切削过程的参数优化。但由于有限元仿真建模需要一些假设将复杂的工程问题进行简化,求解得到的切削区域温度场与实际情况仍存在一定偏差。因此,准确获得切削区域的温度场分布的可靠方法仍是对切削温度进行实际测量。

　　切削温度的测量方法有很多,常用的有热电偶法、光辐射法、热辐射法、金相结构法等。

　　(1) 热电偶法。当两种不同材质组成的刀具和工件材料接近并受热时,会因表层电子溢出而产生溢出电动势,并在刀具—工件材料的接触界面形成电位差(即热电势)。由于特定材料接触在一定温升条件下形成的热电势是一定的,因此可根据热电势的大小测定材料(热电偶)的受热状态及温度变化情况。采用热电偶法的测温装置结构简单、测量方便,是目前比较成熟也较常用的切削温度测量方法。它又可分为自然热电偶法和人工热电偶法。

　　(2) 光、热辐射法。采用光、热辐射法测量切削温度的原理是:刀具、切屑和工件材料受热时都会产生一定强度的光、热辐射,且辐射强度随着温度升高而加大,因此可通过测量光辐射和热辐射的能量来间接测定切削温度。如红外热成像仪就常被用于切削温度的测量。

　　(3) 金相结构法。金相结构法是基于金属材料在高温下会发生相应的金相结构变化这一原理来进行切削温度测量的。该方法通过观察刀具或工件切削前后金相组织的变化来判定切削温度的变化情况。

5.6　刀具的磨损与破损

5.6.1　刀具磨损的形态

　　刀具磨损是指刀具在正常的切削过程中,由于物理的或化学的作用,使刀具原有的几何角度逐渐丧失。刀具磨损呈现为以下 3 种形式。

(1)前刀面磨损(月牙洼磨损)。在切削速度较高、切削厚度较大的情况下加工塑性金属,在前刀面上接近刀刃处切削温度最高,磨损也最大,经常磨出一个月牙洼形的凹窝(见图 5-23)。月牙洼和切削刃之间有一条棱边。在磨损过程中,月牙洼宽度逐渐扩展,当月牙洼扩展到使棱边很小时,切削刃的强度将大大减弱,结果导致崩刃。月牙洼磨损量以其深度 KT 表示。

(2)后刀面磨损。由于加工表面和后刀面间存在着强烈的摩擦,在后刀面上毗邻切削刃的地方很快就磨出一个后角为零的小棱面,这种磨损形式叫作后刀面磨损(见图 5-23)。在切削刃参加切削工作的各点上,后刀面磨损是不均匀的。从图 5-23 可见,在刀尖部分(C 区)由于强度和散热条件差,因此磨损剧烈,其最大值为 VC。在切削刃靠近工件外表面处(N 区),由于加工硬化层或毛坯表面硬层等影响,往往在该区产生较大的磨损沟而形成缺口。该区域的磨损量用 VN 表示。N 区的磨损又称为边界磨损。在参与切削的切削刃中部(B 区),其磨损较均匀,以 VB 表示平均磨损值,以 VB_{max} 表示最大磨损值。

(3)前刀面和后刀面同时磨损。在切削塑性金属时,常会发生兼有上述两种情况的磨损形式。

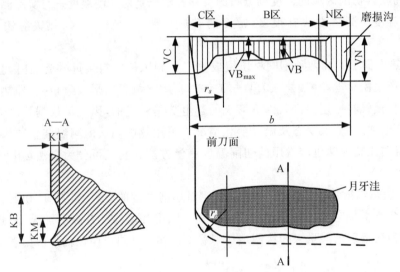

图 5-23　刀具磨损的形式

5.6.2　刀具磨损过程及磨钝标准

1.刀具磨损过程

用切削时间 t 和后刀面磨损量 VB 两个参数为坐标,则磨损过程可以用图 5-24 所示的一条磨损曲线来表示。磨损过程分为以下 3 个阶段。

(1)初期磨损阶段。由于新刃磨后的刀具表面存在微观粗糙度,故磨损较快。初期磨损量的大小通常为 VB=0.05~0.1mm,与刀具刃磨质量有很大的关系,经过研磨的刀具,初期磨损量小,而且要耐用得多。

(2)正常磨损阶段。刀具在较长的时间内缓慢地磨损,VB-t 呈线性关系。经过初期磨损后,后刀面上的微观不平度被磨掉,后刀面与工件的接触面积增大,压强减小,且分布均匀,所以磨损量缓慢且均匀地增加。正常磨损阶段是刀具工作的有效阶段。曲线的斜率代表了刀具正常工作时的磨损强度,是衡量刀具切削性能的重要指标之一。

（3）剧烈磨损阶段。在相对很短的时间内,VB猛增,切削刃变钝,切削力增大,切削温度升高,刀具因而完全失效。

2. 刀具的磨钝标准

刀具磨损后将影响切削力、切削温度和加工质量,因此必须根据加工情况规定一个最大的允许磨

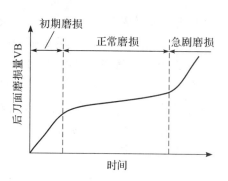

图 5-24 车刀的典型磨损曲线

损值,这就是刀具的磨钝标准。一般刀具后刀面上均有磨损,它对加工精度和切削力的影响比前刀面显著,同时后刀面磨损量容易测量。因此在刀具管理和金属切削的科学研究中都按后刀面磨损量来制定刀具磨钝标准,它是指后刀面磨损带中间部分平均磨损量允许达到的最大值,以 VB 表示。

制定磨钝标准应考虑以下因素:

（1）工艺系统刚性。工艺系统刚性差,VB 应取小值。如车削刚性差的工件,应控制 VB 在 0.3mm 左右。

（2）工件材料。切削难加工材料,如高温合金、不锈钢、钛合金等,一般应取较小的 VB 值;加工一般材料,VB 值可以取大一些。

（3）加工精度和表面质量。当加工精度和表面质量要求高时,VB 应取小值。如精车时,应控制 VB 在 0.1～0.3mm。

（4）工件尺寸。加工大型工件时为了避免频繁换刀,VB 应取大值。

5.6.3 刀具使用寿命和切削用量的选择

在生产实践中,直接用 VB 值来控制换刀的时机在多数情况下是极其困难的,通常采用与磨钝标准相应的切削时间来控制换刀的时机。刃磨好的刀具自开始切削直到磨损量达到磨钝标准为止的净切削时间,称为刀具使用寿命,以 T 表示。

根据实验,切削用量(v_c、a_p、f)与刀具使用寿命 T 的关系为

$$T=\frac{C_T}{v_c^{1/m} f^{1/n} a_p^{1/p}} \tag{5-22}$$

式中:C_T、m、n、p 与工件材料、刀具材料和其他切削条件有关,可在有关工程手册中查得。例如,用硬质合金外圆车刀切削 $\sigma_b=750$MPa 的碳素钢,当 $f>0.75$mm/r 时,经验公式为

$$T=\frac{C_T}{v_c^5 f^{2.25} a_p^{0.75}} \tag{5-23}$$

由上式可知,$1/m>1/n>1/p$ 或 $m<n<p$。这说明在影响刀具使用寿命 T 的 3 项因素 v_c、f、a_p 中,v_c 对 T 的影响最大,其次为 f,a_p 对 T 的影响最小。所以在提高生产率的同时,又希望刀具使用寿命下降得不多的情况下,优选切削用量的顺序为:首先尽量选用大的切削深度 a_p,然后根据加工条件和加工要求选取允许的最大进给量 f,最后根据刀具

使用寿命或机床功率允许的情况选取最大的切削速度 v_c。

刀具寿命确定得太高或太低,都会使生产率降低,加工成本增加。如果刀具寿命定得太高,则势必要选择很小的切削用量,尤其是切削速度就会过低,切削时间加长,这会降低生产率,增大加工成本。反之,若刀具寿命定得太低,虽然可以选择较高的切削速度,缩短切削时间,但因刀具磨损很快,需频繁地换刀,与换刀、磨刀有关的时间成本就会增加,也不能提高生产率和降低成本,因此,刀具寿命应该有一个合理的数值。

实际生产中,一般常用的刀具寿命参考值为:高速钢车刀 T 为 $30\sim90$min;硬质合金车刀 T 为 $15\sim60$min;高速钻头 T 为 $80\sim120$min;硬质合金面铣刀 T 为 $120\sim180$min;齿轮刀具 T 为 $200\sim300$min;组合机床、自动线上的刀具 $T=240\sim480$min;数控机床、加工中心上使用的刀具,其寿命应定得低一些。

5.6.4　刀具破损

在加工过程中,刀具不经过正常磨损,而在很短的时间内突然失效,这种情况称为刀具破损,破损形式有烧刃、卷刃、崩刃、断裂、表层剥落等,对生产有严重的危害作用。为防止刀具破损,应注意刀具材料的合理选择、刀具几何参数的合理选择、刀具的制造质量、切削用量的合理选择,以及工艺系统减小振动和减小突变性载荷等,特别在自动化生产中,刀具破损的自动监测监控是一个重要的研究课题。

第6章　常用的切削加工方法

在机械制造中,切削加工属于材料去除加工,即在加工过程中工件的质量变化 $\Delta m <$ 0。虽然这种加工方法的材料利用率比较低,但由于它的加工精度和表面质量较高,并且有较强的适应性,因此至今仍是应用最多的加工方法。

机器零件的大小不一,形状和结构各异,加工方法也多种多样,其中常用的有车削、钻削、镗削、刨削、拉削、铣削和磨削等。尽管它们在基本原理方面有许多共同之处,但由于所用机床和刀具不同,切削运动形式各异,所以它们有着各自的工艺特点和应用。按照切削加工中刀具所用切削刃的刃形和刃数不同,可以分为以下三类。

(1) 用具有单条切削刃的刀具进行切削的方法(单点切削加工):车削、镗削、刨削等。

(2) 用具有多个刃形和刃数的刀具进行切削的方法(多点切削加工):钻削、铣削、拉削等。

(3) 用刃形和刃数都不固定的磨具或磨料进行切削的方法(磨粒加工):磨削、研磨、珩磨和抛光等。

6.1　单点切削加工

单点切削加工刀具只有一条固定的切削刃,通常用在车床、刨床、镗床上。图 6-1 所示为典型的单点切削加工,刀具切削刃的主偏角为 κ_r,副偏角为 $\kappa_r{}'$,被切除的切削层厚度称之为切削厚度(a_c),刀具进给量为 f,则有

$$a_c = f\sin\kappa_r \tag{6-1}$$

由上式可知,当主偏角 κ_r 增大时,切削层厚度 a_c 也会随之增大。

对于小的刀具圆角半径,被切除金属层的截面面积 A_c 可以近似为

$$A_c = f a_p \tag{6-2}$$

式中:a_p 是切削深度。

6.1.1　车　削

1. 车削的概念

工件旋转做主运动、车刀做进给运动的切削加工方法称为车削加工,其特点是工件旋

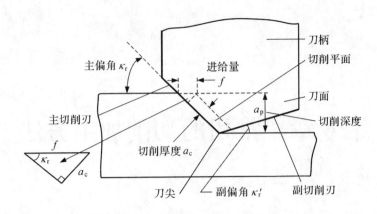

图 6-1　单点切削加工

转,形成主切削运动,因此车削加工后形成的面主要是回转表面。采用车削加工的主要表面有内外圆柱面、内外圆锥面、螺纹、沟槽、端平面、成形面、偏心轴、单头或多头蜗杆等,如图6-2所示。车削也可加工工件的端面。通过刀具相对工件实现不同的进给运动,可以获得不同的工件形状。当刀具沿平行于工件旋转轴线运动时,形成内外圆柱面;当刀具沿与轴线相交的斜线运动时,形成锥面。仿形车床或数控车床,可以控制刀具沿着一条曲线进给,从而形成特定的旋转曲面。采用成形车刀横向进给时,也可加工出旋转曲面来。车削加工可以在卧式车床、立式车床、转塔车床、自动车床、仿形车床、数控车床以及各种专用车床上进行。由于许多机械零件都具有回转表面,因此车削加工的应用极为广泛,车床在金属切削机床中所占比例达 20%～25%。

普通车削加工精度一般为 IT7～IT8,表面粗糙度 R_a 为 1.6～6.3 μm;精车时,加工精度可达 IT5～IT6,表面粗糙度 R_a 可达 0.1～0.4 μm;超精密车削表面粗糙度 R_a 可达 0.04 μm。

图 6-3 是卧式车床的外形图,其主要组成部分及功用如下。

(1)动力源:为机床提供动力(功率)和运动的驱动部分,如各种交流电动机、直流电动机和液压传动系统的液压泵、液压马达等。

(2)传动系统:包括主传动系统、进给传动系统和其他运动的传动系统,如变速箱、进给箱等部件。

(3)支撑件:用于安装和支承其他固定的或运动的部件,承受其重力和切削力,如床身、底座、立柱等。

(4)工作部件:包括与主运动和进给运动有关的执行部件,例如主轴及主轴箱、工作台及其溜板或滑座、刀架及其溜板以及滑枕等安装工件或刀具的部件;与工件和刀具有关的部件或装置,如自动上下料装置、自动换刀装置等;与上述部件或装置有关的分度、转位、定位机构和操纵机构等。

(5)控制系统:用于控制各工作部件的正常工作,主要是电气控制系统,数控机床则是数控系统。

(6)冷却系统:包括对切削区域的冷却和对机床发热部件的冷却。

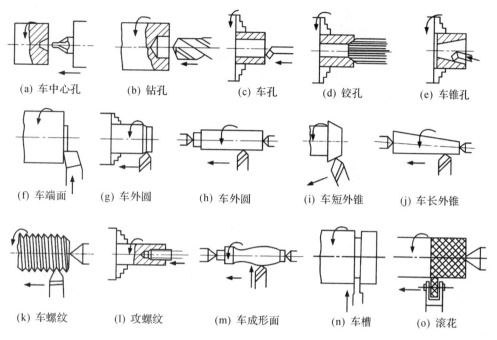

(a) 车中心孔	(b) 钻孔	(c) 车孔	(d) 铰孔	(e) 车锥孔
(f) 车端面	(g) 车外圆	(h) 车外圆	(i) 车短外锥	(j) 车长外锥
(k) 车螺纹	(l) 攻螺纹	(m) 车成形面	(n) 车槽	(o) 滚花

图 6-2　普通卧式车床加工的典型表面

（7）润滑系统：主要是对机床各运动部件的润滑。

（8）其他装置：如排屑装置、自动测量装置等。

图 6-3 所示的卧式车床是由主轴箱、进给箱、溜板箱、床鞍、刀架、尾座和床身等部件组成。主轴箱内装有主轴和变速、变向等机构，由电动机经变速机构带动主轴旋转，实现主运动，并获得所需转速及转向，主轴前端可安装卡盘等夹具，用以装夹工件。进给箱的作用是改变切削进给的进给量或被加工螺纹的导程。溜板箱的作用是将进给箱传来的运动传递给刀架，使刀架实现纵向进给、横向进给、快速移动或车螺纹。床鞍位于床身的中部，其上装有中滑板、回转盘、小滑板和刀架。刀架用以夹持车刀，并使其做纵向、横向或斜向进给运动。尾座安装在床身的尾座导轨上，其上的套筒可安装顶尖或各种孔加工刀具，用来支承工件或对工件进行孔加工。床身是车床的基本支承件。车床的主要部件均安装在床身上，并保持各部件间具有准确的相对位置。

2．车削的工艺特点

（1）适用范围广泛

车削是轴、盘、套等回转体零件广泛采用的加工工序。

（2）易于保证工件各加工面的位置精度

车削时，工件绕某一固定轴线回转，各表面具有同一回转轴线，故易于保证加工面间同轴度的要求。例如在卡盘或花盘上安装工件时，回转轴线是车床主轴的回转轴线；利用前、后顶尖安装轴类工件，或利用心轴安装盘、套类工件时，回转轴线是两顶尖中心的连线。工件端面与轴线的垂直度要求，则主要由车床本身的精度来保证，它取决于车床横溜板导轨与工件回转轴线的垂直度。

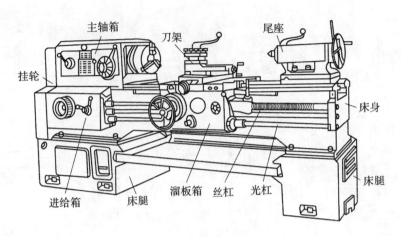

图 6-3　卧式车床的外形

（3）切削过程比较平稳

除了车削断续表面之外，一般情况下车削过程是连续进行的，不像铣削和刨削，在一次走刀过程中刀齿有多次切入和切出，产生冲击。并且当车刀几何形状、背吃刀量和进给量一定时，切削层公称横截面面积是不变的。因此，车削时切削力基本上不发生变化，车削过程比铣削和刨削平稳。又由于车削的主运动为工件回转，避免了惯性力和冲击的影响，所以车削允许采用较大的切削用量进行高速切削或强力切削，有利于提高生产效率。

（4）适用于有色金属零件的精加工

某些有色金属零件，因材料本身的硬度较低，塑性较大，若用砂轮磨削，软的磨屑易堵塞砂轮，难以得到很光洁的表面。因此，当有色金属零件表面粗糙度值 R_a 要求较小时，不宜采用磨削加工，而要用车削或铣削等。用金刚石刀具，在车床上以很小的背吃刀量（a_p <0.15mm）和进给量（f<0.1mm/r）以及很高的切削速度（$v\approx300$m/min）进行精细车削，加工精度可达 IT5～IT6，表面粗糙度 R_a 值达 0.1～0.4μm。

（5）刀具简单

车刀是刀具中最简单的一种，制造、刃磨和安装均较方便，这就便于根据具体加工要求，选用合理的角度。因此，车削的适应性较广，并且有利于加工质量和生产效率的提高。

3. 车削加工的计算

对于外圆车削加工而言，为了车削长度为 l_w 的圆柱形零件，工件的进给量为 f，主轴转速为 n_w，单位为转/min，则加工所需的时间 t 可计算为

$$t=\frac{l_w}{fn_w} \tag{6-3}$$

外圆车削的刀具尖角的切削速度是 $\pi d_m n_w$，切削速度的最大值是 $\pi d_w n_w$，其中 d_m 是车削表面的直径，d_w 是工件直径。切削速度的平均值 v 为

$$v=\frac{\pi n_w(d_w+d_m)}{2}=\pi n_w(d_m+a_p) \tag{6-4}$$

材料去除率（MRR）Z_w 可按下式计算

$$Z_w=A_c v=(a_p f)[\pi n_w(d_m+a_p)] \tag{6-5}$$

对于给定加工条件下加工的材料,可以测得单位材料去除所需要的能量,即 p_s,称为单位切削能。它是一种与材料属性有关的参量,切削过程中的切削厚度与它的值的大小有关。则执行切削加工的主运动电机的功率 P_m 可以计算为

$$P_m = p_s Z_w \tag{6-6}$$

图 6-4 给出了各种工件材料和切削厚度下的 p_s 近似值。

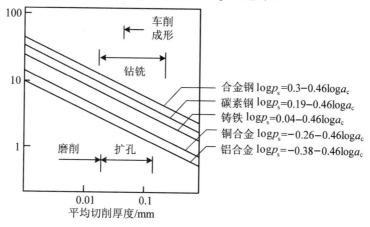

图 6-4　不同材料和加工条件下单位切削能的估计值(p_s)与切削厚度(a_c)的关系

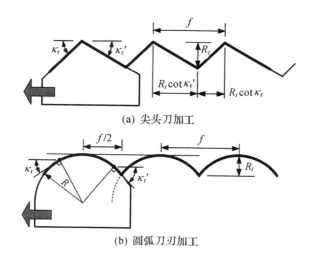

图 6-5　车削加工的表面几何轮廓

图 6-5(a)和(b)分别显示了用尖头刀和圆头刀进行车削时的表面轮廓,其评价参数可用表面粗糙度来进行。两种广泛使用的表面粗糙度是算术平均粗糙度或中值平均粗糙度 R_a 和轮廓最大高度(峰谷)偏差 R_t,其计算式为

$$R_a = \frac{1}{L}\int_0^L \left| y(x) - \left(\frac{1}{L}\int_0^L y(x)\,\mathrm{d}x \right) \right| \mathrm{d}x \tag{6-7}$$

$$R_t = \max_{0 \leqslant x \leqslant L}\big[y(x) \big] - \min_{0 \leqslant x \leqslant L}\big[y(x) \big] \tag{6-8}$$

式中:x 为沿表面的方向的坐标,y 为表面高度,L 为测量距离。图 6-5 中所示的表面轮廓

是在垂直于主运动的平面上生成的。对于图 6-5(a)中的几何形状,轮廓的最大高度(峰谷)偏差为

$$R_t = \frac{f}{\cot\kappa_r + \cot\kappa_r'} \tag{6-9}$$

R_a 是高度中心线。根据式(6-7),中心线以下的部分将会被修正,得到两个三角形,高度为 $R_t/2$,底边长度为 $f/2$。两个三角形的面积相加为

$$R_a = \frac{1}{f}\left[2\left(\frac{1}{2}\right)\left(\frac{R_t}{2}\right)\left(\frac{f}{2}\right)\right] = \frac{R_t}{4} = \frac{f}{4(\cot\kappa_r + \cot\kappa_r')} \tag{6-10}$$

对于图 6-5(b)采用的圆弧刀,R_t 可标示为

$$R_t = (1 - \cot\kappa_r')R + f\sin\kappa_r'\cos\kappa_r' - \sqrt{2f\sin^3\kappa_r' - f^2\sin^4\kappa_r'} \tag{6-11}$$

如果只有圆弧刀刃参与形成最终的表面轮廓,则该过程可近似描述为精加工,而不是粗加工。判断是否为精加工的条件为 $\frac{f}{2} \leqslant R\sin\kappa_r'$。此时,$R_a$ 和 R_t,可简化为

$$R_t \approx \frac{f}{8R} \tag{6-12}$$

$$R_a \approx \frac{f^2}{32R} \tag{6-13}$$

需要指出,以上讨论的表面粗糙度计算是近似的,与实际情况存在一定偏差。实际加工零件表面的粗糙度值会大很多,主要是因为近似计算时忽略了切削加工过程中的材料特性、振动、裂纹等因素的影响。

车端面时,计算车削时间 t_m:

$$t_m = \frac{d_w}{2fn_w} \tag{6-14}$$

开始切削时,最大切削速度 v_{max} 和最大材料去除率 $Z_{w,max}$ 分别是

$$v_{max} = \pi n_w d_w \tag{6-15}$$

$$Z_{w,max} = \pi f a_p n_w d_w \tag{6-16}$$

例 6-1 车削加工的条件如下:硬质合金刀具,主切削刃为 70°、副切削刃为 10°、刀尖半径为 3mm;工件为 AISI 1045 钢,直径为 90mm,长度为 200mm,将其车削至直径 75mm;切削参数为:主轴转速为 300rev/min,进给速度为 1.5mm/s。试计算:a) 对于新的切削刀具,计算理论上能达到的表面粗糙度 R_a 和 R_t 值;b) 估算切削所需的功率,单位为 kW。

解 a) 为计算 R_a 和 R_t,首先需要判断是粗加工还是精加工,根据精加工的条件:$\frac{f}{2} \leqslant R\sin\kappa_r'$ 判断。

f = 进给率/主轴转速 = 1.5(mm/s)/5(rev/s) = 0.3mm/rev;$2R\sin\kappa_r' = 2 \times 3 \times \sin(10°) = 1.042$。因为 0.3<1.042,故可判断为精加工,使用式(6-12)和式(6-13):

$$R_t = \frac{f^2}{8R} = (0.3)^2/(8 \times 3) = 0.00375(\text{mm})$$

$$R_a = \frac{f^2}{32R} = (0.3)^2/(32 \times 3) = 0.000938(\text{mm})$$

b)采用式(6-6)来估算所需的功率。
$$a_p = (d_w - d_m)/2 = (90-75)/2 = 7.5(mm)。$$
使用式(6-5)$Z_w = \pi(d_w - a_p)n_w a_p f$,计算 Z_w
$$Z_w = \pi(d_w - a_p)n_w a_p f = \pi(90-7.5) \times 5 \times 7.5 \times 0.3 = 2916(mm^3)$$
切削厚度 $a_c = f\sin\kappa_r = 0.3\sin70° = 0.282(mm)$

根据 a_c 在图 6-4 中查找单位切削能 p_s:
$$\log p_s = 0.19 - 0.46\log a_c \rightarrow p_s = 2.77GJ/m^3$$
$$P_m = Z_w p_s = 2916 \times 2.77 = 8077(W) = 8.08(kW)。$$

例 6-2　使用车床进行端面车削加工,将直径 100mm 的铝条缩短 5mm。车刀的主切削刃为 78°,副切削刃为 5°。主轴转速可在 60～1200 转/min 内选择。要求在 30s 内完成车削加工。希望在满足加工要求的前提下获得最好的零件加工表面。为了达到这一目标,最小的主轴电机功率应选择多少(单位 hp 或 W)? 注意不需要考虑安全因素。

解　根据式(6-14),可得到进给速度 $t_m = \dfrac{d_w}{2fn_w} \rightarrow f = \dfrac{d_w}{2t_m n_w}$

$n_w = 1200/60 = 20(rps) \rightarrow f = \dfrac{100}{2 \times 30 \times 20} = 0.083(mm/rev)$。如果进给量 $>$ 0.083mm,表面质量会变差。如果进给量 $<$ 0.083mm,加工时间会超出要求。因此设计的进给量应为 0.083mm。

如果 $n_w < 20$rps,f 则需要大于 0.083mm,才能满足加工时间的要求,那么表面质量就会变差。
$$切削厚度 a_c = f\sin\kappa_r = 0.083\sin78° = 0.081(mm)$$
根据公式(6-16),$Z_{w,max} = \pi f a_p n_w d_w = \pi \times 100 \times 20 \times 0.083 \times 5$,$P_m = p_s Z_w$
根据图 6-4:$\log p_s = -0.38 - 0.46\log a_c \rightarrow p_s = 1.32J/mm^3$
$$P_m = \pi \times 100 \times 20 \times 0.083 \times 5 \times 1.32 = 3442(W) = 4.62(hp)$$

6.1.2　镗　孔

用镗刀对已有的孔进行再加工,称为镗孔。对于直径较大的孔(一般 $D > 80$mm)、内成形面或孔内环槽等,镗削是唯一合适的加工方法。一般镗孔精度达 IT7～IT8,表面粗糙度 R_a 值为 0.8～1.6μm。

镗孔可以在多种机床上进行。回转体零件上的孔多在车床上加工,箱体类零件上的孔或孔系(即要求相互平行或垂直的若干个孔)则常用镗床加工,如图 6-6 所示。本节介绍的主要是在镗床上镗孔。

1. 镗削的工艺特点

(1) 单刃镗刀镗孔

单刃镗刀刀头的结构和车刀类似,用它镗孔时,有如下特点:

1)适应性较广,灵活性较大。单刃镗刀结构简单、使用方便,既可粗加工,也可半精加工或精加工。一把镗刀可加工直径不同的孔,孔的尺寸主要由操作者来保证,而不像钻孔、扩孔或铰孔那样,是由刀具本身尺寸保证的,因此它对工人技术水平的依赖性也较大。

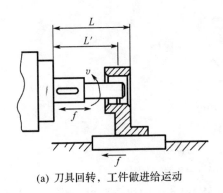
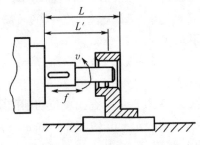

(a) 刀具回转，工件做进给运动   (b) 工件不动，刀具旋转并做进给运动

图 6-6　镗孔

2)可以校正原有孔的轴线歪斜或位置偏差。由于镗孔质量主要取决于机床精度和工人的技术水平，所以预加工孔如有轴线歪斜或有不大的位置偏差，利用单刃镗刀镗孔可予以校正。这一点，若用扩孔或铰孔是不易达到的。

3)生产率低。单刃镗刀的刚度比较低，为了减少镗孔时镗刀的变形和振动，不得不采用较小的切削用量，加之仅有一个主切削刃参加工作，所以生产率比扩孔或铰孔低。

(2) 多刃镗刀镗孔

在多刃镗刀中，有一种可调浮动镗刀片。在调节镗刀片的尺寸时，先松开螺钉，再旋螺钉，将刀齿的径向尺寸调好后，拧紧螺钉把刀齿固定。镗孔时，镗刀片不是固定在镗杆上，而是插在镗杆的长方孔中，并能在垂直于镗杆轴线的方向上自由滑动，由两个对称的切削刃产生的切削力，自动平衡其位置。这种镗孔方法具有如下特点：

1)加工质量较高。由于镗刀片在加工过程中的浮动，可抵消刀具安装误差或镗杆偏摆所造成的不良影响，提高了孔的加工精度。较宽的修光刃可修光孔壁，减小表面粗糙度。但是，它与铰孔类似，不能校正原有孔的轴线歪斜或位置偏差。

2)生产率较高。浮动镗片刀有两个主切削刃同时切削，并且操作简便。

3)刀具成本较单刃镗刀高。浮动镗刀片结构比单刃镗刀复杂，刃磨费时。

2. 镗床

镗床主要是用镗刀在工件上镗孔的机床，它的加工精度和表面质量要高于钻床。镗床是大型箱体零件加工的主要设备，主要分为卧式镗床、坐标镗床以及金刚镗床等。

(1) 卧式镗床

卧式镗床是镗床中应用最广泛的一种。它主要用于孔加工，还可以车端面、铣平面、车外圆、车螺纹及钻孔等。

卧式镗床的外形如图 6-7 所示。主轴箱可沿前立柱的导轨上下移动。在主轴箱中，装有镗杆、平旋盘、主运动和进给运动变速传动机构和操纵机构。根据加工情况，刀具可以装在镗杆上或平旋盘上。镗杆旋转(主运动)，并可沿轴向移动(进给运动)；平旋盘只能做旋转主运动。装在后立柱上的后支架用于支撑悬伸长度较大的镗杆的悬伸端，以增加刚性。后支架可以沿后立柱上的导轨与主轴箱同步升降，以保持后支架支撑孔与镗杆在同一轴线上。工件安装在工作台上，与工作台一起随下滑座做纵向或横向移动。工作台还可绕在上滑座的圆轨道在水平面内转位,以便加工互相成一定角度的平面或孔。当刀具装在平旋盘的径向刀架上时,径向刀架可带着刀具做径向进给,以车削端面。

图 6-7　卧式镗床

（2）坐标镗床

坐标镗床是一种高精度机床。它的特点是具有测量坐标位置的精密测量装置。为了保证高精度,这种机床的主要零部件的制造和装配精度都很高,并具有良好的刚性和抗振性。它主要用来镗削精密孔(IT5 级或更高)和位置精度要求很高的孔系(定位精度达 0.001～0.002mm)。例如镗削钻模上的精密孔。

坐标镗床有立式和卧式两种,立式坐标镗床适宜于加工轴线与安装基面(底面)垂直的孔系和铣削顶面;卧式坐标镗床适宜于加工轴线与安装基面平行的孔系和铣削侧面。立式坐标镗床还有单柱、双柱之分。立式单柱坐标镗床如图 6-8(a)所示。主轴带动刀具做旋转主运动,主轴套筒沿轴向做进给运动。机床工作台的三个侧面都是敞开的,操作比较方便。但是,工作台必须实现两个方向的移动,使工作台和床身之间多了一层(床鞍),从而影响刚度。当机床尺寸较大时,给保证加工精度增加了困难。因此,此种形式多为中、小型坐标镗床。立式双柱坐标镗床如图 6-8(b)所示。两个坐标方向的移动,分别由主轴箱沿横梁的导轨做横向移动(Y 向)和工作台沿床身的导轨做纵向移动(X 向)实现。横梁可沿立柱和导轨上下调整位置,以适应不同高度的工件。两个立柱、顶梁和床身构成龙门框架,工作台和床身之间的层次比单柱式的少,主轴中心线离横梁导轨面的悬伸距离也较小,所以刚度较高。大、中型坐标镗床常采用此种布局。

卧式坐标镗床如图 6-9 所示。其主轴是水平的。两个坐标方向的移动,分别由上滑座沿床身的导轨横向移动(X 向)和主轴箱沿立柱的导轨上下移动(Y 向)来实现。回转工作台可以在水平面内回转至一定角度位置,以进行精密分度。

如前所述,坐标镗床的特点在于坐标测量系统。坐标测量系统有很多种,如机械的、光学的、光栅的和感应同步器的等。对于像坐标镗床这样的高精度机床,热膨胀对精度的影响是十分明显的,应把这类机床安装在恒温车间内。

(a) 立式单柱坐标镗床

(b) 立式双柱坐标镗床

图 6-8　立式坐标镗床

3. 镗削的应用

基于镗削的工艺特点,单刃镗刀镗孔比较适用于单件小批生产,而浮动镗刀片镗孔主要用于批量生产、精加工箱体类零件上直径较大的孔。另外,在卧式镗床上利用不同的刀具和附件,还可以进行钻孔、车端面、铣平面或车螺纹等,如图 6-10 所示。

6.1.3 刨　削

刨削是平面加工的主要方法之一。刨削加工时,刀具的往复直线运动为主切削运动,工作台带动工件做间歇的进给运动,如图 6-11 所示。

图 6-9　卧式坐标镗床

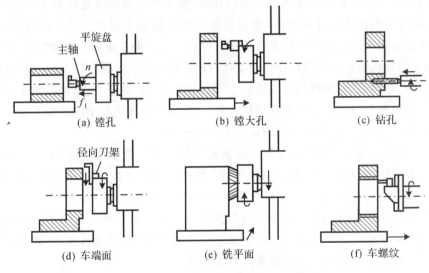

(a) 镗孔　　　　(b) 镗大孔　　　　(c) 钻孔

(d) 车端面　　　　(e) 铣平面　　　　(f) 车螺纹

图 6-10　卧式镗床的主要加工操作

刨削可以加工平面、直槽以及母线为直线的成形面(键槽、方孔、三角形孔等)。

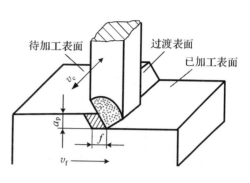

图 6-11　刨床上加工平面

1. 刨削的工艺特点

(1) 通用性好

根据切削运动和具体的加工要求,刨床的结构比车床、铣床简单,价格低,调整和操作也较简便。所用的单刃刨刀与车刀基本相同,形状简单,制造、刃磨和安装皆较方便。

(2) 生产率低

刨削的主运动为往复直线运动,反向时受惯性力的影响,加之刀具切入和切出时有冲击,限制了切削速度的提高。单刃刨刀实际参加切削的切削刃长度有限,一个表面往往要经过多次行程才能加工出来,基本工艺时间较长。刨刀返回行程时不进行切削,增加了辅助时间。由于以上原因,刨削的生产率低于铣削。但是对于狭长表面(如导轨、长槽等)的加工,以及在龙门刨床上进行多件或多刀加工时,刨削的生产率可能高于铣削。

刨削的精度可达 IT7～IT8,表面粗糙度 R_a 值为 1.6～6.3 μm。当采用宽刀精刨时,即在龙门刨床上,用宽刃刨刀以很低的切削速度,切去工件表面上一层极薄的金属,平面度不大于 0.02/1000,表面粗糙度 R_a 值为 0.4～0.8 μm。

(3) 加工精度低

由于刨削为直线往复运动,切入、切出时有较大的冲击振动,影响了加工表面质量。

(4) 加工成本低

由于刨床和刨刀的结构简单,刨床的调整和刨刀的刃磨比较方便,因此刨削加工成本低,广泛用于单件小批生产及修配工作中,在中型和重型机械的生产中龙门刨床使用较多。

2. 刨床

根据前面刨削加工原理的介绍,刨床类机床主要有龙门刨床和牛头刨床两种类型。

(1) 龙门刨床

龙门刨床是具有龙门式框架和卧式长床身的刨床,如图 6-12 所示。龙门刨床的工作台带着工件通过龙门式框架做直线往复运动,空行程速度大于工作行程速度。横梁上一般装有两个垂直刀架,刀架滑座可在垂直面内回转一个角度,并可沿横梁做横向进给运动;刨床可在刀架上做垂直或斜向进给运动;横梁可在两立柱上做上下调整。一般在两个立柱上还安装可沿立柱上下移动的侧刀架,以扩大加工范围,工作台回程时能机动抬刀,以免划伤工件表面。机床工作台的驱动可用发电机—电动机组或用可控硅直流调速方式,调速范围较大,在低速时也能获得较大的驱动力。龙门刨床主要用于刨削大型工件,也可在工作台上装夹多个零件同时加工。

(2) 牛头刨床

牛头刨床是用滑枕带着刨刀做直线往复运动的刨床,因滑枕前端的刀架形似牛头而

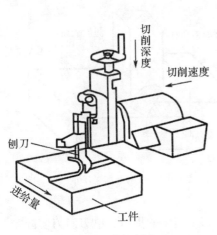

图 6-12　龙门刨床

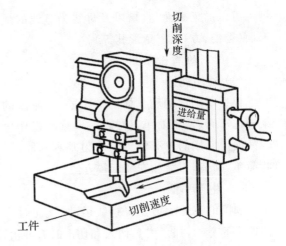

图 6-13　牛头刨床

得名。

　　牛头刨床主要有普通牛头刨床、仿形牛头刨床和移动式牛头刨床等。普通牛头刨床（见图 6-13）由滑枕带着刨刀做水平直线往复运动，刀架可在垂直面内回转一个角度，并可手动进给，工作台带着工件做间歇的横向或垂直进给运动，常用于加工平面、沟槽和燕尾面等。仿形牛头刨床是在普通牛头刨床上增加一仿形机构，用于加工成形表面，如透平叶片。移动式牛头刨床的滑枕与滑座还能在床身（卧式）或立柱（立式）上移动，适用于刨削特大型工件的局部平面。

　　3. 刨削的应用

　　由于刨削的特点，刨削主要用在单件、小批生产中，在维修车间和磨具车间应用较多。如图 6-14 所示，刨削主要用来加工平面（包括水平面、垂直面和斜面），也广泛地用于加工直槽，如直角槽、燕尾槽和 T 形槽等。如果进行适当的调整和增加某些附件，还可以用来加工齿条、齿轮、花键和母线为直线的成形面等。

6.2　多点切削加工

　　多点切削加工是指切削过程中用多个刃形和刃数的刀具来进行加工，主要的加工方法有钻孔、铣削、拉削等。本节主要介绍钻孔和铣削两种。

6.2.1　钻　孔

　　孔是组成零件的基本表面之一，钻孔是孔加工的一种基本方法。钻孔经常在钻床和车床上进行，也可以在镗床和铣床上进行。钻削是用钻头、铰刀或镗刀等工具在材料上加工孔的工艺过程。在钻床上进行钻削时，刀具（钻头）的旋转运动为主切削运动，刀具（钻头）的轴向运动是进给运动。钻削加工范围较广，可以完成钻孔、扩孔、攻丝、锪孔（包括圆柱孔、锥孔、鱼眼孔和凸台）、锪平等工作，如图 6-15 所示。

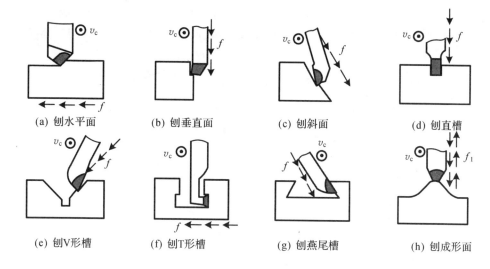

(a) 刨水平面　　(b) 刨垂直面　　(c) 刨斜面　　(d) 刨直槽

(e) 刨V形槽　　(f) 刨T形槽　　(g) 刨燕尾槽　　(h) 刨成形面

图 6-14　刨削的主要应用

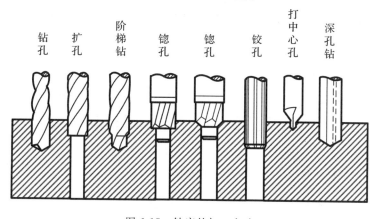

图 6-15　钻床的加工方法

1. 麻花钻

常用的钻孔刀具有麻花钻、中心钻、深孔钻等。其中最常用的是麻花钻,其直径规格为 $\phi 0.1 \sim \phi 80\text{mm}$。标准麻花钻的结构如图 6-16 所示。

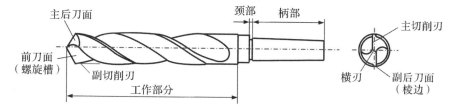

图 6-16　标准麻花钻的结构

麻花钻的切削部分如图 6-17 所示,有两条主切削刃和两条副切削刃,两条螺旋槽钻沟形成前刀面,主后刀面在钻头端面上。钻头外缘上两小段窄棱边形成的刃带是副后刀面,钻孔时刃带起着导向作用,为减小与孔壁的摩擦,向柄部方向有减小的倒锥量,从而形

成副偏角 κ_r'。为了使钻头具有足够的强度，麻花钻的中心有一定的厚度，形成钻心，钻心直径 d_c 向柄部方向递增。在钻心上的切削刃叫横刃，两条主切削刃通过横刃相连接。

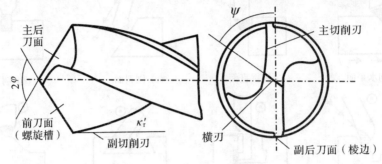

图 6-17　麻花钻的切削部分

表示麻花钻切削部分结构的几何参数主要有螺旋角和顶角：

（1）螺旋角 β：麻花钻螺旋槽上各点的导程 P 相等，因而在主切削刃上半径不同的点的螺旋角不相等。切削刃上最外缘点的螺旋角称为钻头的螺旋角，如图 6-18 所示。

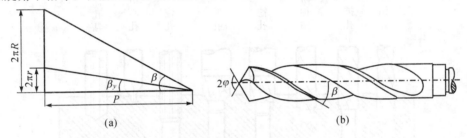

图 6-18　麻花钻的螺旋角

$$\tan\beta = \frac{2\pi R}{P} \qquad (6\text{-}17)$$

切削刃上的任意点 y 的螺旋角 β_y 为

$$\tan\beta_y = \frac{2\pi r_y}{P} = \frac{r_y}{R}\tan\beta \qquad (6\text{-}18)$$

式中：R 为钻头半径；r_y 为主切削刃上任一点 y 的半径。

由式（6-18）可知，钻头外缘处的螺旋角最大，越靠近钻头中心螺旋角越小。螺旋角越大，钻头越锋利；但螺旋角过大，会削弱钻头强度，散热条件也差。标准麻花钻的螺旋角一般在 $18°\sim30°$ 范围内，大直径钻头取大值。

（2）顶角 2φ：两个主切削刃在与其平行的平面上投影的夹角，如图 6-18 所示。标准麻花钻取顶角 $2\varphi=118°$。

2. 钻削的工艺特点

钻孔与车削外圆相比，工作条件要困难得多。钻削时，钻头工作部分处在已加工表面的包围中，因而引起一些特殊问题，例如钻头的刚度和强度、容屑和排屑、导向和冷却润滑等。其特点可概括如下。

（1）容易产生"引偏"

所谓"引偏"，是指加工时由于钻头弯曲而引起的孔径扩大、孔不圆或孔的轴线歪斜等，如图 6-19 所示。钻孔时产生"引偏"，主要是因为钻孔最常见的刀具是麻花钻，其直径和长度受所加工孔的限制，呈细长状，刚度较差。为形成切削刃和容纳切屑，必须制出两条较深的螺旋槽，使钻心变细，进一步削弱了钻头的刚度。为减少导向部分与已加工孔壁的摩擦，钻头仅有两条很窄的棱边与孔壁接触，接触刚度和导向作用也很差。

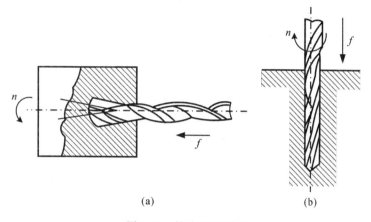

（a）　　　　　　　（b）

图 6-19　钻孔的"引偏"

钻头横刃处的前角 $\gamma_{o\psi}$ 具有很大的负值，切削条件极差，实际上不是在切削，而是挤刮金属。钻孔时一半以上的轴向力是由横刃产生的，稍有偏斜，将产生很大的附加力矩，使钻头弯曲。此外，钻头的两个主切削刃也很难磨得完全对称，加上工件材料的不均匀性，钻孔时的背向力不可能完全抵消。

因此，在钻削力的作用下，刚度很差且导向性不好的钻头很容易弯曲，致使钻出的孔产生"引偏"，降低了孔的加工精度，致使造成废品。在实际加工中，常采用如下措施来减少引偏。

1）预钻锥形定心坑。即先用小顶角（$2\varphi = 90° \sim 100°$）大直径短麻花钻预先钻一个锥形坑，然后再用所需的钻头钻孔。由于预钻时钻头刚度好，锥形坑不易偏，以后再用所需的钻头钻孔时，这个坑就可以起定心作用。

2）用钻套为钻头导向。这样可减少钻孔开始时的"引偏"，特别是在斜面或曲面上钻孔时，更为必要。

3）钻头的两个主切削刃尽量刃磨对称。这样使两主切削刃的背向力相互抵消，减少钻孔时的"引偏"。

（2）排屑困难

钻孔时，由于切屑较宽，容屑槽尺寸又受到限制，因而在排屑过程中往往与孔壁发生较大的摩擦，挤压、拉毛和刮伤已加工表面，降低表面质量。有时切屑可能阻塞在钻头的容屑槽里，卡死钻头，甚至将钻头扭断。

因此，排屑问题成为钻孔时要妥善解决的重要问题之一。尤其是用标准麻花钻加工较深的孔时，要反复多次把钻头退出排屑，很麻烦。为了改善排屑条件，可在钻头上修磨出分屑槽,将宽的切屑分成窄条,以利于排屑。当钻深孔($L/D>5$)时,应采用合适的深孔钻进行加工。

(3) 切削热不易传散

由于钻削是一种半封闭式的加工,钻削时所产生的热量,虽然也由切屑、工件、刀具和周围介质传出,但它们之间的比例却和车削大不相同。如用标准麻花钻不加切削液钻钢料时,工件吸收的热量约占52.5%,钻头约占14.5%,切屑约占28%,介质约占5%。

钻削时,大量高温切屑不能及时排出,切削液难以注入切削区,切屑、刀具和工件之间的摩擦很大。因此,切削温度很高,致使刀具磨损加剧,这就限制了钻削用量和生产效率的提高。

(4) 加工精度差

切屑与孔壁摩擦、挤压、拉毛和刮伤已加工面,使其表面粗糙度加大。钻头的"引偏"使孔的轴线歪斜或孔径扩大;钻头的长径比较大以及横刃引起的轴向力增大,使远离支点的切削部分运动不平稳,造成尺寸精度较差,只能用于粗加工。

虽然钻削存在"四差一大"(导向差、刚性差、加工精度差、切削条件差和轴向力大)的缺陷,但是对于螺栓通孔,需要攻丝的螺纹孔,用于汽、水、油的通道等一些要求不高的孔,都可以用钻削来完成;特别是在传统切削加工方法中,钻削是唯一能实现在实体上开出圆孔的方法,所以钻削加工还是被广泛用于生产中。

3. 钻床

钻床是用钻头在材料上钻孔的机床。此外,它还可以进行扩孔、铰孔、攻丝等加工。钻床一般用于加工直径不大、精度要求较低的孔。加工时,工件固定不动,刀具旋转做主运动,同时沿轴向移动做进给运动。根据用途和结构的不同,钻床可分为立式钻床、摇臂钻床、深孔钻床、台式钻床及中心孔钻床等。

(1) 立式钻床

立式钻床是钻床中应用较广的一种,其外形如图6-20(a)所示,加工时工件直接或通过夹具安装在工作台上,主轴的旋转运动由电动机经变速箱传动。工作台和进给箱可沿立柱上的导轨调整其上下位置,以适应在不同高度的工件上进行钻削加工。

由于立式钻床的主轴在水平面上的位置是固定不变的,因此加工前要移动工件来对准主轴,这对于大而重的工件而言,操作不方便,生产率也不高,故常用于单件、小批生产中加工中小型零件。

(2) 摇臂钻床

摇臂钻床是一种摇臂可绕立柱回转和升降的钻床,图6-20(b)为摇臂钻床的外形图。主轴很容易地被调整到所需的加工位置上,这就为在单件、小批生产中加工大而重的工件上的孔带来了很大的方便。

(3) 其他钻床

深孔钻床是用特制的深孔钻头专门加工深孔的钻床,如加工炮筒、枪管和机床主轴等零件中的深孔。深孔加工时通常由工件转动来实现主运动,深孔钻头并不转动而只做直线的进给运动。此外,为避免机床过高和便于排除切屑,深孔钻床一般采用卧式布局,外

（a）立式钻床

（b）摇臂钻床

图 6-20　钻床

形与卧式车床类似。深孔钻头与一般钻头不同，钻头中心有孔，可从孔中打入高压切削液强制冷却并冲出切屑。在深孔钻床上，一般有周期退刀排屑装置。

台式钻床简称台钻，它实质上是一种加工小孔的立式钻床，钻孔直径一般在 15mm 以下。由于加工孔径较小，故主轴转速很高。台钻小巧灵活，一般安装在钳工台上工作，机床传动和构造都较简单，但自动化程度低，适用于单件、小批生产中加工小型零件上的各种孔。

4. 钻削的应用

在各类机器零件上经常需要进行钻孔，因此钻削的应用还是很广泛的。但是，由于钻削的精度较低，表面较粗糙，一般加工精度在 IT10 以下，表面粗糙度 R_a 值大于 $12.5\mu m$，生产效率也比较低。因此，钻孔主要用于粗加工，例如精度和粗糙度要求不高的螺纹孔、油孔和螺纹底孔等。但精度和粗糙度要求较高的孔，也要以钻孔作为预加工工序。

单件、小批生产中，中小型工件上直径较小的孔（一般 $D<13mm$）常用台式钻床加工，中小型工件上直径较大的孔（一般 $D>50mm$）常用立式钻床加工；大中型工件上的孔应采用摇臂钻床加工；回转体工件上的孔多在车床上加工。

在成批和大量生产中，为了保证加工精度、提高生产效率和降低加工成本，广泛使用钻模、多轴钻或组合机床进行孔的加工。

精度高、粗糙度值小的中小直径孔（$D<50mm$），在钻削之后，常常需要采用扩孔和铰孔进行半精加工和精加工。

5. 扩孔和铰孔

精度高、表面要求光洁的小孔，在钻削后常常采用扩孔和铰孔来进行半精加工和精加工。

（1）扩孔

扩孔是用扩孔钻在工件上已经钻出、铸出或锻出孔的基础上所做的进一步加工，以扩大孔径,提高孔的加工精度。扩孔钻的结构形状如图 6-21 所示。扩孔时的背吃刀量 $a_p = (d_m - d_w)/2$,比钻孔时($a_p = d_m/2$)小得多,因而刀具的结构和切削条件比钻孔时好得多,主要表现在以下几点。

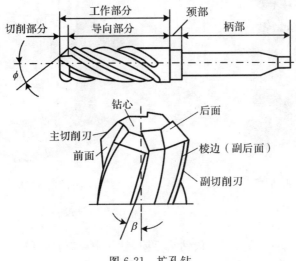

图 6-21　扩孔钻

1) 切削刃不必自外圆延续到中心,避免了横刃和由横刃所引起的一些不良影响。

2) 切屑窄,易排出,不易擦伤已加工表面。同时容屑槽也可做得较小较浅,从而可以加粗钻心,大大提高扩钻孔的刚度,有利于加大切削用量和改善加工质量。

3) 刀齿多(3~4 个),导向作用好,切削平稳,生产率高。

由于上述原因,扩孔的加工质量比钻孔高,一般精度可达 IT9~IT10,表面粗糙度 R_a 值为 $3.3~6.3\mu m$。

考虑到扩孔比钻孔有较多的优越性,在钻直径较大的孔(一般 $D \geqslant 30mm$)时,可先用小钻头(直径为孔径的 0.5~0.7)预钻孔,然后再用原尺寸的大钻头扩孔。实践表明,这样虽分两次钻孔,生产效率也比用大钻头一次钻出时高。若用扩孔钻扩孔,则效率将更高,精度也比较高。

扩孔常作为孔的半精加工,当孔的精度和表面粗糙度要求再高时,则要采用铰孔。

(2) 铰孔

铰孔是应用较为普遍的孔的精加工方法之一,一般加工精度可达 IT7~IT9,表面粗糙度 R_a 值为 $0.4~1.6\mu m$。铰孔加工质量较高的原因,除了具有上述扩孔的优点之外,还由于铰刀结构和切削条件比扩孔更为优越,主要是:

1)铰刀为定径的精加工刀具,如图 6-22 所示。铰刀的刀刃多(6~12 个),刚性和导向性好,铰孔容易保证尺寸精度和形状精度,生产率也较高,但铰孔的适应性不如精镗孔,一种规格的铰刀只能加工一种尺寸和精度的孔,且不能铰削非标准孔、台阶孔和盲孔。

2)铰孔在机床上常用浮动连接,这样可防止铰刀轴线与机床主轴轴线偏斜,造成孔的形状误差、轴线偏斜或孔径扩大等缺陷。但铰孔不能校正原有孔的轴线偏斜,孔与其他表面的位置精度需由前道工序保证。

3）铰孔的精度和表面粗糙度不取决于机床的精度,而取决于铰刀的精度和安装方式以及加工余量、切削用量和切削液等条件。

4）铰削速度较低,这样可避免产生积屑瘤和引起振动。

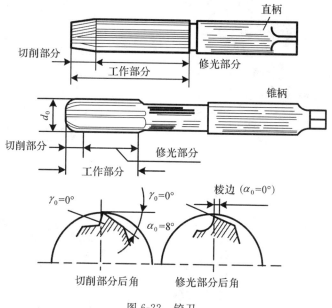

图 6-22　铰刀

麻花钻、扩孔钻和铰刀都是标准刀具,市场上比较容易买到。对于中等尺寸以下较精密的孔,在单件小批乃至大批大量生产中,钻—扩—铰都是经常采用的典型工艺。

6.2.2　铣　削

铣削是平面加工的主要方法之一。铣床的种类很多,常用的是卧式铣床和立式铣床,如图 6-23 所示。铣刀的结构较为复杂,为多刃刀具,如图 6-24 所示。

1. 铣削的工艺特点

（1）生产率较高

铣刀是典型的多齿刀具,铣削时有几个刀齿同时参加工作,并且参与切削的切削刃较长;铣削的主运动是铣刀的旋转,有利于高速铣削。因此,铣削的生产率比刨削高。

（2）容易产生振动

铣刀的刀齿切入和切出时产生冲击,并将引起同时工作刀齿数的增减。在切削过程中每个刀齿的切削层厚度 h_i 随刀齿位置的不同而变化,引起切削层横截面面积变化。因此,在铣削过程中铣削力是变化的,切削过程不平稳,容易产生振动,这就限制了铣削加工质量和生产率的进一步提高。

（3）刀齿散热条件较好

铣刀刀齿在切离工件的一段时间内,可以得到一定的冷却,散热条件较好。但是,切入和切出时热和力的冲击将加速刀具的磨损,甚至可能引起硬质合金刀片的破碎。

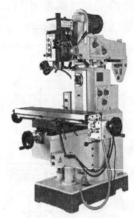

（a）卧式铣床　　　　　　　　　　　（b）立式铣床

图 6-23　铣床

图 6-24　常用的铣刀

2. 铣削方式

同是加工平面，既可以用端铣法，也可以用周铣法，如图 6-25 所示；同一种铣削方法，也有不同的铣削方式（顺铣和逆铣等）。在选用铣削方式时，要充分注意它们各自的特点和适用场合，以便保证加工质量和提高生产效率。

（1）周铣

用圆柱铣刀的圆周刀齿加工平面，称为周铣法（见图 6-25（a）），它又可分为逆铣和顺铣。在切削部位刀齿的旋转方向和工件的进给方向相反时，为逆铣；相同时，为顺铣，如图 6-26 所示。

逆铣时，每个刀齿的切削层厚度是从零增大到最大值。由于铣刀刃口处总有圆弧存在，而不是绝对尖锐的，所以在刀齿接触工件的初期，不能切入工件，而是在工件表面上挤压、滑行，使刀齿与工件之间的摩擦变大，加速刀具磨损，同时也使表面质量下降。顺铣时，每个刀齿的切削层厚度是由最大减小到零，从而避免了上述缺点。

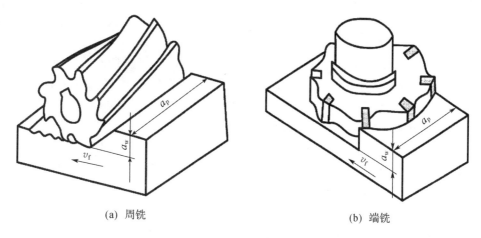

(a) 周铣　　　　　　　　　　　　(b) 端铣

图 6-25　周铣与端铣

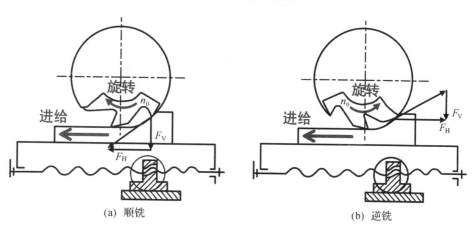

(a) 顺铣　　　　　　　　　　　　(b) 逆铣

图 6-26　顺铣与逆铣

　　逆铣时,铣削力上抬工件;而顺铣时,铣削力将工件压向工作台,减少了工件振动的可能性,尤其铣削薄而长的工件时,更为有力。

　　由上述分析可知,从提高刀具耐用度和工件表面质量、增加工件夹持的稳定性等观点出发,一般以采用顺铣法为宜。但是,顺铣时忽大忽小的水平分力 F_H 与工件的进给方向是相同的,工作台进给丝杠与固定螺母之间一般都存在间隙,间隙在进给方向的前方。由于 F_H 的作用,就会使工件连同工作台和丝杠一起,向前窜动,造成进给量突然增大,甚至引起打刀。而逆铣时,水平分力 F_H 与进给方向相反,铣削过程中工作台丝杠始终压向螺母,不致因为间隙的存在而引起工件窜动。目前,一般铣床尚没有消除工作台丝杠与螺母之间间隙的机构,所以,在生产中仍多采用逆铣法。

　　另外,当铣削带有黑皮的表面时,例如铸件或锻件表面的粗加工,若用顺铣法,因刀齿首先接触黑皮,将加剧刀齿的磨损,所以也应采用逆铣法。

　　(2) 端铣

　　用端铣刀的端面刀齿加工平面,称为端铣法,如图 6-25(b)所示。端铣法可以通过调整铣刀和工件的相对位置,调节刀齿切入和切出时的切削层厚度,从而达到改善铣削过程的目的。

（3）周铣与端铣的比较

如图 6-25(a)所示,周铣时,同时工作的刀齿数和加工余量(相当于 a_e)有关,一般仅有 1~2 个。而端铣时,同时工作的刀齿数与被加工表面的宽度(也相当于 a_e)有关,而与加工余量(相当于背吃刀量 a_p)无关,即使在精铣时,也有较多的刀齿同时工作。因此,端铣的切削过程比周铣时平稳,有利于提高加工质量。

端铣刀的刀齿切入和切出工件时,虽然切削层厚度较小,但不像周铣时切削层厚度变为零,从而改善了刀具后刀面与工件的摩擦状况,提高了刀具耐用度,并可减小表面粗糙度。此外,端铣时还可利用修光刀齿修光已加工表面,因此端铣可达到较小的表面粗糙度值。

端铣刀直接安装在铣床的主轴端部,悬伸长度较小,刀具系统的刚度较好,而圆柱铣刀安装在细长的刀轴上,刀具系统的刚度远不如端铣刀。同时,端铣刀可方便地镶装硬质合金刀片,而圆柱铣刀多采用高速钢制造。所以,端铣时可以采用高速铣削,不仅大大提高了生产效率,也提高了加工表面的质量。

由于端铣法具有以上优点,所以在平面的铣削中,目前大都采用端铣法。但是,周铣法的适应性较广,可以利用多种形式的铣刀,除加工平面外还可方便地进行沟槽、齿形和成形面等的加工,生产中仍常采用。

3. 铣削的应用

铣削的形式很多,铣刀的类型和形状更是多种多样,再配上附件—分度头、圆形工作台等的应用,致使铣削加工范围较广,主要用于加工平面(包括水平面、垂直面和斜面)、沟槽、成形面和切断等。加工精度一般可达 IT7~IT8,表面粗糙度 R_a 值为 $1.6~3.2\mu m$。

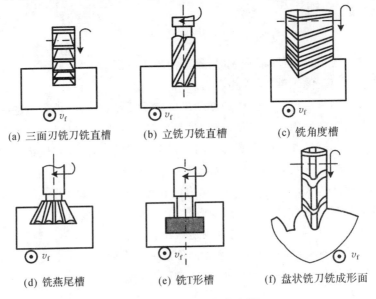

(a) 三面刃铣刀铣直槽　　(b) 立铣刀铣直槽　　(c) 铣角度槽

(d) 铣燕尾槽　　(e) 铣T形槽　　(f) 盘状铣刀铣成形面

图 6-27　铣削加工各类沟槽

铣削加工的工艺范围很广,图 6-27 为铣削各种沟槽的示意图。直角沟槽可以在卧式铣床上用三面刃铣刀加工,也可以在立式铣床上用立铣刀铣削。角度沟槽用相应的角度铣刀在卧式铣床上加工,T形槽和燕尾槽常用带柄的专用槽铣刀在立式铣床上铣削。在卧式铣床上还可以用成形铣刀加工成形面和用锯片铣刀切断等。

6.3 磨 削

磨削加工在机械制造中是一种使用非常广泛的加工方法,其加工精度可达 IT4～IT6,表面粗糙度可达 $R_a 0.01～1.25\mu m$。用砂轮或其他磨具来加工工件,称为磨削。本节主要讨论用砂轮在磨床上加工工件的特点及其应用。磨床的种类很多,较常见的有外圆磨床、内圆磨床和平面磨床等。

1. 砂轮

作为切削工具的砂轮,是由磨料加结合剂用烧结的方法制成的多孔物体,如图 6-28 所示。由于磨料、结合剂及制造工艺等的不同,砂轮特性差别很大,对磨削的加工质量、生产效率和经济性有着重要影响。

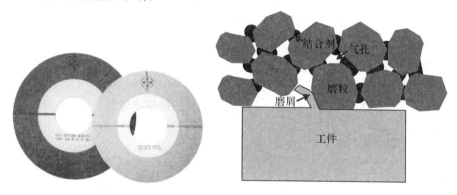

图 6-28 砂轮及砂轮的组织

砂轮的特性由以下 5 个因素来决定。

（1）磨料

磨料在砂轮磨削时直接起切削作用,要求具有高硬度、耐磨、韧性强并具有适当的脆性以利于在磨粒磨钝时能够脆裂形成新的磨粒微刃。不同的磨料适用于磨削不同的工件材料。

1）氧化物系磨料。常称为刚玉,主要成分是 Al_2O_3,根据纯度和加入金属元素不同而分为不同的品种。主要用于磨削碳钢、合金钢等。

2）碳化物系磨料。主要以碳化硅（SiC）、碳化硼（BC）等为基体,硬度高于 Al_2O_3,较脆,易于破裂形成新的微刃,也因材料的纯度不同而分为不同品种。主要用于磨削黏而韧的材料,如铝、黄铜、不锈钢等,脆性材料如铸铁、陶瓷、硬质合金等。

3）高硬磨料。人造金刚石砂轮主要用于磨削硬脆材料,如硬质合金、宝石、光学玻璃、陶瓷、半导体、石材等。立方氮化硼是近年发展起来的新型磨料,虽然它的硬度比金刚石略低,但其耐热性(1400℃)比金刚石(800℃)高出许多,而且对铁元素的化学惰性高,所以特别适合于磨削各种高温合金、淬硬合金钢、不锈钢等。

（2）粒度

粒度表示磨粒的大小,以磨粒刚能通过的那一号筛网的网号来表示磨粒的粒度。如粒度号 60 是指磨粒刚可通过每英寸长度上有 60 个孔眼的筛网。当磨粒的直径小于 $40\mu m$ 时,这些磨粒称为微粉,它的粒度以微粉的尺寸大小来表示,如尺寸为 $28\mu m$ 的微粉,其粒度号标为 W28。磨粒粒度对磨削生产率和加工表面粗糙度有很大影响。一般来说,粗磨用颗粒较粗的磨粒,精磨用颗粒较细的磨粒。当工件材料软、塑性大和磨削面积大时,为避免堵塞砂轮,也可采用较粗的磨粒。

（3）结合剂

结合剂的作用是把磨粒固结在一起,使砂轮具有必要的形状和强度。常用的砂轮结合剂有以下几种。

1)陶瓷结合剂:由黏土、长石、滑石、硼玻璃和硅石等陶瓷材料配制而成,特点是化学性质稳定,耐水、耐酸、耐热和成本低,但较脆。

2)树脂结合剂:其成分主要为酚醛树脂,但也有采用环氧树脂的。树脂结合剂的强度高、弹性好,故多用于高速磨削、切断和开槽等工序,也可用于制作荒磨砂轮、砂瓦等。但是,树脂结合剂的耐热性差,当磨削温度达 200～300℃ 时,它的结合能力便大大降低。利用它强度降低时磨粒易于脱落而露出锋利的新磨粒(自砺)的特点,在一些对磨削烧伤和磨削裂纹特别敏感的工序(如磨薄壁件、超精磨或刃磨硬质合金等)都可采用树脂结合剂。

3)橡胶结合剂:多数采用人造橡胶,比树脂结合剂更富有弹性,可使砂轮具有良好的抛光作用。多用于制作无心磨床的导轮和切断、开槽及抛光砂轮,但不宜于用于粗加工砂轮。

4)金属结合剂:常见的是青铜结合剂,主要用于制作金刚石砂轮。青铜结合剂金刚石砂轮的特点是型面的成形性好,强度高,有一定韧性,但自砺性较差。主要用于粗磨、半精磨硬质合金以及切断光学玻璃、陶瓷、半导体等。

（4）硬度

砂轮的硬度是反映磨粒在磨削力作用下,从砂轮表面上脱落的难易程度。砂轮硬,表示磨粒难以脱落;砂轮软,表示磨粒容易脱落。砂轮硬度分为软、中、硬 3 类 14 个等级。选择砂轮硬度时,可参考以下几条原则。

1)工件材料越硬,砂轮硬度应选得越低,使磨钝了的磨粒及时脱落,以便砂轮经常保持有锐利的磨粒在工作,避免工件因磨削温度过高而烧伤;工件材料越软,砂轮的硬度应选得越高,使磨粒脱落得慢些,以便充分发挥磨粒的切削作用。

2)当砂轮与工件的接触面大时,应选用软砂轮,使磨粒脱落快些,以免工件因磨屑堵塞砂轮表面而引起表面烧伤。内圆磨削和端面平磨时,砂轮硬度应比外圆磨削的砂轮硬度低。磨削薄壁零件及导热性差的工件时,砂轮硬度也应选得低些。

3)精磨和成形磨削,应选用硬一些的砂轮,以保持砂轮必要的形状精度。

4)磨削有色金属等软材料,应选用较软的砂轮,以免砂轮表面被磨屑堵塞。

（5）组织

砂轮的组织表示砂轮的疏密程度，反映了砂轮中磨粒、结合剂和气孔之间的体积比例。磨粒在砂轮总体积中所占的比例越大，则砂轮的组织越紧密，气孔越小；反之，磨粒的比例越小，则组织越疏松，气孔越大。砂轮组织的级别可分为紧密、中等、疏松 3 大类 13 级。

紧密组织的砂轮适用于重压力下的磨削，在成形磨削和精密磨削时，紧密组织的砂轮能保持砂轮的成形性，并可获得较小的粗糙度；中等组织的砂轮适用于一般的磨削工作，如淬火钢的磨削及刀具刃磨等；疏松组织的砂轮不易堵塞，适用于平面磨、内圆磨等磨削接触面积较大的工序，以及磨削热敏性强的材料或薄工件。磨削软质材料最好采用疏松组织，以免磨屑堵塞砂轮。

在砂轮的端面上一般都印有标志。例如，A60SV6P300×30×75 即代表该砂轮：磨料是 A—棕刚玉，60 号粒度；硬度为 S—硬 1；V—陶瓷结合剂，6 号组织；P—平型砂轮，外径为 300mm，厚度为 30mm，内径为 75mm。

2. 磨削过程

从本质上讲，磨削也是一种切削，砂轮表面上的每个磨粒，可以近似地看成一个微小刀齿，突出的磨粒尖棱，可以认为是微小的切削刃。因此，砂轮可以看作是具有很多微小刀齿的铣刀，这些刀齿随机地排列在砂轮表面上，它们的几何形状和切削角度有着很大的差异，各自的工作情况相差甚远。磨削时，比较锋利且比较凸出的磨粒可以获得较大的切削层厚度，从而切下切屑；不太凸出或磨钝的磨粒，只能在工件表面上划刻出细小的沟痕，工件材料则被挤向磨粒两旁，在沟痕两边形成隆起；比较凹下的磨粒，既不切削也不划刻工件，只是从工件表面滑擦而过。即使比较锋利且凸出的磨粒，其切削过程大致也可分为三个阶段。在第一阶段，磨粒从工件表面滑擦而过，只有弹性变形而无切屑。第二阶段，磨粒切入工件表层，划刻出沟痕并形成隆起。第三阶段，切削层厚度增大到某一临界值，切下切屑。

由上述分析可知，砂轮的磨削过程实际上就是切削、划刻和滑擦三种作用的综合。由于各磨粒的工作情况不同，磨削时除了产生正常的切屑外，还有金属微尘等。

磨削过程中，磨粒在高速、高压与高温的作用下，将逐渐磨损而变得圆钝。圆钝的磨粒，切削能力下降，作用于磨粒上的力不断增大。当此力超过磨粒强度极限时，磨粒就会破碎，产生新的较锋利的棱角，代替旧的圆钝磨粒进行磨削；此力超过砂轮结合剂的黏结力时，圆钝的磨粒就会从砂轮表面脱落，露出一层新鲜锋利的磨粒，继续进行磨削。砂轮的这种自行推陈出新、保持自身锋锐的性能，称为"自锐性"。

砂轮本身虽有自锐性，但由于切屑和碎磨粒会把砂轮堵塞，使它失去切削能力；磨粒随机脱落的不均匀性，会使砂轮失去外形精度。所以，为了恢复砂轮的切削能力和外形精度，在磨削一定时间后，仍需对砂轮进行修整。

3. 磨削的工艺特点

（1）精度高、表面粗糙度值小

磨削时，砂轮表面有极多的切削刃，并且刃口圆弧半径 r_n 较小。例如粒度为 F46 的白刚玉磨粒,r_n 为 0.006~0.012mm,而一般车刀和铣刀的 r_n 为 0.012~0.032mm。磨粒上较锋利的切削刃,能够切下一层很薄的金属,切削厚度可以小到数微米,这是精密加工必须具备的条件之一。一般切削刀具的刃口圆弧半径虽也可磨得小些,但不耐用,不能或难以进行经济的、稳定的精密加工。

磨削时,切削速度很高,如普通外圆磨削 v_c 为 30~35m/s,高速磨削 v_c>50m/s。当磨粒以很高的切削速度从工件表面切过时,同时有很多切削刃进行切削,每个磨刃仅从工件上切下极少量的金属,残留面积高度很小,有利于形成光洁的表面。

因此,磨削可以达到高的精度和小的粗糙度值。一般磨削精度可达 IT6~IT7,表面粗糙度 R_a 值为 0.2~0.8μm,当采用小粗糙度磨削时,表面粗糙度 R_a 值可达 0.008~0.1μm。

（2）砂轮有自锐作用

磨削过程中,砂轮的自锐作用是其他切削刀具所没有的。一般刀具的切削刃如果磨钝或损坏,则切削不能继续进行,必须换刀或重磨。而砂轮由于本身的自锐性,磨粒能够以较锋利的刃口对工件进行切削。实际生产中,有时就利用这一原理进行强力连续磨削,以提高磨削加工的生产效率。

（3）背向磨削力 F_p 较大

与车外圆时切削力的分解类似,磨外圆时总磨削力 F 也可以分解为三个互相垂直的分力（见图 6-29）,其中 F_c 称为磨削力,F_p 称为背向磨削力,F_f 称为进给磨削力。在一般切削加工中,切削力 F_c 较大。而在磨削时,由于背吃刀量较小,砂轮与工件表面接触的宽度较大,致使背向磨削力 F_p 大于磨削力 F_c。一般情况下,$F_p \approx (1.5 \sim 3) F_c$,工件材料的塑性越小,$F_p/F_c$ 之值越大（见表 6-1）。

表 6-1   磨削不同材料的 F_p/F_c 之值

工件材料	碳钢	脆硬钢	铸铁
F_p/F_c	1.6~1.8	1.9~2.6	2.7~3.2

背向磨削力作用在工艺系统（机床—夹具—工件—刀具所组成的系统）刚度较差的方向上,容易使工艺系统产生变形,影响工件的加工精度。

例如纵磨细长轴的外圆时,由于工件的弯曲而产生腰鼓形,如图 6-30 所示。另外,由于工艺系统的变形,会使实际的背吃刀量比名义值小,这将增加磨削加工的走刀次数。一般在最后几次光磨走刀中,要少吃刀或不吃刀,以便逐步消除由于变形而产生的加工误差。

（4）磨削温度高

磨削时的切削速度为一般切削加工的 10~20 倍。在这样高的切削速度下,加上磨粒多为负前角切削,挤压和摩擦较严重,消耗功率大,产生的切削热多。又因为砂轮本身的散热性很差,大量的磨削热在短时间内传散不出去,在磨削区形成瞬时高温,有时高达800~1000℃。

高的磨削温度容易烧伤工件表面,使淬火钢件表面退火,硬度降低。即使由于切削液

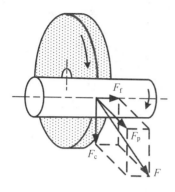

图 6-29　磨削力

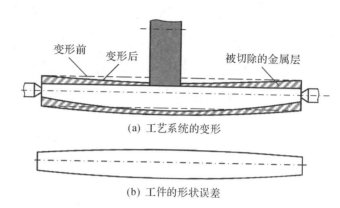

(a) 工艺系统的变形

(b) 工件的形状误差

图 6-30　背向磨削力所引起的加工误差

的浇注可能发生二次淬火,但会在工件表层产生拉应力及微裂纹,降低零件的表面质量和使用寿命。

高温下,工件材料将变软而容易堵塞砂轮,这不仅影响砂轮的耐用度,也影响工件的表面质量。

因此,在磨削过程中,应采用大量的切削液。磨削时加注切削液,除了起冷却和润滑作用之外,还可以起到冲洗砂轮的作用。切削液将细碎的切屑以及破碎或脱落的磨粒冲走,避免砂轮堵塞,可有效地提高工件的表面质量和砂轮的耐用度。

磨削钢件时,广泛应用的切削液是苏打水或乳化液。磨削铸铁、青铜等脆性材料时,一般不加切削液,而用吸尘器清除尘屑。

4. 磨削的加工类型

磨削加工是用高速回转的砂轮或其他磨具以给定的背吃刀量对工件进行加工的方法。根据工件被加工表面的形状和砂轮与工件之间的相对运动,磨削分为外圆磨削、内圆磨削、平面磨削和无心磨削等几种主要类型。

（1）外圆磨削

外圆磨削用砂轮外圆周来磨削工件的外回转表面,它能加工圆柱面、圆锥面、端面、球面和特殊形状的外表面等,如图 6-31 所示。外圆磨削一般在普通外圆磨床或万能磨床上进行,按照不同的进给方法又可分为纵磨法和横磨法两种。

1)纵磨法。磨削外圆时,砂轮的高速旋转为主运动,工件则做圆周进给运动,同时随工作台轴向做纵向进给运动。每单次行程或每往复行程终了时,砂轮做周期性的横向进给运动,从而逐渐磨去工件径向的全部磨削余量。采用纵磨法,每次的横向进给量小、磨削力小、散热条件好,并且能以光磨的次数来提高工件的磨削和表面质量,因而加工质量高,是目前生产中使用最广泛的一种磨削方法。

2)横磨法。又称切入磨法,工件不做纵向移动,而由砂轮以慢速做连续的横向进给,直至磨去全部磨削余量。横磨法因砂轮宽度大,一次行程就可完成磨削加工过程,所以加工效率高,同时也适用于成形磨削。然而,在磨削过程中砂轮与工件接触面积大、磨削力大,必须使用功率大、刚性好的磨床。此外,磨削热集中、磨削温度高,势必影响工件的表面质量,必须给予充分的切削液来降低磨削温度。

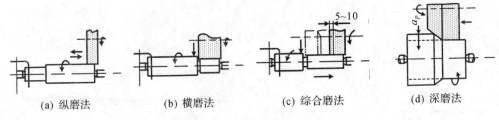

| (a) 纵磨法 | (b) 横磨法 | (c) 综合磨法 | (d) 深磨法 |

图 6-31　外圆磨削加工的各种方式

（2）内圆磨削

用砂轮磨削工件内孔的磨削方式称为内圆磨削，它可以在专用的内圆磨床上进行，也可在具备内圆磨头的万能外圆磨床上实现。如图 6-32 所示，砂轮高速旋转做主运动，工件旋转做圆周进给运动，同时砂轮或工件沿其轴线往复移动做纵向进给运动，砂轮则做径向进给运动。

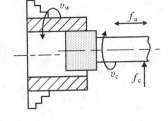

图 6-32　普通内圆磨削

与外圆磨削相比，内圆磨削所用的砂轮和砂轮轴的直径都比较小。为了获得所要求的砂轮线速度，就必须提高砂轮主轴的转速，故容易发生振动，影响工件的表面质量。此外，由于内圆磨削时砂轮与工件的接触面积大、发热量集中、冷却条件差以及工件热变形大，特别是砂轮主轴刚性差、易弯曲变形，因此内圆磨削不如外圆磨削的加工精度高。

（3）平面磨削

常见的平面磨削方式有四种，如图 6-33 所示。工件安装在具有电磁吸盘的工作台上做纵向往复直线运动或圆周进给运动。由于砂轮宽度限制，需要砂轮沿轴线方向做横向进给运动。为了逐步切除全部余量，砂轮还需要周期性地沿垂直于工件被磨削表面的方向进给。

如图 6-33(a)、(b)所示属于圆周磨削，砂轮与工件的接触面积小、磨削力小、排屑及冷却条件好、工件受热变形小，且砂轮磨损均匀，故加工精度较高。然而，砂轮主轴呈悬臂状态、刚性差，不能使用较大的磨削用量，生产率较低。

如图 6-33(c)、(d)所示属于端面磨削，砂轮与工件的接触面积大，同时参与磨削的磨粒多。另外，磨床主轴受压力，刚性较好，允许采用较大的磨削用量，故生产率高。但是，在磨削过程中，磨削力大、发热量大、冷却条件差，排屑不畅，造成工件的热变形较大，且砂轮端面沿径向各点的线速度不等，使砂轮磨损不均匀，所以这种磨削方法的加工精度不高。

（4）无心磨削

无心外圆磨削的工作原理如图 6-34 所示。工件置于砂轮和导轮之间的托板上，以工件自身外圆为定位基准。当砂轮以转速 n_0 旋转时，工件就有以与砂轮相同的线速度回转的趋势，但由于受到导轮摩擦力对工件的制约作用，工件以接近于导轮线速度回转，从而在砂轮和工件之间形成很大的速度差，由此产生磨削作用。改变导轮的转速，便可以调整工件的圆周进给速度。

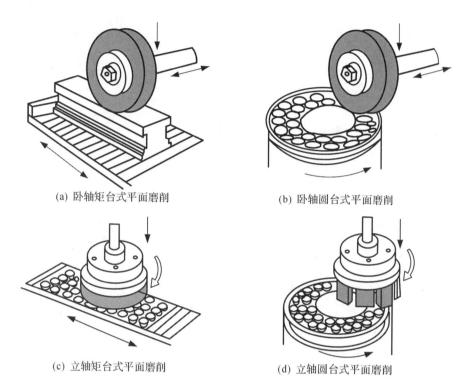

(a) 卧轴矩台式平面磨削　　　　　　　(b) 卧轴圆台式平面磨削

(c) 立轴矩台式平面磨削　　　　　　　(d) 立轴圆台式平面磨削

图 6-33　平面磨削方式

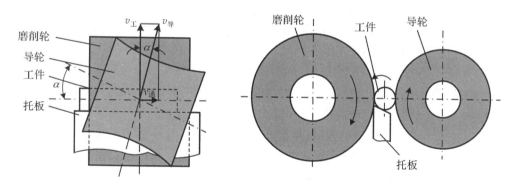

图 6-34　无心外圆磨削的加工

第7章　特种加工

传统机械加工技术的发展已有数百年,对人类生产和物质文明的发展起到极大的促进作用。第二次世界大战后,为满足生产发展和科学实验的需要,很多工业部门,尤其是国防工业部门,要求尖端科学技术产品向高精度、高速度、高温高压、大功率、小型化等方向发展,它们所使用的材料越来越难加工,零件形状越来越复杂,对加工精度、表面粗糙度的要求以及某些特殊要求也越来越高,对机械制造技术提出了新的要求。

(1)解决各种难切削材料的加工问题。如硬质合金、钛合金、耐热钢、不锈钢、淬火钢、金刚石、宝石、石英以及锗、硅等各种高硬度、高强度、高韧性、高脆性的金属及非金属材料的加工。

(2)解决各种特殊复杂表面的加工问题。如喷气涡轮机叶片、整体涡轮、发动机机匣、锻模和注塑模的内外立体成形表面,各种冲模、冷拔模上特殊截面的型孔,枪和炮管内壁线,喷油嘴和喷丝头上的小孔、异形小孔、窄缝等的加工。

(3)解决各种超精、光整或具有特殊要求的零件加工问题。如对表面质量和精度要求很高的航天和航空陀螺仪、伺服阀,细长轴、薄壁零件,弹性元件等低刚度的零件加工,以及计算机和微电子工业大批量精密和微细元器件的生产制造。

要解决上述问题,仅仅依靠传统切削加工方法很难实现,甚至根本无法实现。为此,人们相继探索并研究新的加工方法,并由此产生并发展出特种加工。经过 70 多年的历程,已发展出多种特种加工方法,如表 7-1 所示。本章将着重介绍电火花加工、电化学加工、激光加工、电子束加工、离子束加工等特种加工方法。

表 7-1　常用特种加工方法分类

特种加工方法		能量来源及形式	作用原理	英文缩写
电火花加工	电火花成形加工	电能、热能	熔化、气化	EDM
	电火花线切割加工	电能、热能	熔化、气化	WEDM
电化学加工		电化学能	金属离子阳极溶解	ECM
化学加工		化学能	化学腐蚀	CM
高能束加工	激光加工	光能、热能	熔化、气化	LBM
	电子束加工	电能、热能	熔化、气化	EBM
	离子束加工	电能、动能	原子撞击	IBM

7.1　电火花加工

7.1.1　电火花加工的概念及特点

电火花加工(electric discharge machining,EDM)是指在介质中,利用两极(工具电极与工件电极)之间脉冲性火花放电时的电腐蚀现象对材料进行加工,使零件的尺寸、形状和表面质量达到预定要求的加工方法。如图 7-1 所示,在电火花放电时,火花通道内瞬时产生的大量热使电极表面的金属产生局部熔化甚至气化而被蚀除。

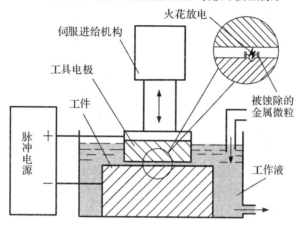

图 7-1　电火花加工原理

电火花加工与机械加工相比有其独特的加工特点,主要用于各种难加工材料、复杂形状零件和有特殊要求的零件制造。其中,模具制造是电火花加工应用最多的领域。

1. 电火花加工应具备的条件

(1) 工具电极和工件电极之间在加工中必须保持一定的间隙,一般是几个微米至数百微米。若两电极距离过大,则脉冲电压不能击穿介质而形成火花放电;若电极短路,则两电极间没有脉冲能量消耗,也不可能实现电蚀加工。因此,加工中必须采用自动进给调节系统来保证加工间隙随加工状态而变化。

(2) 火花放电必须在有一定绝缘性能的液体介质中进行,如火花油、水溶性工作液、去离子水等。液体介质有压缩放电通道的作用,还能把电火花加工过程中产生的金属蚀除产物、炭黑等从放电间隙排出,并对电极和工件起到较好的冷却作用。

(3) 放电点局部区域的功率密度足够高,即放电通道要有很高的电流密度(一般为 $10^5 \sim 10^6 \, \mathrm{A/cm^2}$)。放电时所产生的热量足以使放电通道内金属局部产生瞬时熔化甚至气化,从而在被加工材料表面形成一个电蚀凹坑。

(4) 火花放电是瞬时的脉冲性放电,放电持续时间一般为 $10^{-7} \sim 10^{-3} \, \mathrm{s}$。由于放电时间短,放电时产生的热量来不及扩散到工件材料内部,能量集中,温度高,放电点可集中在很小范围内。如果放电时间过长,就会形成持续电弧放电,使工件加工表面及电极表面的材料大范围熔化烧伤而无法保障加工中的尺寸精度。

(5) 在先后两次脉冲放电之间,需要有足够的停歇时间排除极间电蚀产物,使极间介质充分消电离并恢复绝缘状态,以保证下次脉冲放电不在同一点进行,避免形成电弧放电,使脉冲放电顺利进行。

2. 电火花加工的特点

(1) 适合于难切削材料的加工。由于加工时材料的去除是通过火花放电时的电、热作用实现的,材料的可加工性主要与材料的导电性及热学特性,如电阻率、熔点、沸点(气化点)、比热容、热导率等有关,而与材料的硬度、强度等力学性能无关。因此,可以突破传统切削加工中对刀具的限制,实现用软的工具加工硬、韧的工件,甚至可以加工金刚石、立方氮化硼一类的超硬材料。目前电极材料多采用纯铜或石墨制造。

(2) 可加工特殊及复杂形状的零件。加工过程中工具电极与工件不直接接触,没有机械加工的切削力,因此适宜加工低刚度工件及进行微细加工。通过将工具电极的形状复制到工件上,适用于复杂表面形状工件的加工,如复杂型腔模具加工。

(3) 易于实现加工过程自动化。由于是直接利用电能加工,涉及的电参数较机械量更易于实现数字控制、智能化控制和无人操作等。

(4) 脉冲放电持续时间短,放电时产生的热量传导范围小,材料受热影响范围小。

3. 电火花加工的局限性

(1) 一般只能加工金属等导电材料。电火花加工不像切削加工那样可以加工塑料、陶瓷等绝缘的非导电材料。近年来研究表明,在一定条件下也可加工半导体和金刚石等非导体超硬材料。

(2) 加工速度慢。通常安排加工路线时多采用切削方法去除大部分余量,然后进行电火花加工,以求提高生产率。

(3) 存在电极损耗。电火花加工靠电、热来蚀除金属,电极也会产生损耗。电极损耗多集中在尖角或底面,影响成形精度。

(4) 最小角部半径有限制。一般电火花加工能得到的最小角部半径略大于加工放电间隙(通常为 0.02~0.03mm)。

(5) 加工表面有变质层甚至微裂纹。

7.1.2　电火花加工的机理

火花放电时,在微小的电火花加工放电间隙,电极表面的金属材料究竟是怎样被蚀除的?正确认识电火花加工的微观过程,有助于理解电火花加工的基本规律,从而对脉冲电源、进给装置、机床设备等提出合理的要求。每次电火花放电过程可分为四个连续阶段:极间介质的电离、击穿,形成放电通道;介质热分解、电极材料熔化、气化热膨胀;电极材料的抛出;极间介质的消电离。

第一阶段:极间介质的电离、击穿,形成放电通道。当脉冲电压施加于工具电极与工件之间时,两极之间立即形成一个电场。电场强度与电压成正比,与距离成反比。即当极间电压升高或极间距离减小时,极间电极强度也将随之增大。由于工具电极和工件的微观表面是凹凸不平的,极间距离又很小,因而极间电场强度是很不均匀的,两极间离得最近的突出点或尖端处的电场强度一般为最大。当电场强度增加到一定程度后,将导致介质原子中绕轨道运行的电子摆脱原子核的吸引成为自由电子,而原子核则成为带正电的离子,并且电子和离子在电场的作用下,分别向正极与负极运动,形成放电通道,如图 7-2 所示。

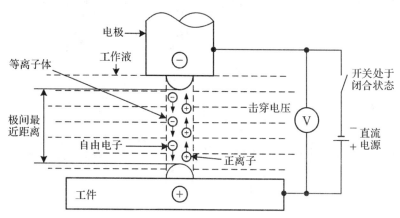

图 7-2　极间施加放电脉冲形成放电通道的情况

　　第二阶段:介质热分解、电极材料熔化、气化热膨胀。极间介质一旦被电离、击穿,形成放电通道后,脉冲电源建立的极间电场使通道内的电子高速奔向正极,正离子奔向负极,使电能变成动能,动能通过带电粒子对相应电极材料的高速碰撞转变为热能,使正负极表面产生高温。高温除了使工作液气化、热分解外,也使金属材料熔化甚至气化,这些气化的工作液和金属蒸气,瞬间体积增大,在放电间隙内成为气泡,迅速热膨胀,就像火药、爆竹点燃后具有爆炸的特性一样。观察电火花加工过程,可以看到放电间隙内冒出气泡,工作液逐渐变黑,并可听到轻微而清脆的爆炸声。

　　第三阶段:电极材料的抛出。通道内的正负电极表面放电点瞬时高温使工作液气化并使得两电极对应表面材料产生熔化、气化,如图 7-3 所示。通道内的热膨胀产生很高的瞬时压力,使气化了的气体不断向外膨胀,形成一个扩张的"气泡",进而将熔化或气化的金属材料推挤、抛出,而使其进入工作液中,抛出的两极带电荷的材料在放电通道内汇集后进行中和及凝聚,如图 7-4 所示,最终形成细小的中性圆球颗粒,成为电火花加工的蚀除产物。实际上熔化和气化了的金属在抛离电极表面时,向四处飞溅,除绝大部分抛入工作液中收缩成小颗粒外,还有一小部分飞溅、镀覆、吸附在对面的电极表面上,这种互相飞溅、镀覆及吸附的现象,在某些条件下可以用来减少或补偿工具电极在加工过程中的损耗。

　　第四阶段:极间介质的消电离。随着脉冲电压的关断,脉冲电流也迅速降为零,但此后仍应有一段间隔时间,使极间介质消除电离,即放电通道中的正负带电粒子复合为中性粒子(原子),并且将通道内已经形成的放电蚀除产物及一些中和的微粒尽可能排出通道,恢复本次放电通道处极间间隙介质的绝缘强度,并降低电极表面温度等,从而避免了由于

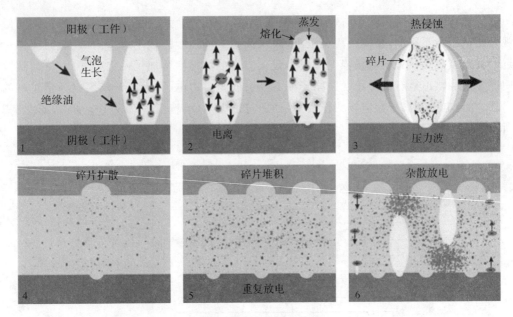

图 7-3　电火花放电过程

此放电通道绝缘强度较低,下次放电仍然可能在此处击穿而导致的总是重复在同一处击穿产生电弧放电现象的出现,进而保证在别处按两极相对最近处或电阻率最小处形成下一放电通道,以形成均匀的电火花加工表面。

因此,结合上述微观过程的分析,在放电加工过程中,实际得到的典型放电加工波形如图7-4所示。

0—1阶段:当脉冲电压施加于两极间时,极间电压迅速升高,并在两极间形成电场。

1—2阶段:由于极间处于间隙状态,因此极间介质的击穿需要有延时时间。

2—3阶段:介质在2点开始击穿后,直至3点建立起一个稳定的放电通道,在此过程中极间间隙电压迅速降低,而极间电流则迅速升高。

3—4阶段:放电通道建立后,脉冲电源建立的极间电场使通道内电离介质中的电子高速奔向正极,正离子奔向负极。电能变为动能,动能又通过碰撞转变成热能,因此在通道内使正极和负极对应表面达到很高的温度。

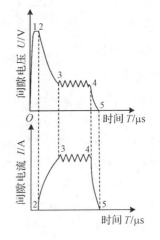

图 7-4　极间电压和电流波形
0—1电压上升阶段;1—2击穿延时;2—3介质击穿、放电通道形成;3—4火花维持电压和电流;4—5电压、电流下降沿

正负极表面的高温使金属材料产生熔化甚至气化,工作液及电极材料气化形成的爆炸气压将蚀除产物推出放电凹坑,形成工件的蚀除及电极的损耗。稳定放电通道形成后,放电维持电压及放电峰值电流基本维持稳定。

4—5阶段:4点开始,脉冲电压的关断,通道中的带电粒子复合为中性粒子,逐渐恢复液体介质的绝缘强度,极间电压、电流随着放电通道内绝缘状态的逐步恢复,回到零位5。

当然极间介质的冷却、洗涤及消电离的完全恢复还需要后续的脉间进行。

电火花放电加工中,极间的放电状态一般分为五种类型,如图 7-5 所示。1)空载或开路状态:放电间隙没有击穿,极间有空载电压,但间隙内没有电流流过。2)火花放电:极间介质被击穿产生放电,有效产生蚀除,图 7-5 即为一正常放电波形,其放电波形上有高频振荡的小锯齿。3)短路:放电间隙直接短路,间隙短路时电流较大,但间隙两端的电压很小,极间没有材料蚀除。4)电弧放电(稳定电弧放电):由于排屑不良,放电点不能形成转移而集中在某一局部位置,因此称为稳定电弧,常使电极表面积炭、烧伤,电弧放电的波形特点是没有击穿延时,并且放电波形中高频振荡的小锯齿基本消失。5)过渡电弧放电(不稳定电弧放电,或称不稳定火花放电):过渡电弧放电是正常火花放电与稳定电弧放电的过渡状态,是稳定电弧放电的前兆,其波形中击穿延时很少或接近于零,仅成为一尖刺,电压电流波形上的高频分量成为稀疏的锯齿形。

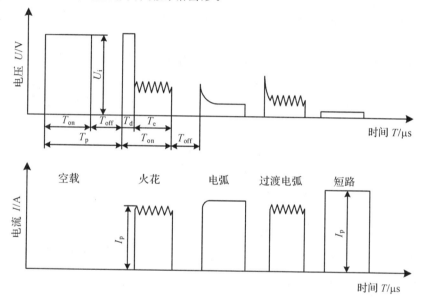

图 7-5 电火花加工中五种典型的加工波形

7.1.3 电火花加工的基本规律

1. 影响材料放电腐蚀的主要因素

电火花加工过程中,影响材料放电腐蚀的因素很多。研究影响材料放电腐蚀的因素,对于提高电火花加工效率,减少工具电极的损耗是极为重要的。

(1)极性效应

在电火花加工过程中,无论是正极还是负极,都会受到不同程度的电蚀。即使是相同材料,其正负电极的电蚀量也不同。这种单纯由于正负极性不同而彼此电蚀量不同的现象称为极性效应。如果两电极材料不同,则极性效应更加复杂。在生产过程中,工件接脉冲电源的正极、工具电极接负极时,称为正极性加工;反之,工件接脉冲电源的负极、工具电极接正极时,称为负极性加工。

　　从提高加工效率和减少工具损耗的角度来看,极性效应愈显著愈好,故在电火花加工过程中必须充分利用极性效应。当用交变的脉冲电压加工时,单个脉冲的极性效应便会相互抵消,增加了工具的损耗。因此,电火花加工一般都采用单向脉冲电源(低速单向走丝的抗电解电源除外),而不采用交流电源。因此,当采用窄脉冲(如纯铜电极加工钢时,t<10μs)精加工时,应选用正极性加工;当采用长脉冲(如纯铜加工钢时,t>100μs)粗加工时,应采用负极性加工,以得到较高的蚀除速度和较低的电极损耗。

　　除了充分地利用极性效应、正确地选用极性、最大限度地降低工具电极的损耗外,还应合理选用工具电极的材料,根据电极对材料的物理性能和加工要求选用最佳的电参数,使工件的蚀除速度最大,工具损耗尽可能小。

　　(2)影响电火花加工蚀除速度的因素

　　1)电参数的影响

　　在电火花加工过程中,无论正极或负极,单个脉冲的蚀除量与单个脉冲能量在一定范围内均成正比关系,而工艺系数与电极材料、脉冲参数、工作介质等有关。某一段时间内的总蚀除量约等于这段时间内各单个有效脉冲蚀除量的总和,因此正、负极的蚀除速度与单个脉冲能量、脉冲频率成正比。

　　假设放电击穿延时时间相等,则放电脉冲宽度决定了放电凹坑直径的大小,如图 7-6 所示;放电脉冲的峰值电流则决定了放电凹坑的深浅,如图 7-7 所示。

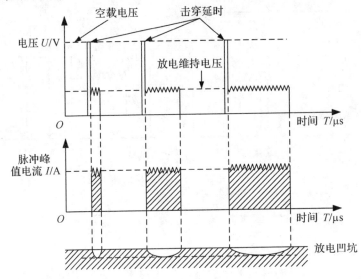

图 7-6　放电凹坑与放电脉冲宽度的对应关系

　　近期的研究还发现放电的蚀除量不仅与脉冲能量的大小有关,而且与蚀除的形式有关。对于窄脉冲高峰值电流放电产生的蚀除形式主要是以材料的气化为主,而大脉宽低峰值电流主要产生的蚀除形式是熔化方式。气化形式的蚀除效率比熔化的要高30%～50%,并且表面残留的金属及表面质量会有明显差异。

　　由上述分析可知,要提高蚀除速度,可以采用提高脉冲频率,增加单个脉冲能量,或者

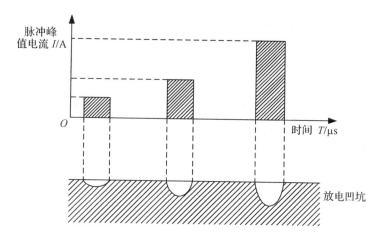

图 7-7　放电凹坑与放电脉冲峰值电流的对应关系

说增加平均放电电流(或脉冲峰值电流)和脉冲宽度,减小脉冲间隙的方式获得。此外,还可通过增加脉冲峰值电流,采用小脉宽、高脉冲峰值电流的放电方式,以获得气化的蚀除方式,从而达到既提高蚀除速度,同时又改善表面质量和降低变质层厚度的目的。

当然,在实际加工时要考虑到这些因素之间的相互制约关系和对其他工艺指标的影响。例如,脉冲间隔时间过短,将产生电弧放电;随着单个脉冲能量的增加,加工表面粗糙度值也随之增大等。

2)金属材料热学物理参数的影响

金属热学物理参数是指熔点、沸点、热导率、比热容、熔化热、气化热等。显然,当脉冲放电能量相同时,金属的熔点、沸点、比热容、熔化热、气化热愈高,电蚀量将愈少,愈难加工;另一方面,热导率愈大,瞬时产生的热量容易传导到材料基体内部,也会降低放电点本身的蚀除量。

钨、钼、硬质合金等的熔点、沸点较高,所以难以蚀除;纯铜的熔点虽然比铁(钢)的低,但因导热性好,所以耐蚀性也比铁好;铝的导热系数虽然比铁(钢)的大好几倍,但其熔点较低,所以耐蚀性比铁(钢)差。石墨的熔点、沸点高,导热系数也不太低,故耐蚀性好,适合于制作电极。表 7-2 列出了几种常用材料的热学物理常数。

表 7-2　常用材料的热学物理常数

热学物理常数	铜	石墨	钢	钨	铝
熔点 T_r/℃	1083	3727	1535	3410	657
比热容 c/[J/(kg·K)]	393.56	1674.7	695.0	154.91	1004.8
熔化热 q_r/(J/kg)	179258.4	—	209340	159098.4	385185.6
沸点 T_f/℃	2595	4830	3000	5930	2450
气化热 q_q/(J/kg)	5304256.9	46054800	6290667	—	10894053.6
热导率 λ/[J/(cm·s·K)]	3.998	0.800	0.816	1.700	2.378
热扩散率 a/(cm²·s)	1.179	0.217	0.150	0.568	0.920
密度 ρ/(g/cm³)	8.9	2.2	7.9	19.3	2.54

3)工作介质对电蚀量的影响

在电火花加工过程中,工作液的作用是:形成火花击穿放电通道,并在放电结束后迅速恢复间隙的绝缘状态;对放电通道产生压缩作用;帮助电蚀产物的抛出和排除;对工件和电极起到冷却作用。因此,工作液对电蚀量也有较大影响。介电性能好、密度和黏度大的工作液有利于压缩放电通道,提高放电的能量密度,强化电蚀产物的抛出效果;但工作液黏度大,不利于电蚀产物的排出,影响正常放电。

目前,电火花加工主要采用油类作为工作介质。粗加工时脉冲能量大、加工间隙也较大、爆炸排屑抛出能力强,往往选用介电性能、黏度较大的机油,且机油的燃点较高,大能量加工时着火燃烧的可能性小;在精加工时放电间隙比较小,排屑比较困难,一般选用黏度小、流动性好、渗透性好的煤油作为工作液。

由于油类工作液有味、易燃烧,尤其在大能量粗加工时工作液高温分解产生的烟气很大;水的绝缘性能和黏度较低,在同样加工条件下,和煤油相比,水的放电间隙较大、对通道压缩作用差、蚀除量较少、易锈蚀机床,但选用各种添加剂可以改善其性能。研究表明,水基工作液在粗加工时的加工速度可大大高于煤油。对于电火花线切割,低速单向走丝选用去离子水作为工作介质,而高速往复走丝采用乳化液、水基工作液或复合工作液等水溶性工作介质。

2. 电火花加工的加工速度和工具的损耗速度

电火花加工时,电极和工件同时遭到不同程度的电蚀,单位时间内工件的蚀除量称为蚀除(加工)速度,也即生产率;单位时间内工具电极的蚀除量称为损耗速度。

(1)加工速度

电火花成形加工的加工速度一般采用体积加工速度 v_w(mm³/min)来表示,即单位时间被加工掉的体积 V 除以加工时间 t:

$$v_w = \frac{V}{t} \tag{7-1}$$

有时为了测量方便,也采用质量加工速度 v_m 来表示,单位为 g/min。

提高加工速度的途径在于增加单个脉冲能量,提高脉冲频率,同时还应考虑这些因素间的相互制约关系。单个脉冲能量的增加,即增大脉冲峰值电流和增加脉冲宽度可以提高加工速度,但同时会使表面粗糙度增加并降低加工精度,因此一般只用于粗加工或半精加工。提高脉冲频率可有效提高加工速度,但脉冲停歇时间过短,会使加工区放电通道内工作介质来不及消电离、不能及时排出电蚀产物及气泡以恢复其介电性能,因而易形成破坏性的稳定电弧放电,使电火花加工过程不能正常进行。

此外,合理选用电极材料、电参数和工作液,改善工作液的循环过滤方式等,可提高有效脉冲利用率,达到提高加工速率的目的。

电火花成形加工速度分别为:粗加工(加工表面粗糙度为 $R_a 10 \sim 20 \mu m$)时可达 $200 \sim 300 mm^3/min$;半精加工($R_a 2.5 \sim 10 \mu m$)时可达 $20 \sim 100 mm^3/min$;精加工($R_a 0.32 \sim 2.5 \mu m$)时一般小于 $10 mm^3/min$。随着表面粗糙度值的降低,加工速度显著下降。加工速度与平均加工电流有关。对于电火花成形加工,一般每安培平均加工电流的适宜加工

速度约为 $10\text{mm}^3/\text{min}$。

（2）工具电极相对损耗速度和相对损耗比

在生产中用来衡量工具电极是否损耗，不只看工具电极损耗速度 v_e，还要看能同时达到的加工速度 v_w。因此，一般采用相对损耗或称损耗比 θ 作为衡量工具电极损耗的指标，即

$$\theta = \frac{v_e}{v_w} \times 100\% \tag{7-2}$$

式中：加工速度和损耗速度均用 mm^3/min 为单位计算时，则 θ 为体积相对损耗比；若均以 g/min 为单位计算，则 θ 为质量相对损耗比。

为了降低工具电极的相对损耗，必须充分利用好电火花加工过程中的各种效应。这些效应主要包括极性效应、吸附效应、传热效应等。

1）正确选择极性

一般来说，在短脉冲精加工时采用正极性加工（即工件接电源正极），而长脉冲粗加工时采用负极性加工。对不同脉冲宽度和加工极性的关系，试验得出了如图 7-8 所示的曲线。试验中，工具电极为 $\phi 6\text{mm}$ 的纯铜，加工工件为钢，工作介质为煤油，矩形波脉冲电源，加工脉冲峰值电流为 10A。由图 7-8 可知，负极性加工时，纯铜电极的相对损耗比随脉冲宽度的增加而减少，当脉冲宽度大于 $120\mu\text{s}$ 后，电极相对损耗比将小于 1%，可以实现低损耗加工。如果采用正极性加工，不论采用哪一档脉冲宽度，电极的相对损耗比都难以低于 10%。然而在脉宽小于 $15\mu\text{s}$ 的窄脉宽范围内，正极性加工的工具电极相对损耗比小于负极性加工。

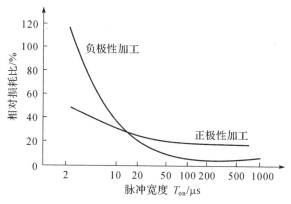

图 7-8　电极相对损耗比与极性、脉宽的关系

2）利用吸附效应

用煤油之类的碳氢化合物作工作介质时，在放电过程中将发生热分解，而产生大量游离的碳颗粒，还能和金属蚀除产物结合形成金属碳化物微颗粒，即胶团。胶团具有负电性，在电场作用下会向正极移动，并吸附在正极表面，形成一定强度和厚度的化学吸附碳层，通常称为炭黑膜。由于碳的熔点和气化点很高，可对电极起到保护和补偿作用。

由于炭黑膜只能在正极表面形成，因此要利用炭黑膜的补偿作用实现电极的低损耗必须采用负极性加工。实验表明，当脉冲峰值电流、脉冲间隔一定时，炭黑膜厚度随脉冲

间隔的增大而减薄。这是由于脉冲间隔加大,电极为正的时间相对变短,将引起放电间隙中介质消电离作用增强,放电通道分散,电极表面温度降低,使吸附效应减少。反之,当脉冲间隔减小时,电极损耗随之减少。但过小的脉冲间隔将使放电间隙来不及消电离和使电蚀产物来不及扩散,因而造成拉弧烧伤。

3) 利用传热效应

对电极表面温度场分布的研究表明,电极表面放电点的瞬时温度不仅与瞬时放电的总热量(与放电能量成正比)有关,而且与放电通道的截面面积有关,还与电极材料的导热性能有关。因此,在放电初期限制脉冲电流的增长率对降低电极损耗是有利的,这样能使电流密度不致太高,也就能使电极表面温度不致过高而遭受较大的损耗。脉冲电流增长率太高,对在热冲击波作用下易脆裂工具电极(如石墨)的损耗的影响尤为显著。另外,由于一般采用的工具电极的导热性能比工件好,如果采用较大的脉冲宽度和较小的脉冲电流进行加工,则导热作用能使电极表面的温度较低而减少损耗,但同时工件表面的温度仍比较高而被蚀除。

4) 选用合适的电极工具材料

钨、钼的熔点和沸点较高,损耗小,但其机械加工性能不好,价格又贵,所以除电火花线切割用钨、钼丝外,其他电火花加工很少采用。铜的熔点虽然稍低,但其导热性好,因此损耗也较少,又能制成各种精密、复杂电极,所以常用作中、小型腔加工用的工具电极。石墨电极不仅热学性能好,在长脉冲粗加工时能吸附游离的碳来补偿电极的损耗,所以相对损耗很小,目前已广泛用作型腔加工的电极。铜碳、铜钨、银钨合金等复合材料,不仅导热性好,而且熔点高,因而电极损耗小,但由于其价格较贵,制造成形比较困难,因而一般只在精密电火花加工时采用。

3. 电火花加工的表面质量

电火花加工的表面质量主要包括表面粗糙度、表面变质层和表面机械性能三部分。

(1) 表面粗糙度

电火花加工表面和机械加工的表面不同,它是由无方向性的无数放电凹坑和硬凸边叠加而成,有利于保存润滑油。其表面的润滑性能和耐磨损性能一般比机械加工表面好。

对表面粗糙度影响最大的因素是单个脉冲能量,因为脉冲能量大,每次脉冲放电的蚀除量也大,放电凹坑既大又深,从而使表面粗糙度变大。

电火花加工的表面粗糙度和加工速度之间存在着很大的矛盾,如从 $R_a2.5\mu m$ 提高到 $R_a1.25\mu m$,加工速度要下降到原来的 1/10 以下。为获得较小的表面粗糙度,需要采用很低的加工速度。目前,一般电火花加工到 $R_a2.5\sim0.63\mu m$ 之后,采用研磨方法来改善其表面粗糙度比较经济。

(2) 表面变质层

电火花加工过程中,在火花放电的瞬时高温和工作介质的快速冷却作用下,材料的表面层化学成分和组织结构会发生很大变化,其改变了的部分称为表面变质层,它又包括熔化层和热影响层,如图 7-9 所示。

1) 熔化层

熔化层处于工件表面最上层,被放电时的瞬时高温熔化后而又滞留下来,受工作介质快速冷却而凝固。对于碳钢,熔化层在金相照片上呈现白色,故又称为"白层",它与基体金属完全不同,是一种晶粒细小的树枝状淬火铸造组织。

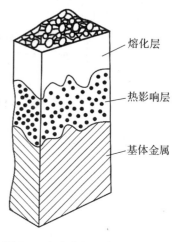

熔化层

热影响层

基体金属

2) 热影响层

热影响层处于熔化层和基体之间。热影响层的金属材料并没有熔化,只是受到高温的影响,使材料的金相组织发生了变化。对淬火钢,热影响层包括再淬火区、高温回火区和低温回火层;对未淬火钢,热影响层主要为淬火区。因此,淬火钢的热影响层厚度比未淬火钢厚。

熔化层和热影响层的厚度随着脉冲能量的增加而加厚,一般变质层厚度有几十微米。

图 7-9　电火花加工表面变质层

3) 显微裂纹

电火花加工表面由于受到瞬时高温作用并迅速冷却而产生拉应力,往往出现显微裂纹。实验表明,一般裂纹仅在熔化层内出现,只有在脉冲能量很大的情况下(粗加工时)才有可能扩展到热影响层。

脉冲能量对显微裂纹的影响是非常明显的,能量越大,显微裂纹越宽越深。不同工件材料对裂纹的敏感性也不同,硬脆材料更容易产生裂纹。工件预先的热处理状态对裂纹产生的影响也很明显,加工淬火材料要比加工淬火后回火或退火的材料容易产生裂纹,因为淬火材料脆硬,原始内应力也较大。

(3) 表面机械性能

1) 显微硬度及耐磨性

电火花加工后表面层的硬度一般均比较高,但对某些淬火钢,也可能稍低于基体硬度。对未淬火钢,特别是含碳量低的钢,热影响层的硬度都比基体材料高;对于淬火钢,热影响层中的再淬火区硬度稍高或接近于基体硬度,而回火区的硬度比基体低,高温回火区又比低温回火区的硬度低。因此,一般情况下,电火花加工表面最外层的硬度比较高,耐磨性好。但对于滚动摩擦,由于是交变载荷,特别是对于干摩擦,因熔化凝固层和基体的结合不牢固,容易剥落而加快磨损。所以,有些要求高的模具需把电火花加工后的表面变质层研磨掉。

2) 残余应力

电火花加工表面存在着由于瞬时先热胀后冷缩作用而形成的残余应力,而且大部分表现为拉应力。残余应力的大小和分布,主要与材料在加工前的热处理状态及加工时的脉冲能量有关。因此,对表面层要求质量较高的工件,应尽量避免使用较大的放电加工规准加工。

3) 耐疲劳性能

电火花加工表面存在着较大的拉应力,还可能存在显微裂纹,因此其抗疲劳性能比机械加工的表面低许多倍。采用回火、喷丸处理等有助于降低残余应力,或使残余应力转变为压应力,从而提高其抗疲劳性能。

实验表明,当表面粗糙度在 $R_a 0.08 \sim 0.32 \mu m$ 时,电火花加工表面的抗疲劳性能将与机械加工表面相近。这是因为电火花精微加工表面所使用的加工规准很小,熔化凝固层和热影响层均非常薄,不易出现显微裂纹,而且表面的残余拉应力也较小。

7.1.4　电火花加工机床

1. 电火花加工机床的结构及组成

电火花加工机床一般由机床主机、脉冲电源、控制系统三部分组成。机床本体的作用是使电极与工件的相对运动保持一定的精度,并通过工作液循环过滤系统强化蚀除产物的排除,使加工正常进行,其主要由床身、立柱、主轴头、工作台及工作液槽等部分组成;脉冲电源的作用是为电火花成形加工提供放电能量;控制系统的作用是控制机床按指令运动、控制脉冲电源的各项参数及监控加工状态等,如图 7-10 所示。

图 7-10　电火花成形加工机床

电火花成形加工机床主要由主机、脉冲电源、自动进给调节系统、工作液循环及过滤系统等部分组成。

(1)主机

机床主机主要由床身、立柱、主轴头、工作台、工作液槽等组成。床身和立柱是机床的主要结构件,要有足够的刚度。床身工作台面与立柱导轨面间应有一定的垂直度要求,还应有较好的精度保持性,这就要求导轨具有良好的耐磨性和充分消除材料内应力等。

固定工作台的结构使工件及工作液的重量对加工过程没有影响,加工更加稳定,同时方便大型工件的安装固定。目前数控电火花成形加工机床一般采用精密滚珠丝杠、滚动直线导轨和高性能伺服电机等部件及结构。

(2)主轴头

主轴头是电火花成形加工机床中最为关键的部件,可实现上、下方向的 Z 轴运动。主轴头由伺服进给机构、导向和防扭机构、辅助机构三部分组成。它控制工件与工具电极之间的放电间隙。主轴头的好坏直接影响加工的工艺指标,如加工效率、几何精度以及表面粗糙度。

主轴头的伺服进给一般采用伺服电动机经同步带带动齿轮减速,再带动丝杠副转动,进而驱动主轴做上下移动。其导向和防扭是由矩形贴塑导轨或"平-V"形贴塑导轨构成,导轨结合面应施加一定的预紧力以消除间隙,保证运动精度。

（3）工作液循环及过滤系统

工作液循环及过滤系统一般包括工作液箱、电动机、泵、过滤器、管道、阀、仪表等。工作液箱可以放入机床内部成为一体,也可与机床分开,单独放置。对工作液进行强迫循环,是加速电蚀产物的排除、改善极间加工状态的有效手段。

2. 脉冲电源

电火花加工脉冲电源的作用是在电火花加工过程中提供能量。脉冲电源输出的各种电参数对电火花加工的加工速度、表面粗糙度、工具电极损耗及加工精度等各项工艺指标都具有重要的影响。

（1）RC 电路脉冲电源

RC 电路脉冲电源的工作原理是利用电容器充电存储电能,而后瞬时放出,形成火花放电来蚀除金属。图 7-11 是其工作原理图,该 RC 电路由两个回路组成:一个是充电回路,由直流电源 U、充电电阻 R（可调节充电速度,同时能限流以防电流过大及转变为电弧放电,故又称为限流电阻）和电容器 C（储能元件）所组成;另一个回路是放电回路,由电容器 C、工具电极和工件及其间的放电间隙组成。

当直流电源接通后,电流经限流电阻只向电容 C 充电,电容 C 两端的电压按指数曲线逐步上升,因为电容两端的电压为工具电极和工件间隙两端的电压,因此当电容 C 两端的电压 U_c 上升到等于工具电极和工件间隙的击穿电压 U_d 时,间隙就被击穿,此时极间电阻变得很小,电容器上储存的能量瞬时放出,形成较大的脉冲电流,如图 7-12 所示。电容上的能量释放后,电压下降到接近于零,间隙中的工作液又迅速恢复绝缘状态。此后电容器再次充电,又重复前述过程。如果间隙过大,则电容上的电压 U_c 按指数曲线上升到直流电源电压 U。

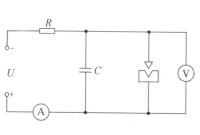

图 7-11　RC 脉冲电源

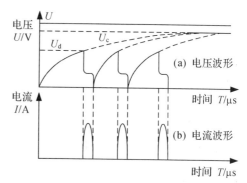

图 7-12　RC 脉冲电源电压和电流波形

RC 电路充电、放电时间常数,充放电周期、频率,平均功率等的计算,可参考电工学。RC 电路脉冲电源的最大优点是:1)结构简单,工作可靠、成本低;2)功率小时可以获得很窄的脉冲宽度（<0.1μs）和很小的单个脉冲能量，可用作光整加工和精微加工。

RC 电路脉冲电源的缺点是：1) 电能利用率很低，计算证明最大不超过 36%，因大部分电能经过电阻 R 时转化为热能损失掉了，这在大功率加工时是很不经济的；2) 生产效率低，因为电容的充电时间 t_c 比放电时间 t_e 长 50 倍以上，脉冲间歇系数太大；3) 直流电源与放电间隙之间没有开关元件隔离，影响稳定性，此外还不能独立形成脉冲，而靠放电间隙中工作液的非线性电阻绝缘性能才能形成脉冲放电。

（2）晶体管式脉冲电源

晶体管式脉冲电源是利用功率晶体管作为开关元件而获得单向脉冲的。它具有脉冲频率高、脉冲参数容易调节、脉冲波形较好、易于实现多回路加工和自适应控制等自动化要求的优点，所以应用非常广泛，特别是在中、小型脉冲电源中，都采用晶体管式电源。

晶体管式脉冲电源是利用功率晶体管作为开关元件而获得单向脉冲电流。晶体管式脉冲电源的线路也较多，但其主要部分都是由主振级、前置放大级、功率输出和直流电源等几部分组成。图 7-13 所示为晶体管式脉冲电源的工作原理。主振级是脉冲电源的主要组成部分，用以产生脉冲信号，电源的参数（如脉冲宽度、间隔、频率等）可用它来调节。主振级输出的脉冲信号比较弱，不能直接推动末级功率管，因此要用前

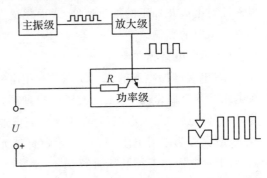

图 7-13　晶体管式脉冲电源工作原理

置放大级将主振级产生的脉冲信号放大，最后推动末级功率管导通或截止。

随着电火花加工技术的发展，为进一步提高有效脉冲利用率，达到高速、低耗、稳定性加工等需要，在晶体管式脉冲电源的基础上，派生出不少新型电源和电路，如高低压复合脉冲电源、多回路脉冲电源等。

7.2　电化学加工

7.2.1　电化学加工的概述

电化学加工（electrochemical machining，ECM）是指基于电化学作用原理去除材料（电化学阳极溶解）或增加材料（电化学阴极沉积）的加工技术。早在 1833 年，英国科学家法拉第（Faraday）就提出了有关电化学反应过程中金属阳极溶解（或析出气体）及阴极沉积（或析出气体）物质质量与所通过电量的关系，即创建了法拉第定律，奠定了电化学加工技术的理论基础。

1. 电化学加工过程

将两铜片作为电极，接上约 10V 的直流电，并浸入 $CuCl_2$ 的水溶液中（此水溶液中含

有 OH^- 和 Cl^- 负离子及 H^+ 和 Cu^{2+} 正离子),形成电化学反应通路,导线和溶液中均有电流通过,如图 7-14 所示。溶液中的离子将做定向移动,Cu^{2+} 离子移向阴极,在阴极上得到电子而还原成铜原子沉积在阴极表面。相反,在阳极表面 Cu 原子不断失去电子而成为 Cu^{2+} 离子进入溶液。溶液中正、负离子的定向移动称为电荷迁移。在阴、阳电极表面发生的得失电子的化学反应称为电化学反应,利用这种电化学作用对金属进行加工的方法即为电化学加工。在电场作用下,阳极

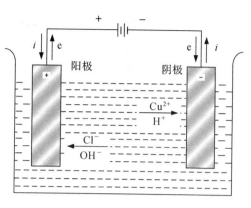

图 7-14　电化学加工原理

表面失去电子(氧化反应)产生阳极溶解、蚀除,称为电解;在阴极得到电子(还原反应)的金属离子还原为原子,沉积在阴极表面,称为电镀、电铸。

能够独立工作的电化学装置有两类:1)当该装置的两电极与外电路中负载接通后能够自发地将电流送到外电路的装置,它将化学能转变成电能,称为原电池(galvanic cell);2)使两电极与一个直流电源连接后,强迫电流在体系中流过,将电能转变为化学能,称为电解池(electrolytic cell)。电化学加工中常用的电解、电镀、电铸、电化学抛光等都属于电解池,均是在外加电源作用下进行阳极溶解或阴极沉积的过程。

2. 电解质溶液

溶于水后能导电的物质称为电解质,如盐酸(HCl)、硫酸(H_2SO_4)、氢氧化钠(NaOH)、氢氧化铵(NH_4OH)、食盐(NaCl)、硝酸钠($NaNO_3$)、氯酸钠($NaClO_3$)等酸碱盐都是电解质。电解质与水形成的溶液称为电解质溶液,简称电解液。电解液中所含电解质的多少即为电解液的浓度。

当电解质(如 NaCl)放入水中时,就会产生电离作用。这种作用会使 Na^+ 离子和 Cl^- 离子被水分子拉入溶液中,这个过程称为电解质的电离,其电离方程式为

$$NaCl \rightarrow Na^+ + Cl^- \tag{7-3}$$

由于溶液中正负离子的电荷相等,所以电解质溶液仍呈现出中性。

3. 电化学加工的分类及特点

电化学加工按其作用原理和主要加工作用的不同,可分为三大类:(1)利用电化学阳极溶解来进行加工,如电解加工、电解抛光;(2)利用电化学阴极沉积、涂覆进行加工,如电铸成形、电镀等;(3)利用电化学加工与其他加工方法相结合的电化学复合加工工艺,如电解磨削、电化学—机械复合研磨、电解—电火花复合加工等。

电化学加工的主要特点体现在以下几个方面:

(1)可加工各种高硬度、高强度、高韧性等难切削的金属材料,如硬质合金、高温合金、淬火钢、钛合金、不锈钢等,适用范围广。

(2)可加工各种具有复杂曲面、复杂型腔和复杂型孔等典型结构的零件,如航空发动机叶片、整体叶轮,发动机机匣凸台、凹槽,火箭发动机微喷管,炮管及枪管的膛线、喷筒

孔,以及深小孔、花键槽、模具型面、型腔等各种复杂的二维及三维型孔、型面。因为加工中没有机械切削力和切削热的作用,特别适合加工易变形的薄壁零件。

(3) 加工表面质量好。由于材料是以离子状态去除或沉积,而且为冷态加工,故加工后无表面变质层、残余应力,加工表面没有加工纹路且没有毛刺和棱边,一般粗糙度为 R_a $0.8\sim3.2\mu m$,对于电化学复合光整加工可达 R_a $0.01\mu m$ 以下,适合进行精密微细加工。

(4) 加工生产率高。加工可以在大面积上同时进行,无须划分粗、精加工。特别是电解加工,其材料去除速度远高于电火花加工。

(5) 加工过程中工具阴极无损耗,可长期使用,但要防止阴极的沉积现象和短路烧伤对工具阴极的影响。

(6) 电化学加工的产物和使用的工作液对环境、设备会有一定的污染和腐蚀作用。

7.2.2　电解加工

1. 电解加工原理

电解加工是对作为阳极的金属工件在电解液中进行溶解而去除材料、实现加工成形的工艺过程。电解加工时,工件接直流电源($10\sim20V$)的正极,工具接电源的负极。工具向工件缓慢进给,使两极间保持较小的间隙($0.1\sim1mm$),具有一定压力($0.5\sim2MPa$)的氯化钠电解液从间隙中流过,这时阳极工件的金属被逐渐电解腐蚀,电解产物被高速($5\sim50m/s$)的电解液带走。

电解加工的原理如图 7-15 所示,图中的细竖线表示阴极(工具)与阳极(工件)间通过的电流,竖线的疏密程度表示电流密度的大小。在加工刚开始时,阴极与阳极距离较近的地方通过的电流密度较大,电解液的流速也较高,阳极溶解速度也就较快,如图 7-15(a)所示。由于工具相对于工件不断进给,使工件表面不断被电解,电解产物不断被电解液冲走,直至工件表面形成与阴极

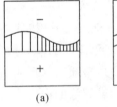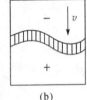

(a)　　　　　　　(b)

图 7-15　电解加工原理

工作面相似而相反的形状为止,电解间隙和其中的电流密度变为均匀,如图 7-15(b)所示。

2. 电解加工时的电极反应

电解加工时电极间的反应是相当复杂的,现以 NaCl 水溶液中电解加工铁基合金为例来分析电极反应。电解加工钢件时,常用的电解液是质量分数为 $14\%\sim18\%$ 的 NaCl 水溶液,由于 NaCl 和水(H_2O)的离解,在电解液中存在着 H^+、OH^-、Na^+、Cl^- 四种离子,现分别讨论其阳极反应和阴极反应。

(1) 阳极反应

1)阳极表面每个铁原子在外电源的作用下放出(被夺去)两个或三个电子,成为正的二价或三价铁离子而溶解进入电解液中:

$$Fe-2e\rightarrow Fe^{2+} \qquad U'=-0.59V$$

$$Fe-3e\rightarrow Fe^{3+} \qquad U'=-0.323V$$

2)负的氢氧根离子被阳极吸引,失去电子而析出 O_2,即

$$4OH^- - 4e \rightarrow O_2 \uparrow \qquad U' = 0.867V$$

3）负的氯离子被阳极吸引,失去电子而析出 Cl_2,即

$$2Cl^- - 2e \rightarrow Cl_2 \uparrow \qquad U' = 1.334V$$

根据电极反应过程的基本原理,平衡电极电位最负的物质将首先在阳极反应。本例中,在阳极,最负的平衡电极电位为 $U' = -0.59V$,因此实际发生的电化学反应即首先是铁失去两个电子,成为二价铁离子 Fe^{2+} 而溶解,不大可能以三价铁离子 Fe^{3+} 的形式溶解,更不可能发生正的平衡电极电位的反应,析出氧气和氯气。

阳极上溶入电解液中的 Fe^{2+} 又与电解液中 OH^- 离子化合,生成 $Fe(OH)_2$,由于它在水溶液中的溶解度很小,故生成沉淀析出而离开反应系统。

$$Fe^{2+} + 2OH^- \rightarrow Fe(OH)_2 \downarrow$$

$Fe(OH)_2$ 沉淀为墨绿色的絮状物,随着电解液的流动而被带走。$Fe(OH)_2$ 又逐渐被电解液中及空气中的氧气氧化为 $Fe(OH)_3$,即

$$4Fe(OH)_2 + 2H_2O + O_2 \rightarrow 4Fe(OH)_3 \downarrow$$

$Fe(OH)_3$ 为黄褐色沉淀物(铁锈)。

（2）阴极反应

1）正的氢离子被吸引到阴极表面从电源得到电子而析出 H_2,即

$$2H^+ + 2e \rightarrow H_2 \uparrow \qquad U' = -0.42V$$

2）正的钠离子被吸引到阴极表面得到电子而析出 Na,即

$$Na^+ + e \rightarrow Na \downarrow \qquad U' = -2.69V$$

按照电极反应的基本原理,平衡电极电位最正的离子将首先在阴极反应。因此,在阴极上只能析出 H_2,而不可能沉淀出 Na。

由此可见,电解加工过程中,在理想情况下,阳极铁不断地以 Fe^{2+} 的形式被“阳极溶解”,最后成为黄褐色锈,阴极上析出氢气泡,水被分解消耗,因而电解液的浓度逐渐变大。电解液中的氯离子和钠离子起导电作用,从电化学反应来看,它本身并不消耗,所以 NaCl 电解液的使用寿命长,只要过滤干净,并适当添加水分,可长期使用。

3. 电解液

在电解加工过程中,电解液的主要作用是:1)作为导电介质传递电流;2)在电场作用下进行电化学反应,使阳极溶解能顺利而有控制地进行;3)及时地把加工间隙内产生的电解产物及热量带走,起到更新与冷却作用。因此,电解液对电解加工的各项工艺指标有很大影响。电化学加工对电解液的基本要求有:

1)具有足够的蚀除速度。即生产率要高,这就要求电解质在溶液中有较高的溶解度和离解度,具有很高的电导率。例如 NaCl 水溶液中 NaCl 几乎能完全离解为 Na^+、Cl^- 离子,并与水的 H^+、OH^- 离子能共存。另外,电解液中所含的阴离子应具有较正的标准电极电位,如 Cl^-、ClO_3^- 等,以免在阳极上产生析氧等副反应,降低电流效率。

2)具有较高的加工精度和表面质量。电解液中的金属阳离子不应在阴极上产生放电反应而沉积到阴极工具上,以免改变工具的形状及尺寸。因此,选用的电解液中所含的金属阳离子(如 Na^+、K^+ 等),必须具有较负的标准电极电位($U^0 < -2V$)。

3)阳极反应的最终产物应是不溶性的化合物。这主要是为了便于处理,且不会使阳极溶解下来的金属阳离子在阴极上沉积,通常被加工工件的主要组成元素的氢氧化物大都难溶于中性盐溶液,故这一要求容易满足。电解加工中,有时会要求阳极产物能溶于电解液而不是生成沉淀物,这主要是在特殊情况下如电解加工小孔、窄缝等时为避免不溶性的阳极产物堵塞加工间隙而提出的,这时常用盐酸作为电解液。

电解液可分为中性盐溶液、酸性溶液与碱性溶液三大类。中性盐溶液的腐蚀性小,使用时较安全,故应用最普遍。最常用的有 $NaCl$、$NaNO_3$、$NaClO_3$ 三种电解液,在此不做赘述。

4. 电解加工的基本规律

(1) 生产率及其影响因素

电解加工的生产率以单位时间内去除的金属量来衡量,用 mm^3/min 或 g/min 表示。它首先取决于工件材料的电化学当量,其次与电流密度有关。

1) 金属的电化学当量和生产率的关系

用于分析并解释电解加工规律的基本定律是法拉第定律。电解时电极上溶解或析出物质的量(质量 m 或体积 V),与电解电流 I 和电解时间 t 成正比,即与电荷量($Q=It$)成正比,其比例系数称为电化学当量。用公式符号表示如下

$$用质量计\ m=KIt$$
$$用体积计\ V=\omega It \tag{7-4}$$

式中:m 为电极上溶解或析出物质的质量,g;V 为电极上溶解或析出物质的体积,mm^3;K 为被电解物质的质量电化学当量,$g/(A \cdot h)$;ω 为被电解物质的体积电化学当量,$mm^3/(A \cdot h)$;I 为电解电流,A;t 为电解时间,h。

由于质量和体积换算时相差一密度 ρ,因此质量电化学当量 K 换算成体积电化学当量 ω 时也相差一密度 ρ,则

$$m=V\rho$$
$$K=\omega\rho \tag{7-5}$$

当铁以 Fe^{2+} 状态溶解时,其电化学当量为:$K=1.042g/(A \cdot h)$ 或 $\omega=133mm^3/(A \cdot h)$。即每安培电流每小时可电解掉 $1.042g$ 或 $133mm^3$ 的铁(铁的密度 $\rho=7.86 \times 10^{-3}\ g/mm^3$),各种金属的电化学当量可查表或由实验求得。

法拉第电解定律可用来根据电荷量(电流乘以时间)计算任何被电解金属或非金属的数量,并在理论上不受电解液质量分数、温度、压力、电极材料及形状等因素的影响。在实际电解加工时,某些情况下阳极上可能还出现其他反应,如 O_2 或 Cl_2 的析出,或有部分金属以高价离子溶解,从而额外地多消耗一些电荷量,故被电解掉的金属量有时会小于所计算的理论值。为此,实际应用时常引入一个电流效率 η,即 $\eta=$ 实际金属蚀除量/理论计算蚀除量 $\times 100\%$。则实际蚀除量可计算为

$$m=\eta KIt$$
$$V=\eta \omega It \tag{7-6}$$

表 7-3 列出了一些常见金属的电化学当量。知道了金属或合金的电化学当量,就可

以利用法拉第电解定律根据电流及时间来计算金属蚀除量,或反过来根据加工余量来计算所需电流及加工工时。通常铁和铁基合金在 NaCl 电解液中的电流效率可按 100% 计算。

表 7-3　常见金属的电化学当量

金属名称	密度/(g/cm^3)	电化学当量		
		$K/[g/(A \cdot h)]$	$\omega/[mm^3/(A \cdot h)]$	$\omega/[mm^3/(A \cdot min)]$
铁	7.86	1.042（二价）	133	2.22
		0.696（三价）	89	1.48
镍	8.80	1.095	124	2.07
铜	8.93	1.188（二价）	133	2.22
钴	8.73	1.099	126	2.10
铬	6.9	0.648（三价）	94	1.56
		0.324（六价）	47	0.78
铝	2.69	0.335	124	2.07

例 7-1　某厂用 NaCl 电解液电解加工一批零件,要求在 64mm 厚的低碳钢板上加工 ϕ25mm 的通孔。已知套料加工用的中空电极内孔直径为 13.5mm,每个孔限 5min 加工完,需用多大电流? 如电解电流为 5000A,则电解时间需多少?

解　先求出电解一个孔的金属去除量

$$V = \frac{\pi(D^2 - d^2)}{4}L = \frac{1}{4}\pi(25^2 - 13.5^2) \times 64\,mm^3 = 22244\,mm^3 \approx 22200\,mm^3$$

由表 7-3 知碳素钢的 $\omega = 133\ mm^3/(A \cdot h)$。设电流效率 $\eta = 100\%$。由式(7-6),可得

$$I = \frac{V}{t\omega\eta} = \frac{22200 \times 60}{5 \times 133 \times 1}A = 2000A$$

当电解电流为 5000A 时,单孔机动工时为

$$t = \frac{60V}{\eta\omega I} = \frac{60 \times 22200}{1 \times 133 \times 5000}min = 2min$$

2) 电流密度和生产率的关系

因为电流 I 为电流密度 i 与加工面积 A 的乘积,代入 $V = \eta\omega It$,有

$$V = \eta\omega iAt \tag{7-7}$$

用总的金属蚀除量 V 来衡量生产率,在实用上有很多不方便之处。生产中常用垂直于表面方向的蚀除速度来衡量生产率。由图 7-16 可知,蚀除掉的金属体积 V 是加工面积 A 与电解掉的金属厚度 h 的乘积,即 $V = Ah$,而阳极蚀除速度 $v_a = h/t$,代入则有

$$v_a = \eta\omega i \tag{7-8}$$

式中:v_a 为阳极(工件)蚀除速度;i 为电流密度,A/cm^2。

由上式可知,当在 NaCl 电解液中进行电解加工,$\eta = 100\%$ 时,蚀除速度与该处的电流

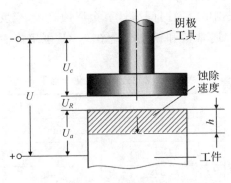

图 7-16　蚀除过程

密度成正比,电流密度越高,生产率也越高。电解加工时的平均电流密度为 $10\sim100\mathrm{A/cm^2}$,电解液压力和流速较高时,可以选用较高的电流密度。但电流密度过高,将会出现火花放电,析出氯、氧等气体,并使电解液温度过高,甚至在间隙内造成沸腾气化而引起局部短路。

　　实际的电流密度取决于电源电压、电极间隙的大小以及电解液的电导率。因此,要定量计算蚀除速度,必须推导出蚀除速度和电极间隙大小、电压等的关系。

　　3)电极间隙大小和蚀除速度的关系

　　从实际加工中可知,电极间隙越小,电解液的电阻也越小,电流密度就越大,因此蚀除速度就越高。在图 7-17 中,设加工间隙为 Δ,电极面积为 A,电解液的电阻率 ρ 为电导率 σ 的倒数,即 $\rho=1/\sigma$,则电流 I 为

$$I=\frac{U_R}{R}=\frac{U_R\sigma A}{\Delta} \tag{7-9}$$

$$i=\frac{I}{A}=\frac{U_R\sigma}{\Delta} \tag{7-10}$$

将式(7-10)代入式(7-8),得阳极工件的蚀除速度为

$$v_a=\eta\omega\sigma\frac{U_R}{\Delta} \tag{7-11}$$

式中:σ 为电导率,S/mm;U_R 为电解液的欧姆电压,V;Δ 为加工间隙,mm。

　　外界电源电压 U 为电解液的欧姆电压 U_R、阳极电压 U_a 与阴极电压 U_c 之和,故

$$U_R=U-(U_a+U_c) \tag{7-12}$$

　　阳极电压(即阳极的电极电位与超电位之和)与阴极电压(即阴极的电极电位与超电位之和)之和的数值一般为 $2\sim3\mathrm{V}$。

　　式(7-11)说明阳极蚀除速度 v_a 与电流效率 η、体积电化学当量 ω、电导率 σ、欧姆电压 U_R 成正比,而与加工间隙 Δ 成反比,即加工间隙越小,工件被蚀除的速度将越大。但间隙过小将会引起火花放电或电解产物特别是氢气泡排除不畅,反而降低蚀除速度或易被污垢堵死而引起短路。当电解液参数、工件材料、电压等均保持不变时,有 $\eta\omega\sigma U_R=C$(常数),则

$$v_a=\frac{C}{\Delta}\text{或}\Delta=\frac{C}{v_a} \tag{7-13}$$

即蚀除速度 v_a 与加工间隙 Δ 成反比，加工间隙越小，蚀除速度越大。或者写成 $C = v_a\Delta$，即蚀除速度与加工间隙的乘积为常数，此常数称为双曲线常数。v_a 与 Δ 的双曲线关系是分析成形规律的基础。图 7-17 所示为不同电压时的双曲线族。

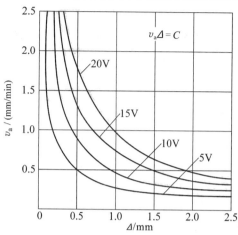

图 7-17 不同电压时的双曲线族

当用固定式阴极电解扩孔或抛光时，时间越长，加工间隙便越大，蚀除速度将逐渐降低。经积分推导，可求出电解时间 t 和加工间隙 Δ 的关系式，即

$$\Delta = \sqrt{2\eta\omega\sigma U_R t + \Delta_0^2} \tag{7-14}$$

式中：Δ_0 为起始间隙。

例 7-2 用温度为 30℃、质量分数为 15% 的 NaCl 电解液，对某一碳素钢零件进行固定式阴极电解扩孔，起始间隙为 0.2mm（单边，下同），电压为 12V。求刚开始时的蚀除速度和间隙为 1mm 时的蚀除速度，并求间隙由 0.2mm 扩大到 1mm 所需的时间。

解 设电流效率 $\eta = 100\%$，查表 7-3 知，钢的体积电化学当量 $\omega = 2.22 mm^3/(A \cdot min)$，电导率 $\sigma = 0.02 S/min$，$U_R = 12V - 2V = 10V$。则可求得：

开始时的蚀除速度

$$v_a = \eta\omega\sigma U_R/\Delta_0 = (100\% \times 2.22 \times 0.02 \times 10/0.2)mm/min = 2.22mm/min$$

间隙为 1mm 时的蚀除速度

$$v_a = C/\Delta = (0.444/1)mm/min = 0.444mm/min$$

由式转换后得

$$t = (\Delta^2 - \Delta_0^2)/2\eta\omega\sigma U_R = [(1^2 - 0.2^2)/(2 \times 0.444)]min \approx 1.09min$$

5. 电解加工设备

电解加工的基本设备包括直流电源、机床及电解液系统三大部分。

（1）直流电源

电解加工中常用的直流电源为硅整流电源及晶闸管整流电源。硅整流电源中先用变压器把 380V 的交流电变为低电压的交流电，而后再用大功率硅二极管将交流电整流成直流。为了能无级调压，目前生产中采用的调压方法有扼流式饱和电抗器调压、自饱和式电抗器调压和晶闸管调压。

在硅整流电源中,晶闸管调压和饱和电抗器调压相比,晶闸管调压可节省大量铜、铁材料,也减少了电源的功率损耗。同时,晶闸管式无惯性元件,控制速度快,灵敏度高,有利于进行自动控制和火花保护。其缺点是抗过载能力差、较易损坏。

为了进一步提高电解加工精度,生产中采用了脉冲电流电解加工,这时需采用脉冲电源。由于电解加工采用大电流,因而都采用晶闸管脉冲电源和大功率集成组件 IGBT 脉冲电源。

（2）机床

在电解加工机床上要安装夹具、工件和阴极工具,实现进给运动,并接通直流电源和电解液系统。与一般金属切削机床相比,其特殊要求如下。

机床的刚性:电解加工虽然没有机械切削力,但电解液有很高的压力,如果加工面积较大,则对机床主轴、工作台的作用力也很大,一般可达 20～40kN。因此,电解加工机床的工具和工件系统必须要有足够的刚度,否则将引起机床部件的过大变形,改变阴极工具和工件的相对位置,甚至造成短路烧伤。

进给速度的稳定性:金属的阳极溶解量是与时间成正比的,进给速度不稳定,阴极相对工件的各个界面的电解时间就不同,会影响加工精度。这一点对内孔、膛线、花键等等截面零件加工的影响更为严重,所以电解加工机床必须保证进给速度的稳定性。

防腐绝缘:电解加工机床经常与有腐蚀性的电解液相接触,故必须采取相应的防腐措施,以保护机床,避免或减少腐蚀。

安全措施:电解加工过程中将产生大量氢气,如果不能迅速排出,可能因火花短路等引起氢气爆炸,因此必须采取相应的排氢防爆措施。另外,在电解加工过程中也有可能析出其他气体。

（3）电解液系统

电解液系统是电解加工设备中不可缺少的一个组成部分。系统的主要部件有泵、电解液槽、过滤装置、管道和阀等,如图 7-18 所示。目前生产中的电解液泵大多采用多级离心泵,这种泵的密封和防腐性能较好,故使用周期较长。

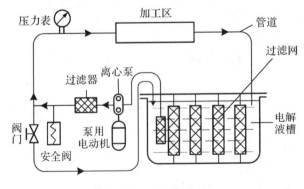

图 7-18　电解液系统

6.电解加工的典型应用

电解加工的应用领域包括航空、航天、兵器工业等,主要用于难加工金属材料的加工,如高温合金钢、不锈钢、钛合金、模具钢、硬质合金等的三维型面、型腔、型孔、深孔等。

(1) 深孔扩孔加工

深孔扩孔加工按阴极的运动形式,可分为固定式和移动式两种。固定式即工件和阴极间没有相对运动,如图 7-19 所示。优点是:1)设备简单,只需一套夹具来保持阴极与工件的同心及起导电和引进电解液的作用;2)由于整个加工面同时电解,故生产率高;3)操作简单。缺点是:1)阴极要比工件长一些,所需电源的功率较大;2)在进、出口处电解液的温度及电解产物含量等都不相同,容易引起加工表面粗糙度和尺寸精度的不均匀现象;3)当加工表面过长时,阴极刚度不足。

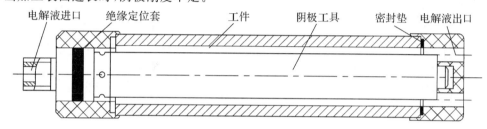

电解液进口　　绝缘定位套　　　工件　　　阴极工具　　　密封垫　电解液出口

图 7-19　固定式阴极深孔扩孔原理

移动式加工多采用卧式,阴极在零件内腔做轴向移动。移动式加工阴极较短,精度要求较低、制造容易,可加工任意长度的工件而不受电源功率的限制。但它需要有效长度大于工件长度的机床,同时工件两端由于加工面积不断变化而引起电流密度的变化,故出现收口和喇叭口,需采用自动控制。

阴极设计应结合工件的具体情况,尽量使加工间隙内各处的流速均匀一致,避免产生涡流及死水区。扩孔时如果设计成圆柱形阴极,如图 7-20(a)所示,则由于实际加工间隙沿阴极长度方向变化,结果越靠近后端流速越小。如设计成圆锥形阴极,则加工间隙基本上是均匀的,因而流场也较均匀,效果较好,如图 7-20(b)所示。为使流场均匀,在液体进入加工区以前,以及离开加工区以后,应设置导流段,避免流场在这些地方发生突变。

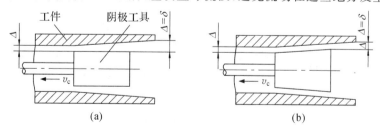

工件　　阴极工具

(a)　　　　　　　　　　　　(b)

图 7-20　移动式阴极深孔扩孔

(2) 型孔加工

图 7-21 为端面进给式型孔电解加工示意图。在生产中往往会遇到一些形状复杂、尺寸较小的四方、六方、椭圆、半圆等形状的通孔和不通孔,机械加工很困难,采用电解加工则可以大大提高生产效率及加工质量。型孔加工一般采用断面进给法,为了避免锥度,阴

极侧面必须绝缘。为了提高加工速度,可适当增加端面工作面积,使阴极内圆锥面的高度为 1.5～3.5mm,工作端及侧成形环面的宽度一般取 0.3～0.5mm,出水孔的截面面积大于加工间隙的截面面积。

图 7-22 所示为喷油嘴内圆弧槽的加工,如果采用机械加工是比较困难的,而用固定阴极电解扩孔则很容易实现,而且可以同时加工多个零件,大大提高生产率,降低成本。

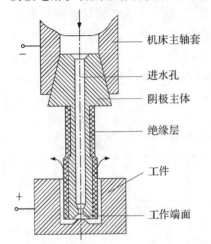

图 7-21　端面进给式型孔电解加工

机床主轴套
进水孔
阴极主体
绝缘层
工件
工作端面

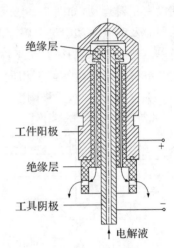

图 7-22　喷油嘴内圆弧槽的加工

绝缘层
工件阳极
绝缘层
工具阴极
电解液

1）型腔加工

多数锻模为型腔模,因为电火花加工的精度比电解加工易于控制,目前大多采用电火花加工,但由于它的生产率较低,因此锻模消耗量比较大、精度要求不太高的煤矿机械、汽车拖拉机等制造厂,近年来也逐渐采用电解加工。

型腔模的成形表面比较复杂,当采用硝酸钠、氯酸钠等成形精度好的电解液加工时,或用混气电解加工时,阴极设计比较容易,因为加工间隙比较容易控制,还可采用反拷法制造阴极。当用氯化钠电解液而又不混气时,则较复杂,往往需经反复多次试验修正阴极工具电极。

2）叶片加工

叶片是喷气发动机、汽轮机中的重要零件,叶身型面形状比较复杂,精度要求较高,加工批量大,在发动机和汽轮机制造中占有相当大的工作量。叶片采用机械加工困难较大,生产率低,加工周期长。采用电解加工,则不受叶片材料硬度和韧性的限制,在一次行程中就可加工出复杂的叶身型面,生产率高,表面粗糙度值小。

电解加工整体叶轮在我国已得到普遍应用,如图 7-23 所示。叶轮上的叶片是逐个加工的,采用套料法加工,加工完一个叶片,退出阴极,分度后再加工下一个叶片。在采用电解法加工之前,叶片是经过精密锻造、单个机械加工、抛光后镶到叶轮轮缘的槽中,再焊接而成,加工量大、周期长,而且质量不易保证。电解加工套料加工整体叶轮,只要把叶轮坯加工好后,直接在轮坯上加工叶片,可大大缩短加工周期,叶轮强度、刚度高,质量好。

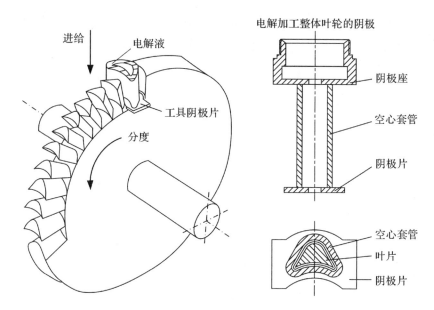

图 7-23   电解加工整体叶轮

7.3 高能束加工

高能束加工是指利用激光束、电子束、离子束等高能量密度的束流对材料或构件进行的特种加工技术,主要有激光加工、电子束加工、离子束加工和等离子体加工技术等。高能束加工是当今制造技术发展的前沿领域,具有常规加工方法无可比拟的优点,如非接触加工、能量密度高、可调范围大、束流可控性好、快速升温及冷却、材料加工范围广等。随着航空航天、微电子、汽车、医疗、新能源及核工业等高科技产业的迅猛发展,对产品零件的材料性能、加工精度和表面完整性要求越来越高,高能束加工在很多领域已逐渐替代传统机械加工方法而获得越来越多的应用。

7.3.1 激光加工

激光技术是 20 世纪 60 年代初发展起来的,随着大功率激光器的出现并用于材料加工,逐步形成的一种新的加工方法——激光加工(laser machining)。激光加工是利用光的能量经过透镜聚焦后在焦点上达到很高的能量密度,依靠光热效应来加工各种材料的方法。激光加工可用于打孔、切割、焊接、热处理、熔覆等,由于激光加工速度快、表面变形小,可加工各种材料,在生产实践中具有较大的优势,其应用范围也越来越广。

1. 激光的产生原理和特点

激光产生的物理学基础源自自发辐射与受激辐射的概念。如图 7-24 所示,一个原子自发地从高能级 E_2 向低能级 E_1 跃迁产生光子的过程称之为自发辐射;而当原子在一定频率的辐射场(激励)作用下发生跃迁并释放光子时,称之为受激辐射。激光就是利用受激辐射原理而产生的。激光的英文（LASER）全称为 Light Amplification by Stimulated Emission of Radiation，反映了受激光波在一定模式下放大这一物理本质。

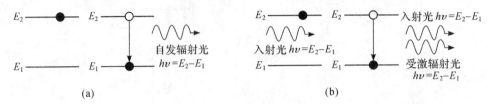

图 7-24　原子自发辐射与受激辐射

激光具有一般光的共性特性（如光的反射、折射、干涉等）。普通光源的发光以自发辐射为主，基本上是无秩序地、相互独立地产生光发射的，发出的光波无论方向、位相或者偏振状态都是不同的。而激光不同，它的光发射以受激辐射为主，因而发光物质中基本上是有组织地、相互关联地产生光发射的，发出的光波具有相同的频率、方向和偏振状态以及严格的相位关系。因此，激光具有亮度高、单色、相干性和方向性好的特点。

2．激光加工的原理和特点

激光加工是在光热效应下产生的高温熔融和冲击波的综合作用过程。它利用激光高强度、高亮度、方向性好、单色性好的特性，通过一系列的光学系统，聚焦成平行度很高的微细光束（直径几微米至几十微米），以获得极高的能量密度（$10^8 \sim 10^{10}$ W/cm²）照射到材料上，并在极短的时间内（千分之几秒，甚至更短）使光能转变为热能，被照部位迅速升温，材料发生气化、熔化、金相组织变化以及产生相当大的热应力，达到加热和去除材料的目的。激光加工时，为了达到各种加工要求，激光束和工件表面需要做相对运动，同时光斑尺寸、功率等也要同时进行调整。

激光加工的特点有：

1）适应性强。聚焦后，激光加工的功率密度可高达 $10^8 \sim 10^{10}$ W/cm²，光能转化为热能，可以熔化、气化任何材料。因此，可在不同环境中加工不同种类材料，包括高硬度、高熔点、高强度、脆性及软性材料等。如耐热合金、陶瓷、石英、金刚石等硬脆材料都能加工。

2）加工效率高。加工速度快、热影响区小，容易实现加工过程的自动化。在某些情况下，用激光切割可提高效率 8～20 倍；用激光进行深熔焊接时生产效率比传统方法提高30 倍。

3）加工质量好。激光光斑的大小可以聚焦到微米级，输出功率可以调节，可用于高精度微细加工。加工所用的工具是激光束，是非接触加工，没有明显的机械力，没有工具损耗。对非激光照射部位影响较小，因此热影响区小、工件热变形小，加工出来的零部件相较于常规加工方法往往具有更好的加工质量。

4）综合效益高。激光加工可以显著提高加工综合效益。例如，激光器可以实现一机多能，将切割、打孔、焊接等功能集成到同一台设备中。与其他打孔方法相比，激光打孔的直接费用可节约 25％～75％，间接加工费用可节省 50％～75％；与其他切割方法相比，激光切割钢件工效可提高 8～20 倍，降低加工费用 70％～90％。

3. 激光加工的基本设备

激光加工系统的核心是激光器,配上导光系统、控制系统、工件装夹及运动系统等主要部件,以及光学元件的冷却系统、光学系统的保护装置、过程与质量监控系统、工件上下料装置、安全装置等外围设备就构成了一套完整的激光加工设备。

(1) 激光器

常用的激光器有气体激光器、固体激光器、半导体激光器。气体激光器一般采用电激励,工作物质为气体介质。因其效率高、寿命长、连续输出功率大,广泛应用于切割、焊接、热处理等加工领域。用于材料加工的常见的气体激光器有 CO_2 激光器、氩离子激光器等。这里我们以 CO_2 激光器为例进行介绍。

CO_2 激光器工作气体的主要成分是 CO_2、N_2 和 He。CO_2 分子是产生激光的粒子;N_2 分子的作用是与 CO_2 分子共振交换能量,使 CO_2 分子激励,增加激光较高能级上的 CO_2 分子数;He 的主要作用是抽空激光较低能级的粒子。CO_2 激光器具有连续和脉冲两种工作方式,是目前连续输出功率最高的气体激光器。CO_2 激光器具有如下特点:1)输出功率范围大。CO_2 激光器的最小输出功率为数毫瓦,横向流动式的电激励 CO_2 激光器最大可输出几百千瓦的连续激光功率。脉冲 CO_2 激光器可输出 10^4 J 的能量,脉冲宽度单位为 ns。因此,在医疗、通信、材料加工,甚至军事武器等方面广为应用。2)能量转换效率大大高于固体激光器。输出的激光波长为 $10.64\mu m$,属于红外激光。CO_2 激光器的理论转换效率为 40%,实际应用中的光电转换效率最高也可达 15%,而常见的 YAG 类的固体激光器的转换效率一般仅为 2%~3%。

固体激光器是以绝缘晶体或玻璃作为工作物质的激光器,少量的过渡金属离子或稀土离子掺入晶体或玻璃中后发生受激辐射,掺杂离子密度较气体工作物质高 3 个量级以上,易于获得大功率脉冲输出。固体激光器一般由激光工作物质、激励源、聚光腔、谐振腔反射镜和电源等部分组成。掺入晶体或玻璃中能产生受激发射作用的离子主要有三类:1)过渡金属离子(如 Cr^{3+});2) 大多数镧系金属离子(如 Nd^{3+}、Sm^{2+}、Dy^{2+} 等);3)锕系金属离子(如 U^{3+})。这些掺杂离子的主要特点是:具有比较宽的有效吸收光谱带、比较高的荧光效率、比较长的荧光寿命和比较窄的荧光谱线,因而易于产生粒子数反转和受激发射。

固体激光器一般采用光激励,典型代表有红宝石(Al_2O_3、Cr^{3+})、掺钕钇铝石榴石($Y_3Al_5O_{12}$、Nd^{3+})。红宝石是掺有浓度为 0.05% 氧化铬的氧化铝晶体,发射 $\lambda = 0.6943\mu m$ 的红光,它易于获得相干性好的单模输出,稳定性好,在激光加工初期用得较多。掺钕钇铝石榴石(简写为 YAG)激光器是在钇铝石榴石($Y_3Al_5O_{12}$)晶体中掺以 1.5% 左右的钕而成。输出激光的波长为 $1.06\mu m$,是 CO_2 激光器波长的 1/10。波长较短有利于激光的聚焦和光纤传输,也有利于金属表面的吸收,这是 YAG 激光器的优势,广泛应用于焊接、打孔加工。图 7-25 为 YAG 激光器的示意图,目前 YAG 激光器的最大功率可达 4kW 以上,能在连续、脉冲和调 Q 状态下工作。

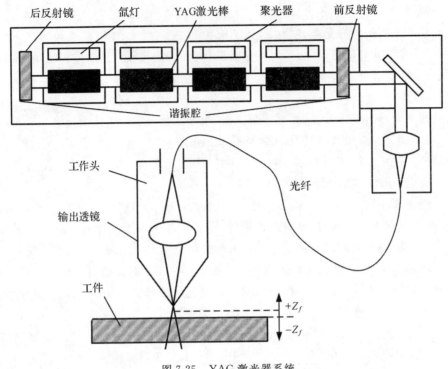

后反射镜　氙灯　YAG激光棒　聚光器　前反射镜

谐振腔

工作头

光纤

输出透镜

工件

$+Z_f$

$-Z_f$

图 7-25　YAG 激光器系统

4. 激光加工的典型应用

(1) 激光打孔

激光打孔(laser drilling)是最早实用化的激光加工技术,也是激光加工的主要应用领域之一。随着近代工业技术的发展,使用硬度大、熔点高的材料越来越多,常常要求在这些材料上打出又小又深的孔,而传统加工方法已不能满足工艺要求。例如,高熔点金属钼板上加工微米量级孔径;在高硬度的红宝石、蓝宝石、金刚石上加工几百微米的深孔或拉丝模具;火箭或柴油发动机中的燃料喷嘴群孔等。这些加工任务用常规的机械加工方法很困难,采用激光打孔则比较容易。

激光打孔是将高功率密度($10^5 \sim 10^{15}$ W/cm^2)的聚焦激光束射向工件,将其指定区域"烧穿"。激光打孔按照被加工材料受辐照后的相变情况可分为热熔钻进和气化钻进两种加工机制,如图 7-26 所示。热熔钻进是一种具有较高去除率的打孔工艺,其加工过程如下:当高强度的聚焦脉冲能量(大于 10^8 W/cm^2)照射到材料时,材料表面温度升高至接近材料的蒸发温度,此时固态金属开始发生强烈的相变,首先出现液相,继而出现气相。金属蒸气瞬间膨胀并以极高的压力从液相的底部猛烈喷出,同时携带着大部分液相一起喷出。由于金属材料溶液和蒸气对光的吸收比固态金属要高得多,所以材料将继续被强烈地加热,加速熔化和气化。气化钻进方法则主要利用高功率密度激光脉冲短时间(<10ps)去除材料实现高精度去除加工,如可以利用该工艺加工出直径小于 $100\mu m$ 的小孔。

根据孔径、孔深、加工材料、加工精度等提出不同的打孔细分工艺。图 7-27 所示为根据打孔精度和打孔时间划分的四种不同加工工艺:脉冲打孔、冲击打孔、环切打孔和旋切

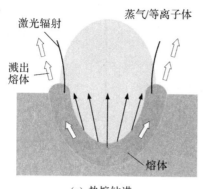
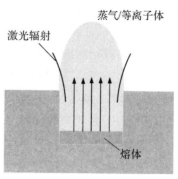

图 7-26　激光打孔去除材料

打孔。脉冲打孔通常用于大批量小孔加工,孔直径一般小于 1mm,深度低于 3mm,每个激光脉冲的辐照持续时间通常介于 $100\mu s$ 到 20ms 之间。冲击打孔则适用于直径小于 1mm 的大深度($<20mm$)小孔加工,由于是长时间的持续激光辐照作用,因此加工参数对孔洞质量及基材的热影响非常显著。环切打孔是将脉冲打孔或者冲击打孔与光束运动结合起来的一种加工方式,通过光束与工件间的相对运动获得具有不同形状或者轮廓的孔洞。旋切打孔同样是光束相对于工件做特定运动的一种加工工艺,通过光束旋转可以避免在底部形成大熔池,配合纳秒级的脉冲辐照时间,可以获得非常精密的小孔。

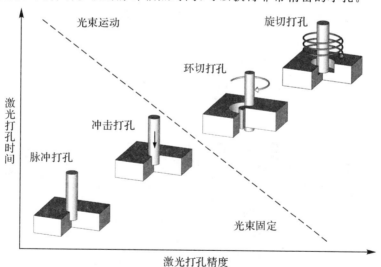

图 7-27　激光打孔工艺细分

（2）激光切割

激光切割是利用经聚焦的高功率密度激光束（CO_2 连续激光、固体激光、光纤激光）照射工件,在超过阈值功率密度的条件下,光束能量及其与辅助气体之间产生的化学反应所产生的热能被材料吸收,引起照射点材料温度急剧上升,到达沸点后,材料开始气化,形成孔洞。随着光束与工件的相对移动,最终使材料形成切缝。切缝处熔渣被一定压力的辅助气体吹走,如图 7-28 所示。

激光切割的特点可概括为:切缝窄,节省切割材料,还可割盲缝;切割速度快,热影响区小,热畸变程度低,可用来切割既硬又脆的玻璃、陶瓷等材料;割缝边缘垂直度好,切边光滑;切边无机械应力,无剪切毛刺;激光切割为非接触式加工,不存在工具磨损问题,不需要更换刀具,切割中的噪声也很小;激光束能以极小的惯性快速偏转,故可实现高速切割,并能按照任意需要的形状切割。

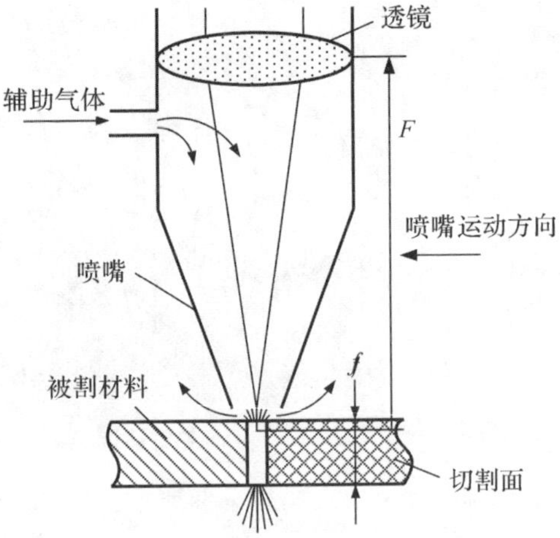

从切割各类材料不同的物理形式来看,激光切割可分为气化切割、熔化切割等。

图 7-28　激光切割

1) 气化切割:在激光束加热下,工件温度升高至沸点以上,部分材料化作蒸气逸去,部分作为喷出物从切缝底部吹走。激光功率密度需要超过 10^8W/cm^2,是熔化切割所需能量的 10 倍。

2) 熔化切割:激光束功率密度超过一定值时,会将工件内部材料蒸发,形成孔洞。一旦这种小孔形成,它将作为黑体吸收所有的入射光束能量。小孔被熔化金属壁所包围,然后与光束同轴的辅助气流把孔洞周围的熔融材料去除、吹走。随着工件移动,小孔按切割方向同步横移形成一条切缝,激光束继续沿着这条缝的前沿照射,熔化材料持续或脉动地从缝内被吹走。熔化切割所需功率密度只需为气化切割的 1/10 左右。

激光切割目前在精密机械、医疗等领域获得了越来越多的应用,图 7-29 所示为激光切割的一个典型应用——心血管支架的切割加工。将直径为 1.6~2mm 的不锈钢细管按照设计的轨迹进行激光切割,可以获得需要的弹性支撑架,植入堵塞血管就可以解决血管堵塞的问题。

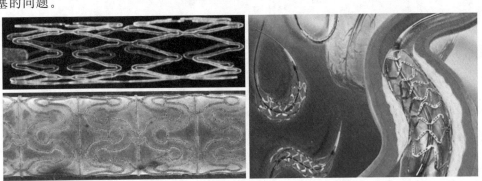

图 7-29　激光切割加工心血管支架

(3) 激光焊接

激光焊接是用激光作为热源对材料进行加热,使材料熔化而联结的工艺方法。由于激光的单色性、方向性都很好,很容易聚焦成很细的光斑,光斑内能量密度极高。因此,激光焊接的主要特点是焊缝的深宽比(熔深与焊缝宽度之比)大。激光焊接可在大气中进行,有时根据加工需要使用保护气体。

与氧气-乙炔焊和电弧焊等传统焊接方法相比较,激光焊接的优点有:1)激光照射时间短,焊接过程极为迅速,不仅生产效率高,而且被焊材料不易氧化,热影响区小,适合于热敏感很强的晶体管元件焊接。激光焊接既没有焊渣,也不需去除材料的氧化膜,尤其适用于微型精密仪表中的焊接。2)激光不仅能焊接同种金属材料,也可焊接异种金属材料,甚至还可以焊接金属与非金属材料。例如,用陶瓷作基体的集成电路,由于陶瓷熔点很高,又不宜施加压力,采用其他焊接方法很困难,而采用激光焊接是比较方便的。

7.3.2 电子束加工

电子束加工(electron beam machining,EBM)是近年来得到较快发展的特种加工技术,主要用于打孔、焊接等热加工和电子束光刻化学加工,在微电子领域得到较多的应用。

1. 电子束加工简介

利用高密度能量的电子束对材料进行工艺处理的各种方法统称为电子束加工。电子束加工是利用高能电子束轰击材料,使其产生热效应或辐照化学和物理效应,以达到预定的工艺目的。

图 7-30 所示为电子束加工的原理。通过加热发射材料产生电子,在热发射效应下,电子飞离材料表面。在强电场作用下,热发射电子经过加速和聚焦,沿电场相反方向运动,形成高速电子束流。例如,当加速电压为 150kV 时,电子速度可达 1.6×10^5 km/s(约为光速的一半)。电子束通过一级或多级汇聚便可形成高能束流,当它冲击工件表面时,电子的动能瞬间大部分转变为热能。由于光斑直径极小(其直径可达微米级或亚微米级),

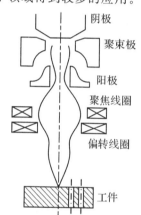

图 7-30 电子束加工原理

而获得极高的功率密度,可使材料的被冲击部位在几分之一微秒内温度升高到几千摄氏度,使局部材料快速气化、蒸发,而达到加工的目的。

2. 电子束加工特点

(1)束斑极小。束斑直径可达几十分之一微米至 1mm,可以适用于精密微加工集成电路和微机电系统中的光刻技术,即可用电子束曝光达到亚微米级线宽。

(2)能量密度高。在极微小的束斑上功率密度能达到 $10^5 \sim 10^9$ W/cm²,足以使任何材料熔化或气化,这就易于加工钨、钼或其他难熔金属及合金,而且可以对石英、陶瓷等熔点高、导热性差的材料进行加工。

(3)工件变形小。电子束作为热能加工方法,瞬时作用面积小,因此加工部位的热影响区很小,在加工过程中无机械力作用,工件几乎不产生应力和变形,因此加工精度高、表面质量好。

(4)生产率高。由于电子束能量密度高,而且能量利用率可达 90% 以上,故电子束加工的效率极高。例如,每秒钟在 2.5mm 厚的钢板上加工 50 个直径 0.4mm 的孔;电子束可以 4mm/s 的速度一次焊接厚度达 200mm 的钢板。

（5）可控性能好。电子束能量和工作状态均可方便而精确地调节和控制,位置控制精度能准确到 $0.1\mu m$ 左右,强度和束斑的大小也容易达到小于 1% 的控制精度。

（6）无污染。电子束加工在真空室内进行,不会对工件及环境产生污染,加工点能防止氧化产生的杂质,保持高纯度。所以适用于加工易氧化材料或合金材料,特别是纯度要求极高的半导体材料。

（7）成本高。电子束加工需要专用设备,成本较高。

3. 电子束加工设备

电子束加工装置的基本结构如图 7-31 所示,主要由电子枪、真空系统、控制系统和电源等部分组成。

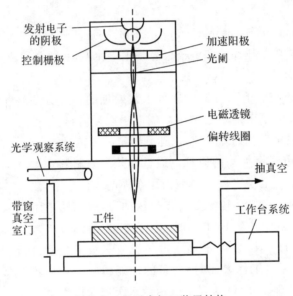

图 7-31　电子束加工装置结构

（1）电子枪

电子枪是获得电子束的装置,包括电子发射阴极、控制栅极和加速阳极等。阴极经电流加热发射电子,带负电荷的电子高速飞向带高电位的阳极,在飞向阳极的过程中,经过加速级加速,又通过电磁透镜把电子束聚焦成很小的束斑。

发射阴极一般用钨或钽制成,在加热状态下发射大量电子。小功率时用钨或钽做成丝状阴极;大功率时用钽做成块状阴极。控制栅极为中间有孔的圆筒形,其上加以较阴极为负的偏压,既能控制电子束的强弱,又有初步的聚焦作用。加速阳极通常接地,而阴极为很高的负电压,所以能驱使电子加速。

（2）真空系统

真空系统是为了保证在电子束加工时维持 $1.33\times10^{-4}\sim1.33\times10^{-2}$ Pa 的真空度。真空系统一般由机械旋转泵和油扩散泵或涡轮分子泵两级组成,先用机械旋转泵把真空室抽真空,然后由油扩散泵或涡轮分子泵抽至更高真空度。

（3）控制系统和电源

电子束加工装置的控制系统包括束流聚焦控制、束流位置控制、束流强度控制和工作台位移控制等。电子束加工装置对电源电压的稳定性要求较高，电子束聚焦和阴极的发射强度与电压波动有密切关系，必须匹配稳压设备。

束流聚焦控制是为了提高电子束的能量密度，使电子束聚焦成很小的束斑，这基本决定着加工点的孔径或缝宽。聚焦方法有两种：1）利用高压静电场使电子流聚焦成细束；2）利用电磁透镜靠磁场聚焦。束流位置控制是为了改变电子束的方向，常用电磁偏转来控制电子束焦点的位置。如果使偏转电压或电流按一定程序变化，电子束焦点便能按预定的轨迹运动。工作台位移控制是为了在加工过程中控制工作台的位置，因为电子束的偏转距离只能在数毫米之内，过大将增加像差和影响线性，所以在大面积加工时需要用伺服电动机控制工作台移动，并与电子束的偏转相配合。

4. 电子束加工的典型应用

随着电子信息与数控技术的快速发展，电子束加工已可用于打孔、焊接、切割、热处理、刻蚀等热加工及辐射、曝光等非热加工。但在生产中应用较多的是打孔、焊接和刻蚀。

（1）电子束打孔

无论工件是何种材料，如金属、陶瓷、金刚石、塑料和半导体材料，都可以用电子束加工出小孔和窄缝。电子束打孔利用功率密度高达 $10^7 \sim 10^8\,\mathrm{W/cm^2}$ 的聚焦电子束轰击材料，使其气化而实现打孔。打孔过程可分以下阶段：第一阶段是电子束对材料表面层进行轰击，使其熔化并进而气化；第二阶段随着表面材料蒸发，电子束进入材料内部，材料气化形成蒸气气泡，气泡破裂后，蒸气逸出，形成空穴，电子束进一步深入，使空穴一直扩展至材料贯通；最后，电子束进入工件下面的辅助材料，使其急剧蒸发，产生喷射，将空穴周围存留的熔化材料吹出，完成全部打孔过程。被打孔材料应贴在辅助材料的上面，当电子束穿透金属材料到达辅助材料时，辅助材料应能急速气化，将熔化金属从束孔通道中喷出，形成小孔。

电子束打孔的主要特点是：1）可以加工各种金属和非金属材料；2）生产率极高，其他加工方法无可比拟；3）能加工各种异形孔（槽）、斜度孔、锥孔、弯孔。

（2）加工型孔及特殊表面

图 7-32 所示为电子束加工的喷丝头异型孔截面的实例。出丝口的窄缝宽度为 0.03 ~0.07mm，长度为 0.8mm，喷丝板厚度为 0.6mm。

电子束可以用来切割各种复杂型面，切口宽度为 $3 \sim 6\mu m$，边缘表面粗糙度 R_a 可控制在 $0.5\mu m$ 左右。电子束切割时，具有较高能量的细聚焦电子流打击工件的待切割处，使这部分工件的温度急剧上升，以至于工件未经熔化就直接变成了气体，于是工件表面就出现了一道沟槽，沟槽逐渐加深而完成工件的切割。

（3）电子束焊接

电子束焊接是电子束加工技术应用最广的一种，以电子束作为高能量密度热源的电子束焊接，具有焊缝深宽比高、焊接速度高、工件热变形小、焊缝物理性能好、可焊材料范围广等特点。电子束焊接时有类似激光深熔焊接加工中的小孔效应，其基本原理如图

7-33所示。航空航天领域的焊接工艺应用基本上都是使用电子束,以保证焊接质量。

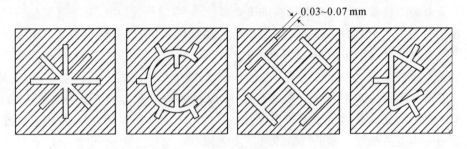

图 7-32　电子束加工喷丝头异型孔截面

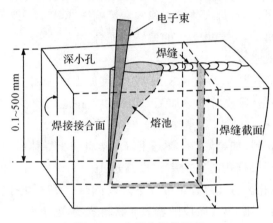

图 7-33　电子束焊接原理

7.3.3　离子束加工

离子束技术及应用是涉及物理、化学、生物、材料和信息等许多学科的交叉领域。离子束加工是利用离子束对材料成形或改性的加工方法。在真空条件下,将由离子源产生的离子经过电场加速,获得一定速度的离子束投射到材料表面上,产生溅射效应和注入效应。

1. 离子束加工基本原理

离子束加工的原理和电子束加工基本类似,是在真空条件下,先由电子枪产生电子束,再引入已抽成真空且充满惰性气体的电离室中,使低压惰性气体离子化。将离子源产生的离子束经过加速聚焦,使之撞击到工件表面,如图 7-34 所示。不同的是,离子带正电荷,其质量比电子大数千数万倍,如氩离子的质量是电子的 7.2 万倍,所以一旦离子加速到较高速度时,离子束比电子束具有更大的撞击动能,它是靠微观的机械撞击能量,而不是靠动能转化为热能来加工的。

离子束加工的物理基础是离子束射到材料表面时所发生的撞击效应、溅射效应和注入效应。基于不同效应,离子束加工发展出多种应用,常见的有离子束刻蚀、溅射镀膜、离子镀及离子注入等。具有一定动能的离子斜射到工件材料(或靶材)表面时,可以将表面的原子撞击出来,这就是离子的撞击效应和溅射效应。如果将工件直接作为离子轰击的靶材,工件表面就会受到离子刻蚀(也称为离子铣削)。如果将工件放置在靶材附近,靶材原子就会溅射到工件表面而被溅射沉积吸附,使工件表面镀上一层靶材原子的薄膜。如果离子能量足够大并垂直于工件表面进行撞击,离子就会钻进工件表面,这就是离子的注入效应。

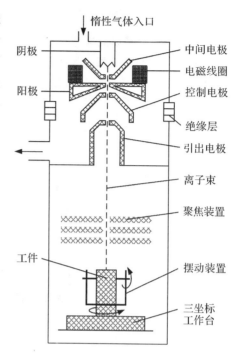

图 7-34　离子束加工原理

2. 离子束加工特点

作为一种微细加工手段,离子束加工技术在微电子工业和微机械领域有着广泛的应用。

(1)容易精确控制。通过光学系统对离子束的聚焦扫描,离子束加工的尺寸范围可以精确控制。在同一加速电压下,离子束的波长比电子束的更短,如电子的波长为 0.053 埃,离子的波长则小于 0.001 埃,因此散射小,加工精度高。在溅射加工时,由于可以精确控制离子束流密度及离子的能量,可以将工件表面的原子逐个剥离,从而加工出极为光整的表面,实现微精加工。而在注入加工时,能精确地控制离子注入的深度和浓度。

(2)污染少。离子的质量远比电子的大,转换给物质的能量多,穿透深度较电子束的小,反向散射能量比电子束的小。因此,完成同样加工,离子束所需能量比电子束小,且主要是无热过程。加工在真空环境中进行,特别适合于加工易氧化的金属、合金及半导体材料。

(3)加工应力小,变形小,对材料的适应性强。离子束加工是一种原子级或分子级的微细加工,其宏观作用力很小,故对脆性材料、极薄的材料、半导体材料和高分子材料都可以加工,而且表面质量好。

(4)离子束加工设备费用高,成本高,加工效率低,因此应用范围受到一定限制。

3. 离子束加工设备

离子束加工的设备包括离子源(离子枪)、真空系统、控制系统和电源系统。离子源用于产生离子束流,其基本原理是原子电离。具体方法是要把电离的气态原子(如氩等惰性气体或金属蒸气)注入电离室,经高频放电、电弧放电、等离子体放电或电子轰击,使气态原子电离为等离子体,而后用一个相对于等离子体为负电位的电极,就可从等离子体中吸出正离子束流。根据离子束产生的方式和用途不同,离子源有很多类型,常用的有考夫曼型离子源、高频放电离子源、霍尔源及双等离子管型离子源等。

4. 离子束加工的典型应用

目前常用的离子束加工主要有离子束刻蚀加工、离子束镀膜加工、离子束注入加工等。

　　(1)离子束刻蚀

　　离子束刻蚀是以高能离子或原子轰击靶材,将靶材原子从靶表面移去的工艺过程,即溅射过程。进入离子源的气体(氩气)转化为等离子体,通过准直栅与工作台之间有一个中和灯丝,灯丝发生的电子可以将离子束的正电荷中和。离子束里剩余的电子还能中和基片表面上产生的电荷,这样有利于刻蚀绝缘膜。

　　离子束刻蚀可达到很高的分辨率,适合刻蚀精细图形。当离子束用于加工小孔时,其优点是孔壁光滑,邻近区域不产生应力和损伤,能加工出任意形状的小孔,而且孔形状只取决于掩膜的孔形。

　　离子束刻蚀可以完成机械加工最后一道工序——精抛光,以消除机械加工所产生的刻痕以及表面应力。离子束刻蚀已广泛应用于光学玻璃的最终精加工。

　　(2)溅射镀膜

　　20世纪70年代磁控溅射技术的出现,使溅射镀膜进入了工业应用。溅射镀膜是基于离子轰击靶材时的溅射效应。溅射镀膜的应用有以下两个方面:1)硬质膜磁控溅射。在高速钢刀具上用磁控溅射镀氮化钛(TiN)超硬膜,可大大提高刀具的寿命。2)固体润滑膜。在齿轮的齿面上和轴承上溅射控制二硫化钼润滑膜,其厚度为 $0.2\sim0.6\mu m$,摩擦系数为0.04。溅射时,采用直流溅射或射频溅射,在靶材上用二硫化钼粉末压制成形。

　　(3)离子注入

　　离子注入是离子束加工中的一项特殊的工艺技术,既不从加工表面去除基体材料,也不在表面以外添加镀层,仅仅改变基体表面层的成分和组织结构,从而造成表面性能变化,满足材料的使用要求。离子注入的过程:在高真空室中,将要注入的化学元素的原子在离子源中并引出离子,在电场加速下,离子能量达到几万到几十万电子伏,将此高速离子射向置于靶盘上的零件。入射离子在基体材料内,与基体原子不断碰撞而损失能量,最终离子就停留在几纳米到几百纳米处,形成注入层。

　　离子注入的应用:1)在半导体方面的应用。目前,离子束加工在半导体方面的应用主要是离子注入,而且主要是在硅片中的应用,用以取代热扩散进行掺杂。2)在功能材料领域的应用。向钛合金中注入 Ca^{2+}、Ba^{2+} 后,抑制氧化的能力有所增长。向含铬的铁基和镍基合金表面注入钇离子或稀土元素离子,提高了表面抗高温氧化性能,使得金属表面进行化学改性。另外,在低温下向钯中注入氢和氙离子,提高了超导转变温度,提高了薄膜的超导特性。

参考文献

Altintas Y. Manufacturing Automation，Metal Cutting Mechanics，Machine Tool Vibrations，and CNC Design［M］. 2nd Edition. Cambridge：Cambridge University Press，2012.

Geoffrey Boothroyd，Winston A K. Fundamentals of Machining and Machine Tools ［M］. 3rd Edition. CRC Taylor & Francis，2006.

Mikell P G. Fundamentals of Modern Manufacturing［M］. 4th Edition. NJ：Prentice Hall，2010.

Serope Kalpakjian，Steven R S. Manufacturing Engineering and Technology［M］. 7th Edition. NJ：Prentice Hall，2014.

Stephenson D A，Agapiou J S. Metal Cutting Theory and Practice［M］. 3rd Edition. Horida：CRC Press，2016.

Steven Y L，Albert J S. Analysis of Machining and Machine Tools ［M］. Springer，2016.

白基成，刘晋春，郭永丰，等. 特种加工［M］.6 版.北京：机械工业出版社，2020.

蔡志楷，梁家辉. 3D 打印和增材制造的原理及应用［M］. 4 版.北京：国防工业出版社，2017.

曹凤国.电火花加工技术［M］.北京：化学工业出版社，2005.

邓文英. 金属工艺学：上册［M］.5 版.北京：高等教育出版社，2008.

邓文英. 金属工艺学：下册［M］.5 版. 北京：高等教育出版社，2008.

狄瑞坤，潘晓弘，樊晓燕.机械制造工程［M］.杭州：浙江大学出版社，2001.

冯之敬. 制造工程与技术原理［M］.2 版.北京：清华大学出版社，2009.

冯之敬.机械制造工程原理［M］.2 版.北京：清华大学出版社，2008.

冯之敬.机械制造工程原理［M］.3 版.北京：清华大学出版社，2015.

郭永丰，等.电火花加工技术［M］.2 版.哈尔滨：哈尔滨工业大学出版社，2005.

贾振元，王福吉.机械制造技术基础［M］. 北京：科学出版社，2016.

鞠鲁粤.工程材料与成形技术基础［M］.北京：高等教育出版社，2007.

李爱菊，孙康宁.工程材料成形与机械制造基础［M］.北京：机械工业出版社，2012.

刘晋春，赵家齐.特种加工［M］.2 版.北京：机械工业出版社，1994.

刘英.机械制造技术基础[M].3版.北京:机械工业出版社,2018.

刘志东.特种加工[M].2版.北京:北京大学出版社,2017.

卢秉恒.机械制造技术基础[M].4版.北京:机械工业出版社,2017.

吕广庶,张远明.工程材料及成形技术基础[M].北京:高等教育出版社,2001.

吕炎.锻压成形理论与工艺[M].北京:机械工业出版社,1991.

马光.机械制造工程学[M].杭州:浙江大学出版社,2008.

齐乐华.工程材料及其成形工艺基础[M].西安:西北工业大学出版社,2001.

沈其文,赵敖生.材料成型与机械制造技术基础——材料成形分册[M].武汉:华中科技大学出版社,2019.

沈其文,赵敖生.材料成型与机械制造技术基础——机械制造分册[M].武汉:华中科技大学出版社,2019.

施江澜,赵占西.材料成形技术基础[M].3版.北京:机械工业出版社,2013.

汤酞则.材料成形技术基础[M].北京:清华大学出版社,2008.

魏青松.增材制造技术原理及应用[M].北京:科学出版社,2017.

温爱玲.材料成形工艺基础[M].北京:机械工业出版社,2013.

夏巨谌,张启勋.材料成型工艺[M].2版.北京:机械工程出版社,2016.

严绍华.材料成形工艺基础[M].2版.北京:清华大学出版社,2008.

杨春利,林三宝.电弧焊基础[M].哈尔滨:哈尔滨工业大学出版社,2003.

俞汉清,陈金德.金属塑性成形原理[M].北京:机械工业出版社,1999.

袁哲俊,王先逵.精密和超精密加工技术[M].2版.北京:机械工业出版社,2010.

张代东.机械工程材料应用基础[M].北京:机械工业出版社,2001.

张维纪.金属切削原理及刀具[M].杭州:浙江大学出版社,2005.

赵万生,刘晋春,等.实用电加工技术[M].北京:机械工业出版社,2002.

赵万生.先进电火花加工技术[M].北京:国防工业出版社,2003.

中国工程学会焊接分会.焊接手册:第2卷材料的焊接卷[M].3版.北京:机械工业出版社,2008.

中国工程学会焊接分会.焊接手册:第3卷焊接结构卷[M].3版.北京:机械工业出版社,2008.

中国工程学会铸造分会.铸造手册:第3卷铸造非铁合金卷[M].2版.北京:机械工业出版社,2002.

中国工程学会铸造分会.铸造手册:第4卷造型材料卷[M].2版.北京:机械工业出版社,2002.

中国工程学会铸造分会.铸造手册:第5卷铸造工艺卷[M].2版.北京:机械工业出版社,2003.

中国工程学会铸造分会.铸造手册:第6卷特种铸造卷[M].2版.北京:机械工业出版社,2003.

中国工程学会铸造分会.铸造手册:第1卷铸铁卷[M].2版.北京:机械工业出版

社,2003.

中国工程学会铸造分会. 铸造手册:第 2 卷铸钢卷[M]. 2 版. 北京:机械工业出版社,2004.

中国机械工程学会塑性工程学会. 锻压手册[M].3 版. 北京:机械工业出版社,2013.

朱平. 制造工艺基础[M]. 北京:机械工业出版社,2019.

朱树敏. 电化学加工技术[M].北京:化学工业出版社,2005.

朱艳. 钎焊[M].哈尔滨:哈尔滨工业大学出版社,2012.